# 效率工作术

# Excel 函数一本通

文渊阁工作室 编著　张天娇 译

中国水利水电出版社
www.waterpub.com.cn
·北京·

## 内 容 提 要

当你还困在排序、筛选、复制、粘贴时，别人已经使用函数弹指间完成了数万项的数据分析了！想提高工作效率就要懂得灵活应用工具。本书汇集了生活和工作中常用的函数，利用函数案例说明公式设定，活用Excel函数设计出各类数据表，快速解决工作中各类统计分析的问题。通过"目录"和"函数索引"将各案例和使用的函数分门别类地整理分类，让你在阅读时更加方便上手。

本书适合所有想学习Excel函数计算与数据统计的人员阅读，也适合所有使用Excel函数进行数据分析和汇报的职场人士参考学习。本书既是初学者的入门指南，也可以帮助中、高级读者进一步提升自己在工作应用中的能力。

北京市版权局著作权合同登记号：图字01-2017-7437
本书经碁峰信息股份有限公司授权出版中文简体字版本。

### 图书在版编目（CIP）数据

效率工作术：Excel函数一本通 / 文渊阁工作室编著；张天娇译. -- 北京：中国水利水电出版社，2018.5（2018.8重印）
  ISBN 978-7-5170-6467-1

  Ⅰ. ①效… Ⅱ. ①文… ②张… Ⅲ. ①表处理软件 Ⅳ. ①TP391.13

中国版本图书馆CIP数据核字(2018)第101625号

策划编辑：周春元　　责任编辑：陈　洁　　加工编辑：张天娇　　封面设计：李　佳

| 书　　名 | 效率工作术——Excel 函数一本通<br>XIAOLÜ GONGZUOSHU——Excel HANSHU YIBENTONG |
|---|---|
| 作　　者 | 文渊阁工作室　编著<br>张天娇　译 |
| 出版发行 | 中国水利水电出版社<br>（北京市海淀区玉渊潭南路 1 号 D 座　100038）<br>网址：www.waterpub.com.cn<br>E-mail：mchannel@263.net（万水）<br>　　　　sales@waterpub.com.cn<br>电话：（010）68367658（营销中心）、82562819（万水） |
| 经　　售 | 全国各地新华书店和相关出版物销售网点 |
| 排　　版 | 北京万水电子信息有限公司 |
| 印　　刷 | 三河市鑫金马印装有限公司 |
| 规　　格 | 170mm×230mm　16 开本　17.5 印张　140 千字 |
| 版　　次 | 2018 年 5 月第 1 版　2018 年 8 月第 2 次印刷 |
| 印　　数 | 3001—4000 册 |
| 定　　价 | 48.00 元 |

凡购买我社图书，如有缺页、倒页、脱页的，本社营销中心负责调换

**版权所有·侵权必究**

# 关于本书

以日常生活和职场上常见的实务作为案例，活用Excel函数设计出各类数据表。书中一开始通过"目录"和"函数索引"将各个案例和使用的函数分门别类地整理分类，让您在阅读时更方便理解与操作。

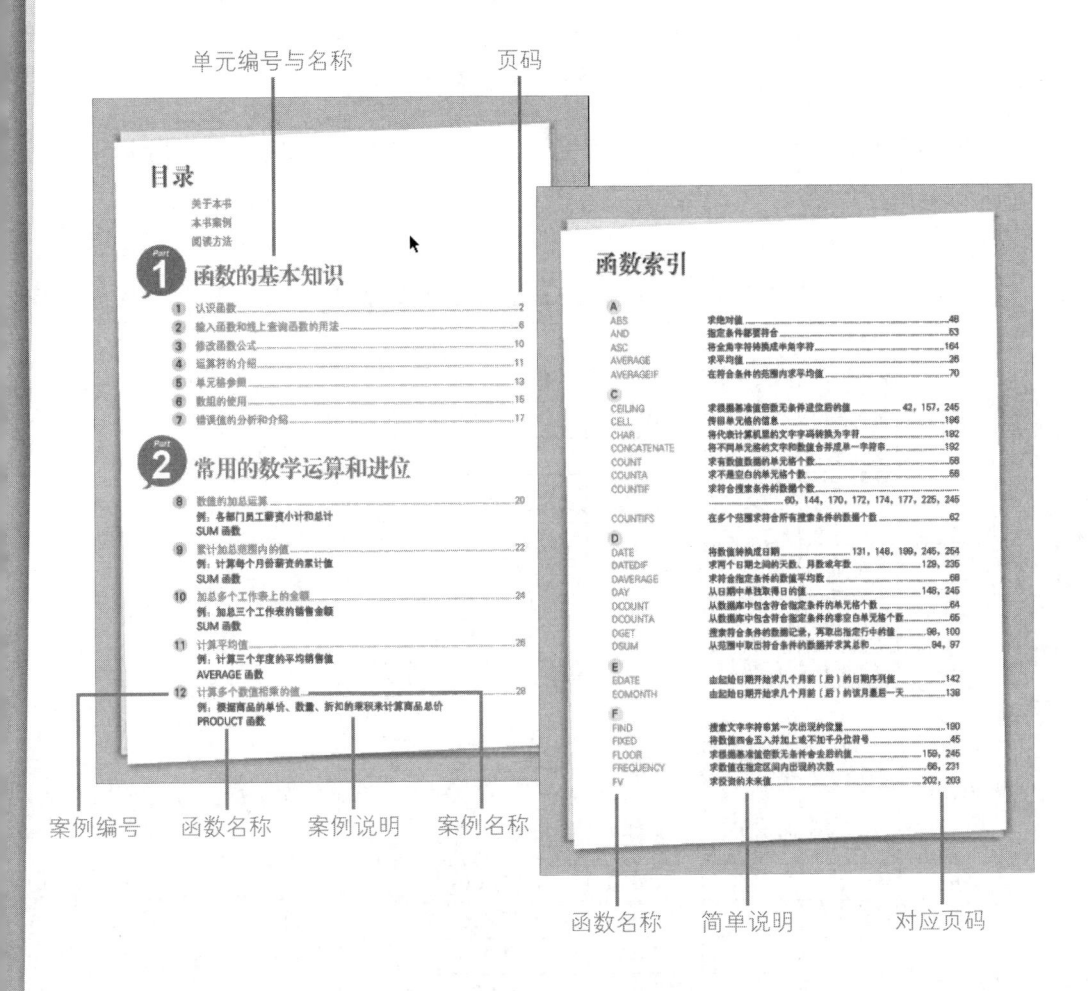

全书分为9个单元，由浅入深、循序引导，让您在练习时除了熟悉函数，更能将学习的成果应用在日常生活和工作中。

# 本书案例

本书配有各个案例完整的Excel练习文件，让您在阅读本书内容的同时，搭配多种不同类型且实用的案例辅助练习，在最短的时间内掌握学习重点。

本书的案例文件可以从以下网站下载：http://www.wsbookshow.com/bookshow/jfypx/jfl/qtl/12903.html，在这个网站中的"图书详情"下单击"下载资源"选项，即可下载本书案例的压缩文件，解压缩文件后即可使用。

每个案例至少有两个工作表，如下图所示，工作表命名为"薪资数据表"的是原始练习文件，而命名为"薪资数据表–ok"的是已经加入函数公式的完成文件。

| | A | B | C | D | E | F |
|---|---|---|---|---|---|---|
| 1 | 薪资表 | | | | | |
| 2 | 部门 | 姓名 | 年资 | 底薪 | 薪资 | |
| 3 | 人事部 | 赖玮原 | 6 | 20,000 | 32,000 | |
| 4 | | 杨登全 | 3 | 20,000 | 26,000 | |
| 5 | | 茅美玉 | 7 | 20,000 | 34,000 | |
| 6 | | | | 部门小计 | | |
| 7 | 财务部 | 梁俊礼 | 3 | 23,000 | 29,900 | |
| 8 | | 李怡君 | 10 | 23,000 | 46,000 | |
| 9 | | 林俊杰 | 7 | 23,000 | 39,100 | |

薪资数据表 | 薪资数据表-ok

| | A | B | C | D | E | F |
|---|---|---|---|---|---|---|
| 1 | 薪资表 | | | | | |
| 2 | 部门 | 姓名 | 年资 | 底薪 | 薪资 | |
| 3 | 人事部 | 赖玮原 | 6 | 20,000 | 32,000 | |
| 4 | | 杨登全 | 3 | 20,000 | 26,000 | |
| 5 | | 茅美玉 | 7 | 20,000 | 34,000 | |
| 6 | | | | 部门小计 | 92,000 | |
| 7 | 财务部 | 梁俊礼 | 3 | 23,000 | 29,900 | |
| 8 | | 李怡君 | 10 | 23,000 | 46,000 | |
| 9 | | 林俊杰 | 7 | 23,000 | 39,100 | |

薪资数据表 | 薪资数据表-ok

# 阅读方法

全书将Excel函数的重要概念和使用方法分为八大类：

- Part 1 函数的基本知识
- Part 2 常用的数学运算和进位
- Part 3 条件式统计分析
- Part 4 取得需要的数据并显示
- Part 5 掌握日期与时间
- Part 6 数据验证和色彩标示
- Part 7 字符串数据的操作
- Part 8 财务运算

最后 Part 9 主题数据表的函数应用 通过分期账款明细表、员工健康检查报告表、员工分红配股表、计时工资表、家庭账簿记录表、业绩报表这六个常用的数据表进行说明。

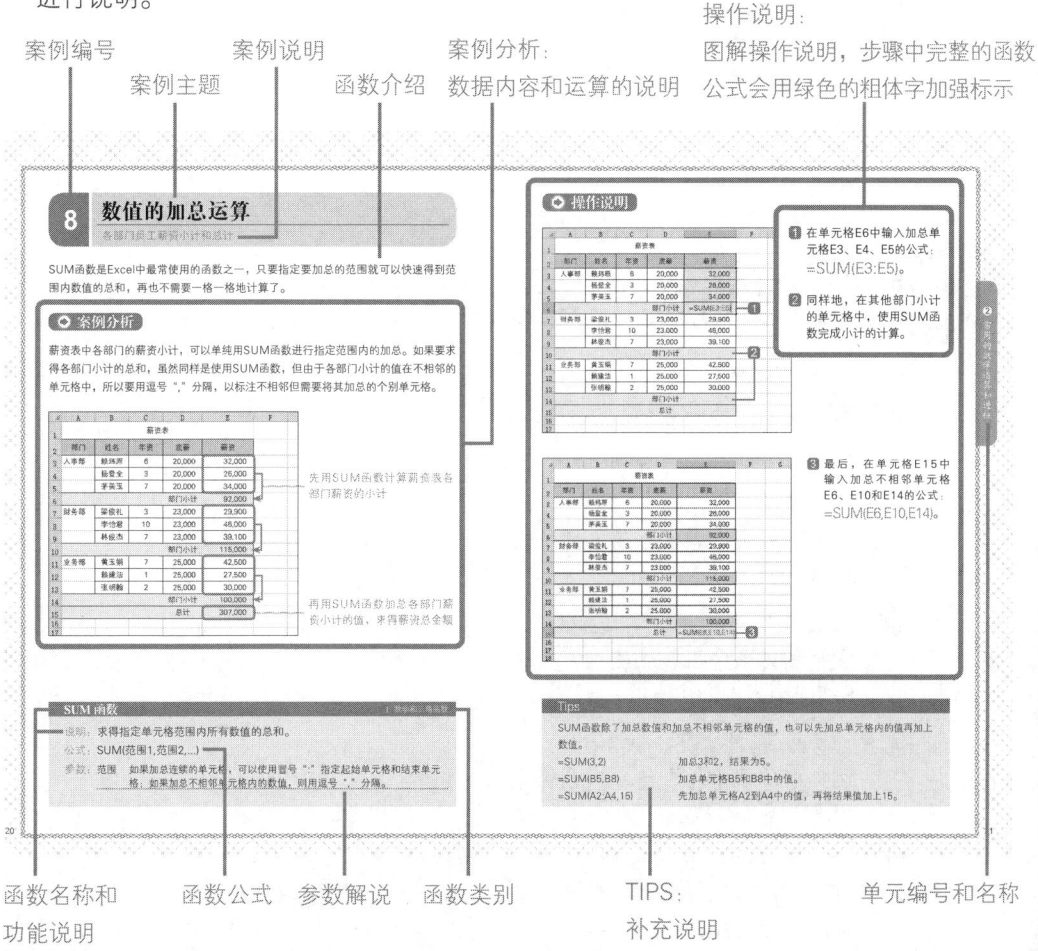

案例编号
案例主题
案例说明
函数介绍
案例分析：数据内容和运算的说明
操作说明：图解操作说明，步骤中完整的函数公式会用绿色的粗体字加强标示

## 8 数值的加总运算
各部门员工薪资小计和总计

SUM函数是Excel中最常使用的函数之一，只要指定要加总的范围就可以快速得到范围内数值的总和，再也不需要一格一格地计算了。

### 案例分析

薪资表中各部门的薪资小计，可以单纯用SUM函数进行范围内的加总。如果要求得各部门小计的总和，虽然同样是使用SUM函数，但由于各部门小计的值在不相邻的单元格中，所以必要用逗号","分隔，以标注不相邻但需要将其加总的个别单元格。

先用SUM函数计算薪资各部门薪资的小计

再用SUM函数加总各部门薪资小计的值，求得薪资总金额

### 操作说明

1 在单元格E6中输入加总单元格E3、E4、E5的公式：=SUM(E3:E5)。

2 同样地，在其他部门小计的单元格中，使用SUM函数完成小计的计算。

3 最后，在单元格E15中输入加总不相邻单元格E6、E10和E14的公式：=SUM(E6,E10,E14)。

### SUM 函数
说明：求得指定单元格范围内所有数值的总和。
公式：SUM(范围1,范围2,...)
参数：范围 如果加总连续的单元格，可以使用冒号":"指定起始单元格和结束单元格；如果加总不相邻单元格内的数值，则逗号","分隔。

### Tips
SUM函数除了加总数值和加总不相邻单元格的值，也可以先加总单元格内的值再加上数值。
=SUM(3,2) 加总3和2，结果为5。
=SUM(B5,B8) 加总单元格B5和B8中的值。
=SUM(A2:A4,15) 先加总单元格A2到A4中的值，再将结果值加上15。

函数名称和功能说明
函数公式
参数解说
函数类别
TIPS：补充说明
单元编号和名称

# 目录

关于本书
本书案例
阅读方法

## Part 1 函数的基本知识

1. 认识函数 ............................................................................................ 2
2. 输入函数和线上查询函数的用法 ........................................................ 6
3. 修改函数公式 .................................................................................... 10
4. 运算符的介绍 .................................................................................... 11
5. 单元格参照 ........................................................................................ 13
6. 数组的使用 ........................................................................................ 15
7. 错误值的分析和介绍 ........................................................................ 17

## Part 2 常用的数学运算和进位

8. 数值的加总运算 ................................................................................ 20
   例：各部门员工薪资小计和总计
   SUM 函数
9. 累计加总范围内的值 ........................................................................ 22
   例：计算每个月份薪资的累计值
   SUM 函数
10. 加总多个工作表上的金额 ................................................................ 24
    例：加总三个工作表的销售金额
    SUM 函数
11. 计算平均值 ...................................................................................... 26
    例：计算三个年度的平均销售值
    AVERAGE 函数
12. 计算多个数值相乘的值 .................................................................... 28
    例：根据商品的单价、数量、折扣的乘积来计算商品总价
    PRODUCT 函数

⑬ 将值相乘再加总 ...................................................... 30
　　例：通过商品的单价和数量，求商品总价
　　SUMPRODUCT 函数

⑭ 只计算筛选出来的数据 .............................................. 32
　　例：自动针对筛选出来的数据进行加总
　　SUBTOTAL 函数

⑮ 在"上限金额"条件下计算报销金额 .......................... 34
　　例：根据医疗保险报销上限金额调整实际报销金额
　　MIN 函数

⑯ 四舍五入到数值的指定位数 ...................................... 36
　　例：不足十元的金额以四舍五入计算，先算平均值再指定位数
　　ROUND 函数

⑰ 无条件进位/舍去指定位数 ........................................ 38
　　例：不足十元的值以无条件进位或无条件舍去求得售价金额
　　ROUNDUP 函数、ROUNDDOWN 函数

⑱ 四舍五入/无条件舍去指定位数 ................................. 40
　　例：计算团购单的优惠总价和单价
　　ROUND 函数、ROUNDDOWN 函数

⑲ 以指定的倍数进行无条件进位 .................................. 42
　　例：每桌可坐12人，求200位客人要订的桌数以及满桌建议人数
　　CEILING 函数

⑳ 求整数，小数点以下均舍去 ...................................... 44
　　例：售价金额一律为整数并无条件舍去小数点后的位数
　　INT 函数

㉑ 处理有小数位数的金额 .............................................. 45
　　例：数值四舍五入并标注千分位逗号和文字"元"
　　FIXED 函数

㉒ 求除式的商数和余数 .................................................. 46
　　例：预算内可以购买的商品数量和剩余的金额
　　QUOTIENT 函数、MOD 函数

㉓ 求数值的绝对值 .......................................................... 48
　　例：计算各地区的潮汐时间差
　　ABS 函数

# Part 3 条件式统计分析

**24** 遵循条件进行处理 .................................................. 50
　　例：消费满特定金额时，拥有免运费和折扣优惠
　　IF 函数

**25** 判断指定的条件是否全部符合 ...................................... 52
　　例：通过笔试和路考成绩检验驾照考试是否"合格"
　　IF 函数

**26** 判断指定的条件是否符合任意一个 .................................. 54
　　例：通过收缩压和舒张压的数值检验血压状况是否为"高血压"
　　IF 函数、OR 函数

**27** 加总符合单一或多个条件的数值 .................................... 56
　　例：指定片名或指定日期与类别后计算总和
　　SUMIF 函数、SUMIFS 函数

**28** 求得含数值与非空白的数据个数 .................................... 58
　　例：统计已开设或需要收费的课程数量
　　COUNT 函数、COUNTA 函数

**29** 求得符合单一条件的数据个数 ...................................... 60
　　例：统计男、女身高170cm以上的员工人数
　　COUNTIF 函数

**30** 求得符合多个条件的数据个数 ...................................... 62
　　例：统计台北店女性员工总人数和身高170cm以上男性员工的人数
　　COUNTIFS 函数

**31** 求得符合条件表的数据个数 ........................................ 64
　　例：统计身高160cm以上的女性员工并排除未婚和离职的人数
　　DCOUNT 函数、DCOUNTA 函数

**32** 数值在不同区间范围内出现的次数 .................................. 66
　　例：统计身高在各个区间的员工人数
　　FREQUENCY 函数

**33** 计算数据库中符合条件的数值平均值 ................................ 68
　　例：分别统计全公司女性员工和台北店女性员工的平均身高
　　DAVERAGE 函数

**34** 计算范围内符合条件的数值平均值 .................................. 70
　　例：统计公司男性和女性员工的平均体重
　　AVERAGEIF 函数

㉟ 求最大值和最小值 ......................................................................... 72
　　例：计算基金最高和最低绩效值
　　MAX 函数、MIN 函数

㊱ 计算中位数和众数 ......................................................................... 74
　　例：通过年资统计公司人员分布的中位数和众数
　　MEDIAN 函数、MODE 函数

㊲ 求前几名的值 ................................................................................ 76
　　例：统计公司各项支出前两名的品种和金额
　　LARGE 函数、LOOKUP 函数

㊳ 求后几名的值 ................................................................................ 79
　　例：统计公司各项支出倒数两名的品种和金额
　　SMALL 函数、LOOKUP 函数

㊴ 计算指定数据的顺序值 ................................................................. 82
　　例：统计公司一月至三月各项支出的排名
　　SUM 函数、RANK.EQ 函数

# Part 4　取得需要的数据并显示

㊵ 根据条件判断需要显示的三种结果 .............................................. 86
　　例：在数据表中比较去年和今年的人数
　　IF 函数

㊶ 根据指定的值显示符号 ................................................................. 88
　　例：考核表中用★号呈现评价分数
　　SUM 函数、REPT 函数

㊷ 取出符合条件的数据并加总 ......................................................... 90
　　例：查询特定商品的进货日期、进货金额与金额总和
　　SUM 函数、IF 函数、OR 函数

㊸ 取得符合多重条件的数据并加总 .................................................. 94
　　例：计算多种商品的进货总额
　　DSUM 函数

㊹ 取得符合不同条件的数据并加总 .................................................. 96
　　例：计算特定期间、特定商品的进货总金额（AND/OR 判断）
　　DSUM 函数

㊺ 取得最大值和最小值的相关数据 .................................................. 98
　　例：查询最高进货金额的进货日期
　　DGET 函数、MAX 函数、MIN 函数

| 46 | 取得符合条件的数据 ........................................................ 100 |
|---|---|

例：输入员工姓名查询相关数据
DGET 函数

| 47 | 取得指定百分比的值 ........................................................ 102 |
|---|---|

例：业绩达到整体绩效70%及以上的业务员评为"优"
PERCENTILE 函数、IF 函数

| 48 | 取得数值的百分比 ............................................................ 104 |
|---|---|

例：根据业绩值求得等级和评比结果
PERCENTRANK 函数、IF 函数

| 49 | 取得垂直参照表中符合条件的数据 ................................ 106 |
|---|---|

例：根据课程费用表求得各门课程的费用
VLOOKUP 函数

| 50 | 取得水平参照表中符合条件的数据 ................................ 108 |
|---|---|

例：根据课程费用表求得各门课程的费用
HLOOKUP 函数

| 51 | 快速取得其他工作表中的值 ........................................... 110 |
|---|---|

例：多张工作表同时从另一张工作表中取得商品名称和单价
VLOOKUP 函数

| 52 | 取得多个表格中的数据 .................................................... 113 |
|---|---|

例：先定义单元格范围名称，再从两类商品中根据指定类别取出对应的值
VLOOKUP 函数、INDIRECT 函数

| 53 | 取得指定行和列交会的值 ............................................... 117 |
|---|---|

例：先定义单元格范围名称，再根据指定的房型、床位检索房价信息
INDIRECT 函数

| 54 | 取得指定行和列交会的值 ............................................... 120 |
|---|---|

例：指定取出数据范围中第二行第三列的值
INDEX 函数

| 55 | 取得指定行和列交会的值 ............................................... 122 |
|---|---|

例：输入款式和项目名称自动查出费用
INDEX 函数、MATCH 函数

# Part 5 掌握日期与时间

| 56 | 什么是序列值 .................................................................... 126 |
|---|---|

例：日期和时间序列值

57 显示现在的日期和时间 .................................................................. 127
　　例：统计目前距离应试日期的剩余天数
　　TODAY 函数、NOW 函数

58 计算日期期间 .............................................................................. 129
　　例：计算从入职日期至今为止的服务年资并分别用年、月显示
　　TODAY 函数、DATEDIF 函数

59 由年月日的数值数据转换为日期 .................................................. 131
　　例：将个别的年、月、日数值整合为日期，用"YYYY/MM/DD"格式显示
　　DATE 函数

60 由日期取得对应的星期值 .............................................................. 133
　　例：显示房价表中日期对应的星期以及标准客房平日和周末的房价
　　WEEKDAY 函数、IF 函数

61 求实际工作天数 .......................................................................... 136
　　例：不含法定假日和周末的实际工作天数
　　NETWORKDAYS.INTL 函数

62 由开始日起计算几个月后的月底日期 ............................................ 138
　　例：根据完工日计算出一个月之后的月底付款日
　　EOMONTH 函数

63 由开始日起计算几天之前（后）的日期 ........................................ 140
　　例：不含周末和法定假日的实际订购终止日
　　WORKDAY.INTL 函数

64 由开始日起计算几个月后（前）的日期 ........................................ 142
　　例：计算新进员工试用期满的日期
　　EDATE 函数

65 从日期中取出个别的年份 .............................................................. 144
　　例：从书籍入库日期求得入库年份并统计年度入库本数
　　YEAR 函数、COUNTIF 函数

66 从日期中取出个别的月份 .............................................................. 146
　　例：从书籍入库日期求得入库月份并统计各月的发印数量
　　MONTH 函数、SUMIF 函数

67 从日期中取出个别的日数 .............................................................. 148
　　例：求得会员生日折扣日和优惠有效期限
　　DAY 函数、DATE 函数

68 将时、分、秒的数值转换为时间 .................................................. 150
　　例：将个别的时、分、秒数值整合为时间，用"hh:mm:ss"格式显示
　　TIME 函数

⑥⑨ 时间加总与时数转换 .................................................. 152
　　例：计算上班工作时数和薪资
　　SUM 函数

⑦⓪ 将时间转换成秒数并无条件进位 ...................................... 154
　　例：计算移动电话全部的通话秒数和通话费用
　　TEXT 函数、IF 函数、ROUNDUP 函数

⑦① 时间以5分钟为计算单位无条件进位 .................................. 157
　　例：5分钟为基准单位，将 "8:23" 转换为 "8:25" 并计算上班时数
　　CEILING 函数

⑦② 时间以5分钟为计算单位无条件舍去 .................................. 159
　　例：5分钟为基准单位，将 "8:23" 转换为 "8:20" 并计算上班时数
　　FLOOR 函数

# Part 6　数据验证与颜色标示

⑦③ 用提示文字取代单元格的错误信息 .................................... 162
　　例：隐藏公式运算常见的错误信息#VALUE!、#NUM!
　　IFERROR 函数

⑦④ 限定只能输入半角字符 .............................................. 164
　　例：电话号码的数据验证只能输入半角字符，不然会出现警告信息
　　ASC 函数

⑦⑤ 限定单元格中至少输入三个字符 ...................................... 166
　　例：团体订单数量的数据验证，不能少于100份
　　LEN 函数

⑦⑥ 限定不能输入当天之后的日期 ........................................ 168
　　例：新生儿资料统计表中出生日期的数据验证，不能出现未来日期
　　TODAY 函数

⑦⑦ 限定不能输入重复的数据 ............................................ 170
　　例：名册中员工编号的数据验证，不能出现重复的数据
　　COUNTIF 函数

⑦⑧ 检查重复的数据项目并标示 .......................................... 172
　　例：标示有两个以上选课记录的学员，课程费给予折扣
　　IF 函数、COUNTIF 函数、INT 函数

⑦⑨ 用颜色标示重复的数据项目 .......................................... 174
　　例：将两个以上选课记录的学员数据填入蓝色
　　COUNTIF 函数

80 用颜色标示周末和法定假日 .................................................. 177
　　例：分别用绿色和红色标示星期六、星期日，用浅橘色标示法定假日
　　COUNTIF 函数、WEEKDAY 函数

81 用颜色标示每隔一行的底色 .................................................. 181
　　例：数据数量众多时，每隔一行填充颜色便于浏览
　　MOD 函数、ROW 函数

# Part 7 字符串数据的操作

82 从文字中取得指定字数的数据 .................................................. 184
　　例：分别取得银行转账资料中的代码和银行名称
　　LEFT 函数、MID 函数

83 替换文字 .................................................. 186
　　例：将编号和公司名称中的部分文字替换为新文字
　　REPLACE 函数、SUBSTITUTE 函数

84 英文首字母和全部英文大写 .................................................. 188
　　例：将课程名称改为英文首字母大写和全部英文大写
　　PROPER 函数、UPPER 函数

85 根据指定的方式切割文字 .................................................. 190
　　例：将文字字符串根据指定位置和字数进行切割
　　LEFT 函数、FIND 函数、SUBSTITUTE 函数

86 合并文字并显示为两行 .................................................. 192
　　例：将软件名称和课程类型合并成一个文字字符串并分行呈现
　　CONCATENATE 函数、CHAR 函数

87 日期/文字/金额的组合并套用指定格式 .................................................. 194
　　例：交货日期、含税金额分别用"mm/dd"和"#,###"&"元"格式显示
　　TODAY 函数、TEXT 函数

88 转换为汉字数字大写并显示文件信息 .................................................. 196
　　例：票面金额"1、2、3"显示为"壹、贰、叁"
　　NUMBERSTRING 函数、CELL 函数

89 利用日期数据自动显示对应星期值 .................................................. 198
　　例：根据当天日期自动显示"年""月"的数据并根据"日"显示星期值
　　TODAY 函数、YEAR 函数、MONTH 函数、TEXT 函数、DATE 函数

# Part 8 财务运算

**90** 定期定额储金的未来回收值 .................................................. 202
   例：零存整付
   FV 函数

**91** 复利计算储蓄的未来回收值 .................................................. 203
   例：整存整付
   FV 函数

**92** 计算每期应付金额 .................................................. 204
   例：年金计划
   PMT 函数

**93** 包含现值计算每期应付金额 .................................................. 205
   例：退休金计划
   PMT 函数

**94** 定期缴纳专案的利率 .................................................. 206
   例：储蓄型专案的利率
   RATE 函数

**95** 期初先买进一笔再每月投资的利率 .................................................. 207
   例：基金投资的报酬率
   RATE 函数

**96** 隐藏在售价中的利率 .................................................. 208
   例：汽车分期付款实际的利率
   RATE 函数

**97** 计算资金现值 .................................................. 209
   例：退休金理财
   PV 函数

**98** 计算资金现值 .................................................. 210
   例：买房双方案比较表
   PV 函数

**99** 计算内部报酬率 .................................................. 212
   例：储蓄型保单的报酬率
   IRR 函数

**100** 计算每期还款的金额 .................................................. 213
   例：贷款试算表——每期还款金额
   PMT 函数

101 计算偿还金本金 .................................................................. 214
　　例：贷款试算表——贷款余额和偿还本金
　　PPMT 函数

102 计算偿还金利息 .................................................................. 216
　　例：贷款试算表——偿还利息
　　IPMT 函数

103 求得资金缴纳次数 .............................................................. 218
　　例：目标储蓄金额的缴纳次数
　　NPER 函数

# Part 9 主题数据表的函数应用

104 分期账单明细表 .................................................................. 220
　　例：统计分期付款的课程账单明细和专家价的计算
　　IF、ROUND、INT、ROUNDDOWN、COUNTIF、VLOOKUP 函数

105 员工健康检查报告表 .......................................................... 226
　　例：分析统计员工身高，并标示体重过重和体重过轻的员工
　　IF、ROUND、OR、TODAY、FREQUENCY、VLOOKUP、MAX、MIN 函数

106 分红配股表 .......................................................................... 232
　　例：年终根据年资和业绩配股，另外计算是否需要预先扣税
　　DATEDIF、INDEX、MATCH、SUM、IF 函数

107 计时工资表 .......................................................................... 236
　　例：以标准工时为单位算出该月平日和加班日的总工时和总薪资
　　TEXT、DATE、IF、COUNTIF、DAY、CEILING、FLOOR、TIME、HOUR、
　　MINUTE、OR 函数

108 家庭账簿记录表 .................................................................. 246
　　例：根据不同月份显示日期并计算家庭收支情况
　　DATE、MONTH、WEEKDAY、SUM 函数

109 业绩报表 .............................................................................. 255
　　例：年度报表中摘要月报表和季报表，以及汇总各个业务员的年度销售额
　　SUMPRODUCT、MONTH、ROW、SUMIF 函数

# 函数索引

## A
| | | |
|---|---|---|
| ABS | 求绝对值 | 48 |
| AND | 指定条件都要符合 | 53 |
| ASC | 将全角字符转换成半角字符 | 164 |
| AVERAGE | 求平均值 | 26 |
| AVERAGEIF | 在符合条件的范围内求平均值 | 70 |

## C
| | | |
|---|---|---|
| CEILING | 求根据基准值倍数无条件进位后的值 | 42, 157, 245 |
| CELL | 传回单元格的信息 | 196 |
| CHAR | 将代表计算机里的文字字码转换为字符 | 192 |
| CONCATENATE | 将不同单元格的文字和数值合并成单一字符串 | 192 |
| COUNT | 求有数值数据的单元格个数 | 58 |
| COUNTA | 求不是空白的单元格个数 | 58 |
| COUNTIF | 求符合搜索条件的数据个数 | 60, 144, 170, 172, 174, 177, 225, 245 |
| COUNTIFS | 在多个范围求符合所有搜索条件的数据个数 | 62 |

## D
| | | |
|---|---|---|
| DATE | 将数值转换成日期 | 131, 148, 199, 245, 254 |
| DATEDIF | 求两个日期之间的天数、月数或年数 | 129, 235 |
| DAVERAGE | 求符合指定条件的数值平均数 | 68 |
| DAY | 从日期中单独取得日的值 | 148, 245 |
| DCOUNT | 从数据库中包含符合指定条件的单元格个数 | 64 |
| DCOUNTA | 从数据库中包含符合指定条件的非空白单元格个数 | 65 |
| DGET | 搜索符合条件的数据记录，再取出指定行中的值 | 98, 100 |
| DSUM | 从范围中取出符合条件的数据并求其总和 | 94, 97 |

## E
| | | |
|---|---|---|
| EDATE | 由起始日期开始求几个月前（后）的日期序列值 | 142 |
| EOMONTH | 由起始日期开始求几个月前（后）的该月最后一天 | 138 |

## F
| | | |
|---|---|---|
| FIND | 搜索文字字符串第一次出现的位置 | 190 |
| FIXED | 将数值四舍五入并加上或不加千分位符号 | 45 |
| FLOOR | 求根据基准值倍数无条件舍去后的值 | 159, 245 |
| FREQUENCY | 求数值在指定区间内出现的次数 | 66, 231 |
| FV | 求投资的未来值 | 202, 203 |

## H
| | | |
|---|---|---|
| HLOOKUP | 从水平参照表中取得符合条件的数据 | 108 |
| HOUR | 从时间中单独取得时的值 | 245 |

## I
| | | |
|---|---|---|
| IF | 根据条件判断结果并分别处理 | 50, 52, 54, 86, 90, 102, 104, 134, 154, 172, 225, 231, 235, 245 |
| IFERROR | 公式产生错误值时进行文字提示或其他处理 | 162 |
| INDEX | 求指定行、列交汇的单元格值 | 120, 122, 235 |
| INDIRECT | 求指定字符串所对应的单元格范围 | 114, 117 |
| INT | 求整数（小数点后的位数均舍去） | 44, 172, 225 |
| IPMT | 求投资/还款的利息金额 | 216 |
| IRR | 求报酬率 | 212 |

## L
| | | |
|---|---|---|
| LARGE | 求排在指定顺位的值（由大到小排序） | 76 |
| LEFT | 从文字字符串的左端取得指定字数的字符 | 184, 190 |
| LEN | 求文字字符串的字数 | 166 |
| LOOKUP | 搜索并找到对应的值 | 77, 80 |

## M
| | | |
|---|---|---|
| MATCH | 求值位于搜索范围中的第几顺位 | 123, 235 |
| MAX | 求最大值 | 72, 99, 231 |
| MEDIAN | 自动从小到大排序后求这组数值中的中间数值 | 74 |
| MID | 从文字字符串的指定位置取得指定字数的字符 | 184 |
| MIN | 求最小值 | 34, 72, 99, 231 |
| MINUTE | 从时间中单独取得分的值 | 245 |
| MOD | 求"被除数"除以"除数"的余数 | 46, 181 |
| MODE | 求最常出现的数值 | 74 |
| MONTH | 从日期中单独取得月份的值 | 146, 199, 254, 261 |

## N
| | | |
|---|---|---|
| NETWORKDAYS.INTL | 求两个日期之间扣除周末和法定假日的工作天数 | 136 |
| NOW | 显示现在的日期和时间 | 127 |
| NPER | 求投资所需的期数 | 218 |
| NUMBERSTRING | 将数值转换为汉字形式 | 196 |

## O
| | | |
|---|---|---|
| OR | 只要符合一个指定条件即可 | 55, 90, 231, 245 |

## P
| | | |
|---|---|---|
| PERCENTILE | 求范围中指定百分比的值 | 102 |
| PERCENTRANK | 求范围中指定数值的百分比 | 104 |
| PMT | 求投资/还款定期支付的本金和利息合计金额 | 204, 205, 213 |
| PPMT | 求投资/还款的本金金额 | 214 |

| | | |
|---|---|---|
| PRODUCT | 求数值相乘的值 | 28 |
| PROPER | 将英文单词的第一个字母设为大写 | 188 |
| PV | 求现金价值 | 209，210 |

## Q
| | | |
|---|---|---|
| QUOTIENT | 求"被除数"除以"除数"的商数 | 46 |

## R
| | | |
|---|---|---|
| RANK.EQ | 求指定数值在范围内的排名顺序 | 83 |
| RATE | 求利率 | 206，207，208 |
| REPLACE | 根据指定的位置和字数，将字符串的一部分替换为新的字符串 | 186 |
| REPT | 根据指定的次数复制并显示字符串内容 | 88 |
| ROUND | 数值四舍五入到指定位数 | 36，40，225，231 |
| ROUNDDOWN | 数值无条件舍去到指定位数 | 39，41，225 |
| ROUNDUP | 数值无条件进位到指定位数 | 38，155 |
| ROW | 求指定单元格的行号 | 181，261 |

## S
| | | |
|---|---|---|
| SMALL | 求排在指定顺位的值（由小到大排序） | 79 |
| SUBSTITUTE | 将字符串中的部分字符串用新字符串替代 | 186，191 |
| SUBTOTAL | 可以执行11种函数的运算功能 | 32 |
| SUM | 加总数值 | 20，22，24，82，88，90，152，235，254 |
| SUMIF | 加总符合单一条件的单元格数值 | 56，146，261 |
| SUMIFS | 加总符合多重条件的单元格数值 | 57 |
| SUMPRODUCT | 求乘积的总和 | 31，261 |

## T
| | | |
|---|---|---|
| TEXT | 根据特定的格式将数值转换成文字字符串 | 154，194，199，245 |
| TIME | 将数值转换成时间 | 150，245 |
| TODAY | 显示今天的日期 | 127，129，168，194，198，231 |

## U
| | | |
|---|---|---|
| UPPER | 将英文单词全部变为大写 | 188 |

## V
| | | |
|---|---|---|
| VLOOKUP | 从垂直参照表中取得符合条件的数据 | 106，110，113，225，231 |

## W
| | | |
|---|---|---|
| WEEKDAY | 从序列值中求得星期几 | 133，178，254 |
| WORKDAY.INTL | 由起始日算起求经指定工作天数后的日期 | 140 |

## Y
| | | |
|---|---|---|
| YEAR | 从日期中单独取得年份的值 | 144，198 |

# Part 1 函数的基本知识

函数分为14种，共有400多个。本章将介绍函数的插入方法、错误修正以及详细的参数和运算符说明，让您在函数的使用上更加得心应手。

# 1 认识函数

当不能使用简单的加、减、乘、除进行计算,或者需要计算、分析的数据过于复杂时,可以借由定义好运算顺序和结构的公式,也就是所谓的"函数"来进行计算,可以更快得到结果。

## ⊙ 函数介绍

函数可以针对指定范围内的数值,进行一连串的数值加总、求平均值、条件判断、数据获得、日期时间转换等运算。

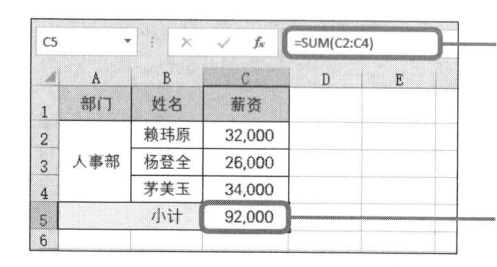

| | A | B | C | D | E |
|---|---|---|---|---|---|
| | | | fx | =SUM(C2:C4) | |
| 1 | 部门 | 姓名 | 薪资 | | |
| 2 | 人事部 | 赖玮原 | 32,000 | | |
| 3 | | 杨登全 | 26,000 | | |
| 4 | | 茅美玉 | 34,000 | | |
| 5 | | 小计 | 92,000 | | |
| 6 | | | | | |

在编辑栏中可以看到函数的设定和参数内容

函数计算的结果会直接显示在输入函数的单元格中

## ⊙ 函数结构

函数公式在使用时必须先输入"=",再输入函数名称和括号"()",接着在括号中按照顺序设定参数。要注意的是,公式中使用到的符号,如=、(、)、:、-等必须以半角输入。这里以常用的求和函数SUM为例,其语法为SUM(C1,C2,...)。

$$=SUM(C2:C4)$$

**等号**:函数公式以等号"="开始,没有等号就会被视为单纯的字符,而不会进行运算

**函数名称**:根据要运算的内容输入合适的函数(大小写均可)

**参数**:每个函数有不同的参数,用半角括号"()"包含

当有多个参数时用","分隔,如"A1,B1,C1"。参数表示单元格范围时用":"连接,如"C2:C4"表示运算的范围由单元格C2到单元格C4

## ➡ 常用函数

Excel内有数以百计的能够在广大范围内执行计算和分析的函数，常用的函数如下所示。

| 函数 | 说明 | 使用方法 |
|---|---|---|
| COUNT | 数量 | =COUNT(计算范围)<br>=COUNT(A1:A10) |
| SUM | 求和 | =SUM(计算范围)<br>=SUM(A1:C10) |
| AVERAGE | 平均值 | =AVERAGE(计算范围)<br>=AVERAGE(A1:A10) |
| INT | 整数 | =INT(数值)<br>=INT(1000/30) |
| ROUND | 四舍五入 | =ROUND(数值，四舍五入的指定位数)<br>=ROUND(1000/30,2) |
| MAX | 最大值 | =MAX(计算范围)<br>=MAX(A1:A10) |
| MIN | 最小值 | =MIN(计算范围)<br>=MIN(A1:A10) |
| RANK | 排序值 | =RANK(查找值，参照范围，排名)<br>=RANK(A3,$A$1:$A$10,0) |
| PMT | 等额分期还款 | =PMT(利率，期数，本金)<br>=PMT(0.2/12,6,50000) |
| IF | 真假值 | =IF(表达式，真值，假值)<br>=IF(A10>=30,True,False) |
| VLOOKUP | 垂直查询 | =VLOOKUP(查阅值，查询范围，查询列序号)<br>=VLOOKUP(A10,$A$1:$A$10,2) |
| HLOOKUP | 水平查询 | =HLOOKUP(查阅值，查询范围，查询行序号)<br>=HLOOKUP(A10,$A$1:$F$1,2) |

## ◉ 函数种类

Excel将所有的函数按照功能分为14个种类。

| 函数 | 说明 |
| --- | --- |
| 兼容性函数 | 在Excel 2010或更高的版本中，这些函数都已经被新函数替换，目前这些函数仍可使用并与早期版本兼容，但未来的版本中可能不会提供<br>相关函数：BETADIST、MODE、RANK等 |
| 多维数据集函数 | 传回指定条件的数据<br>相关函数：CUBEKPIMEMBER等 |
| 数据库函数 | 从指定范围的工作表或数据库中，获取符合设定条件的数据进行计算和分析<br>相关函数：DAVERAGE、DMAX、DSUM等 |
| 日期和时间函数 | 计算日期和时间的相关函数，如获取现在的日期或时间、转换日期本身的序列值等<br>相关函数：DATE、MINUTE、YEAR等 |
| 工程函数 | 专门计算科学或工程学的函数，如二进位转换十进位或复利的计算<br>相关函数：BIN2DEC、CONVERT、HEX2BIN等 |
| 财务函数 | 财务支出的相关函数，可以求取贷款支出金额、定存期满的金额、计算利息及折扣等<br>相关函数：DB、FV、NPER等 |
| 信息函数 | 可以查询单元格的位址、格式等信息种类或错误值的种类<br>相关函数：CELL、ISBLANK、SHEET等 |
| 逻辑函数 | 根据指定的条件对单元格的数据进行TRUE（真）或FALSE（假）的判断，并进行不同的处理或计算<br>相关函数：AND、IF、OR等 |
| 查找和引用函数 | 根据指定的条件设定获取或计算单元格中的数据<br>相关函数：ADDRESS、HLOOKUP、ROWS等 |
| 统计函数 | 统计相关的计算，如平均值、最大值、出现最多的值等<br>相关函数：AVERAGE、COUNT、LARGE等 |
| 数学和三角函数 | 包含较常使用的数学计算，如四则运算、四舍五入、绝对值等<br>相关函数：ABS、ROUNDUP、SUM等 |

| 函数 | 说明 |
|---|---|
| 文本函数 | 转换文字字符格式，如大小写、全角半角、取代字符等<br>相关函数：CLEAN、FIXED、TEXT等 |
| 与加载项一起安装的用户定义的函数 | 这个种类的函数需要另外下载安装才会显示<br>相关函数：CALL、REGISTER.ID等 |
| Web函数 | 可以用于获取网络的相关信息<br>相关函数：ENCODEURL、FILTERXML等 |

## ● 参数种类

函数公式中通过"参数"来指定运算的指令或范围，参数不一定只是数值，也有可能是字符串或单元格参照位址。如果进行函数的嵌套运算时，参数还可能是其他函数运算。以下列出参数的种类，在输入时可以参考。

| 参数 | 说明 |
|---|---|
| 数值 | 直接输入数值<br>例如：SUM(100,50,200) |
| 字符串 | 用半角双引号包起来的字符，或者含有字符的单元格参照位址<br>例如：=IF(A2<60,"重考","通过") |
| 参照名称 | 单一的单元格、单元格范围或范围名称<br>例如：=AVERAGE(E3:E5)、=AVERAGE(业务部) |
| 逻辑值 | 代表TRUE（真）或FALSE（假）<br>例如：=VLOOKUP(B3,E3:F12,2,TRUE) |
| 错误值 | #DVI/0!、#NAME?、#VALUE!、#REF!、#N/A、#NUM!等<br>例如：=ERROR.TYPE(#NAME?) |
| 数组 | 用逗号","或分号";"分隔数值或字符串，并用大括号"{}"括起来<br>例如：{=SUM({1,2,3,4}+56)} |
| 其他公式或函数 | 这个部分的参数会优先计算，之后再进行原本函数的运算<br>例如：=IF(SUM(G1:G4)>60,"TRUE","FALSE") |

## 2 输入函数和线上查询函数的用法

函数可以直接输入，或者单击"插入函数"按钮插入，或者单击"自动求和"按钮自动生成，可以根据不同的情况和个人喜好选择合适的方法使用。

### ▶ 直接输入

可以直接在单元格或编辑栏中输入函数公式，公式中的中英文字、数值、符号均为半角，而函数名称则是大小写皆可。

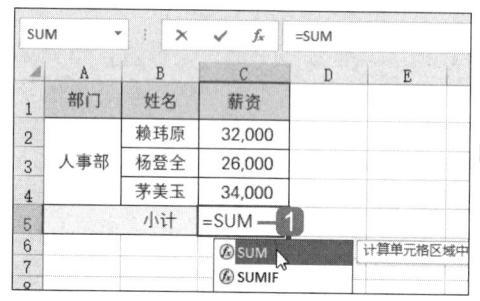

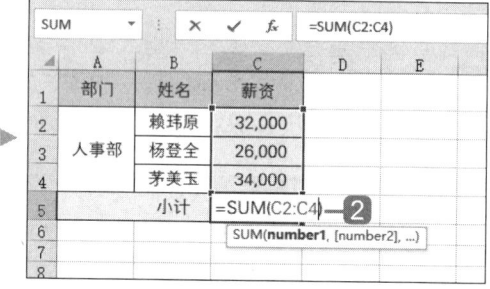

**1** 选取想要输入函数的单元格，直接输入"="，再输入函数名称"SUM"（也可以在建议列表中合适的函数上双击鼠标左键进行选用）。

**2** 接着输入"("，会出现该函数的参数提示，参考提示输入参数"C2:C4"，最后输入")"，再按 Enter 键完成函数公式的输入。

### ▶ 单击"插入函数"按钮输入

除了直接输入，也可以使用"插入函数"按钮进行函数的搜索和插入，"函数参数"对话框中更有函数的功能和参数输入的详细说明。

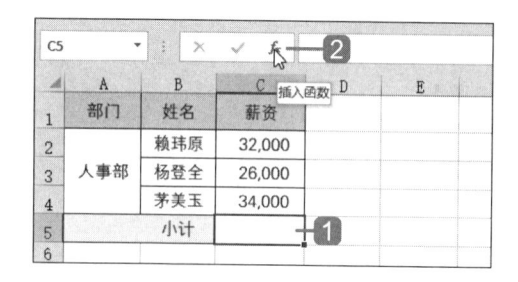

**1** 选取想要输入函数的单元格。

**2** 单击"插入函数"按钮 fx，打开"插入函数"对话框。

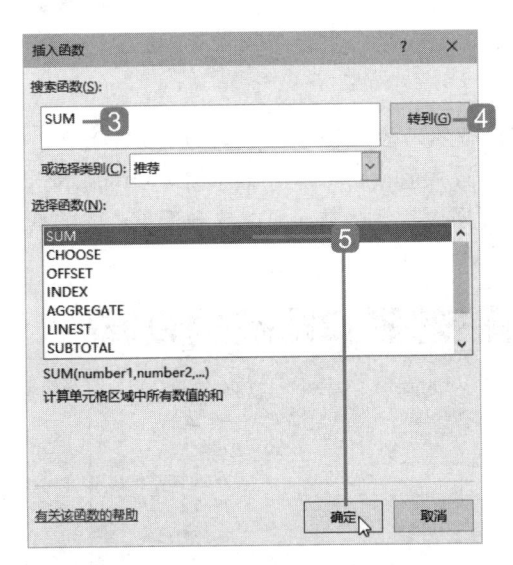

3 在"搜索函数"输入框中输入函数名称"SUM"。

4 单击"转到"按钮进行函数搜索。

5 在"选择函数"下拉列表中确定要使用的函数，单击"确定"按钮。

6 在引数栏Number 1中输入"C2:C4"，表示要加总的第一组单元格的范围为C2至C4。

7 单击"确定"按钮完成函数参数的设定。

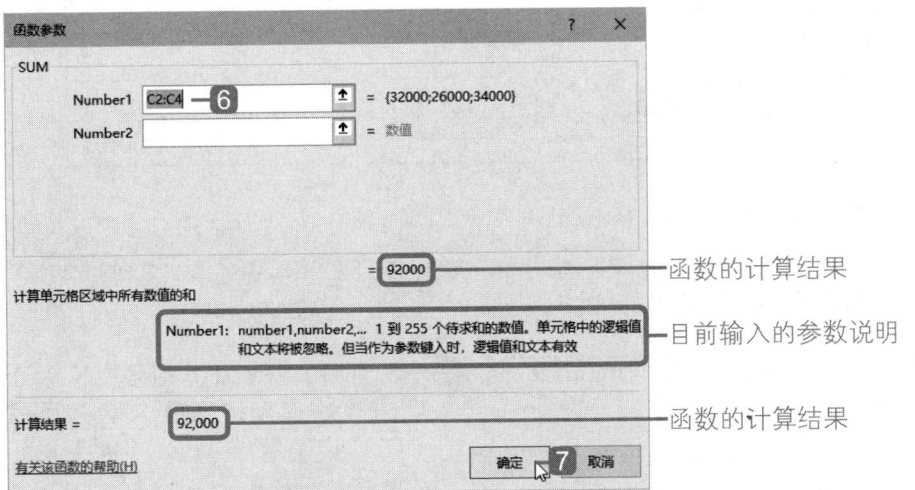

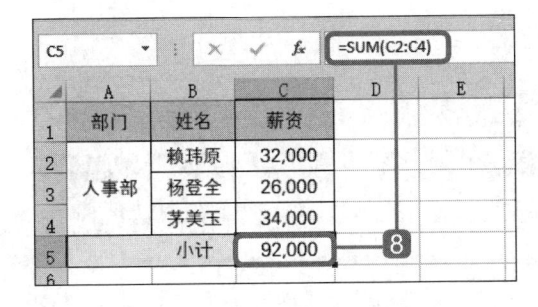

函数的计算结果

目前输入的参数说明

函数的计算结果

8 输入的函数公式显示在上方的编辑栏中，而运算结果则会出现在单元格里。

## ● 单击"自动求和"按钮输入

单击"自动求和"按钮∑可以直接加入所需要的函数，清单中包含求和（SUM）、平均值（AVERAGE）、计数（COUNT）、最大值（MAX）、最小值（MIN）的选项，可以快速插入这五个函数公式。如果要插入其他函数，可以单击清单中的"其他函数"按钮，即可打开"插入函数"对话框。

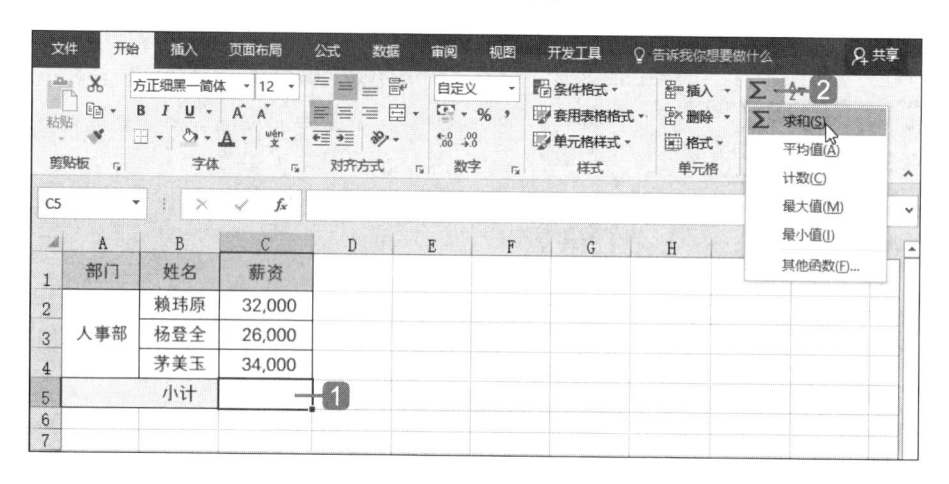

1️⃣ 选取想要输入函数的单元格。

2️⃣ 在"开始"工具栏中单击"自动求和"按钮，在下拉菜单中选择"求和"选项，即可在单元格中插入SUM函数。

3️⃣ 在SUM函数的"()"括号中输入计算的参数或直接拖曳选取单元格"C2:C4"，再按 Enter 键就可以完成函数公式的输入。

### Tips

**利用"公式"工具栏插入函数**

除了以上提到的三种方法以外，也可以使用"公式"工具栏内不同种类的函数按钮来插入函数。

## 线上查询函数

Excel内有许多的函数，但是相关的使用方式或其中参数所代表的意义，并没有办法全部记住，这时只要通过"有关该函数的帮助"功能，就可以即时在线上进行查询，让函数的使用更加得心应手（计算机要在联网的状态下才能查询）。

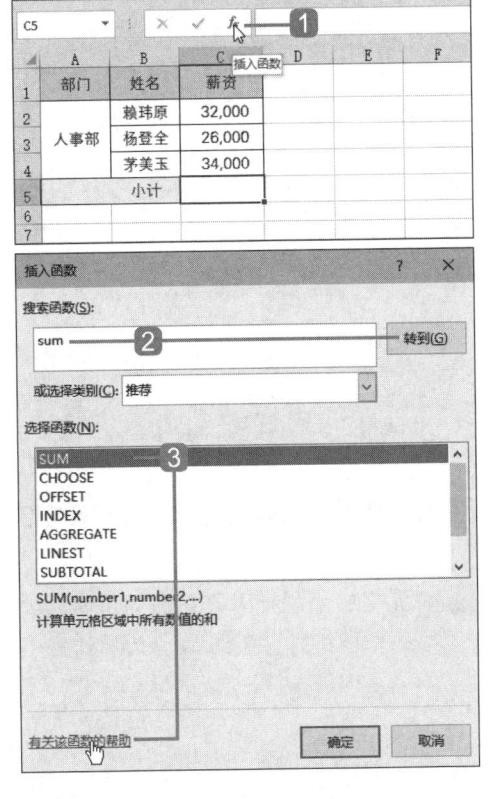

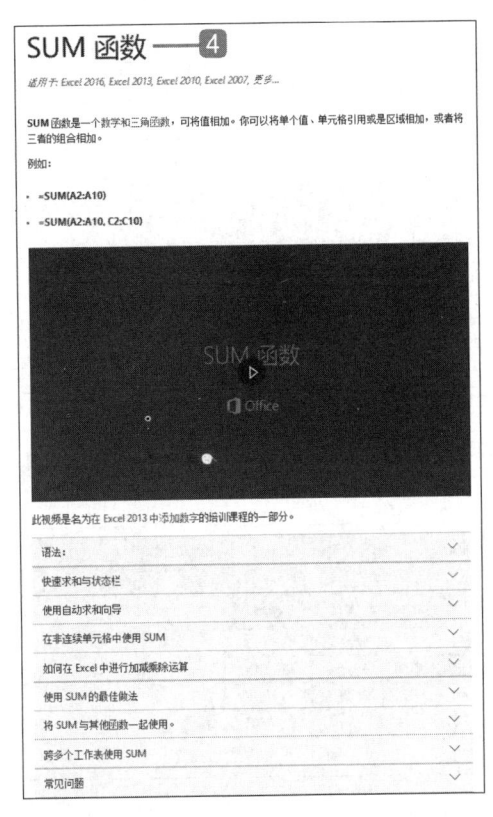

1. 单击"插入函数"按钮。
2. 在"搜索函数"输入框中输入要搜索的函数名称，单击"转到"按钮进行函数的搜索。
3. 选取要查询的函数，再单击"有关该函数的帮助"按钮。
4. 会打开函数说明的窗口，其中列出了该函数的公式语法、参数说明、范例和多种使用方式。

## 3 修改函数公式

输入的函数难免会有错误或需要修正的部分,可以直接在单元格或编辑栏中修改,也可以通过拖曳的方式修改函数公式。

### ● 直接在编辑栏中修改

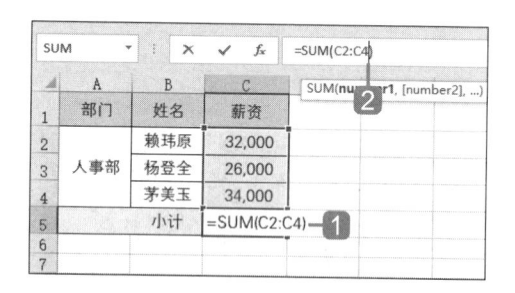

1. 选取要修改函数公式的单元格。
2. 在编辑栏上单击一下鼠标左键,出现插入光标即可修改公式,修改后按 Enter 键就完成了。

### ● 直接在单元格中修改

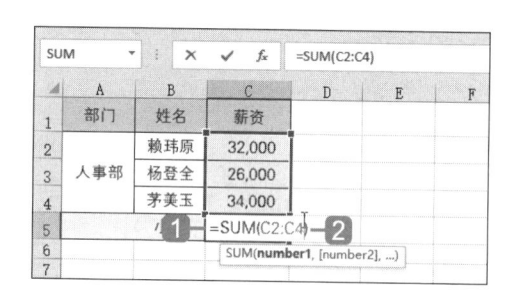

1. 在要修改函数公式的单元格上双击鼠标左键。
2. 单元格中出现插入光标时即可修改公式,修改后按 Enter 键就完成了。

### ● 用拖曳的方法来修改参数中单元格的范围

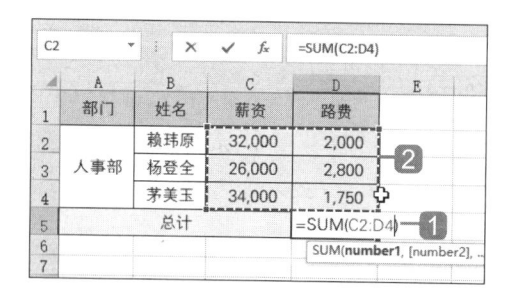

1. 在要修改函数公式的单元格上双击鼠标左键,拖曳选取要修改的参数。
2. 在正确的单元格上按住鼠标左键不放拖曳选取,这样一来新的单元格范围会取代刚才选取的参数,修改后按 Enter 键就完成了。

# 4 运算符的介绍

输入公式或参数时经常用到运算符，运算符分为算术运算符、比较运算符、文本连接运算符、引用运算符四种，熟悉运算符的用法可以让运算事半功倍。

## ▶ 运算符的种类及介绍

| 种类 | 符号 | 说明 | 范例 |
| --- | --- | --- | --- |
| 算术运算符 | + | 加法 | 6+2 |
|  | − | 减法 | 6−2 |
|  | * | 乘法 | 6*2 |
|  | / | 除法 | 6/2 |
|  | % | 百分比 | 30% |
|  | ^ | 次方（乘幂） | 6^2 |
| 比较运算符 | = | 等于 | A1=B1 |
|  | > | 大于 | A1>B1 |
|  | < | 小于 | A1<B1 |
|  | >= | 大于等于 | A1≥B1 |
|  | <= | 小于等于 | A1≤B1 |
|  | <> | 不等于 | A1<>B1 |
| 文本连接运算符 | & | 连接多个字符 | "台南"&"花莲" |
| 引用运算符 | : | 冒号，连接连续的单元格范围 | SUM(B1:B5) |
|  | , | 逗号，连接不连续的单元格范围 | SUM(B1:B5,D1:D5) |
|  | 半角空格 | 生成由两个单元格范围交集的部分 | SUM(B7:D7 C6:C8) |

## 运算符的计算顺序

运算符的计算顺序基本上和一般的四则运算顺序相同，而且会先由运算括号 "()" 包起来的部分由左到右计算，先乘除后加减。运算符的计算顺序如下所示。

| 顺序 | 符号 | 说明 |
| --- | --- | --- |
| 1 | :（冒号）<br>,（逗号）<br>（半角空格） | 引用运算符 |
| 2 | – | 负号 |
| 3 | % | 百分比 |
| 4 | ^ | 次方（乘幂） |
| 5 | * 和 / | 乘和除 |
| 6 | + 和 – | 加和减 |
| 7 | & | 连接多个字符 |
| 8 | = < > ≤ ≥ <> | 比较运算符 |

例如，下图单元格A1:C5中的数据，套用到各个公式和运算符中就会产生不同的值，所以要特别注意运算符的顺序。

| | A | B | C |
| --- | --- | --- | --- |
| 1 | 10 | 100 | 150 |
| 2 | 20 | 200 | 250 |
| 3 | 30 | 300 | 350 |
| 4 | 40 | 400 | 450 |
| 5 | 50 | 500 | 550 |
| 6 | | | |
| 7 | | | |

=SUM(A1,A5) ▶ 10+50 ▶ 60

=SUM(A1:A5) ▶ 10+20+30+40+50 ▶ 150

=SUM(A1,A3,A5) ▶ 10+30+50 ▶ 90

=SUM(A1+B1*5) ▶ 10+100×5 ▶ 510

=SUM((A1+B1)*5) ▶ (10+100)×5 ▶ 550

## 5 单元格参照

复制公式时，公式中的单元格位址会自动按照复制目的地的单元格位址相对调整。如果需要固定参照单元格位址时，可以通过"相对参照"和"绝对参照"这两种单元格参照方式来调整。

### ● 相对参照

在相对参照的情况下，其参照会随着相对的单元格而自动改变，让公式在复制时不需要一一改变参照位址。

| | A | B | C | D | E |
|---|---|---|---|---|---|
| 1 | 姓名 | 薪资 | 差旅费 | 餐补费 | |
| 2 | 赖玮原 | 32,000 | 2,000 | 1,500 | |
| 3 | 杨登全 | 26,000 | 2,800 | 1,500 | |
| 4 | 茅美玉 | 34,000 | 1,750 | 1,500 | |
| 5 | 小 ① | 92,000 | 6,550 ② | 4,500 | |
| 6 | | | | | |
| 7 | | | | | |

=SUM(B2:B4)　=SUM(C2:C4)　=SUM(D2:D4)

① 单击一下已经输入公式的单元格（单元格B5），单元格中的公式为"=SUM(B2:B4)"。

② 在单元格B5中按住右下角的"填充控点"往右拖曳至单元格D5。单元格往左或往右复制，相对参照改变的是列号；单元格往上或往下复制，相对参照改变的是行号。

### ● 绝对参照

当公式复制到其他单元格时，希望参照的单元格位址是固定的，那就需要使用绝对参照。只要在行号或列号前加上符号"$"（如$B$1），位址就不会随着改变。

下面的案例中年满一年的员工才有年终奖，而年终奖的算法为"薪资×固定的年终奖月数"，所以表示年终奖月数的单元格B1需要加上符号"$"，输入"$B$1"。

| | A | B | C | D |
|---|---|---|---|---|
| 1 | 年终奖 | 1.5 | 个月 | |
| 2 | | | | ② |
| 3 | 姓名 | 薪资 | 年资 | 年终奖 |
| 4 | 赖玮原 | 32,000 | 5 | =IF(C4>1,B4*$B$1,0) |
| 5 | 杨登全 | 26,000 | 2 | ① |
| 6 | 茅美玉 | 34,000 | 0.5 | |
| 7 | | | | |
| 8 | | | | |

SUM　fx　=IF(C4>1,B4*$B$1,0)
IF(logical_test, [value_if_true], [va

① 单击一下已经输入公式的单元格（单元格D4），单元格中的公式为"=IF(C4>1,B4*B1,0)。

② 将公式中单元格B1的参照位址改为$B$1，可以直接加上符号"$"或选取公式中的单元格B1按一下 F4 键，就可以快速切换为绝对参照。

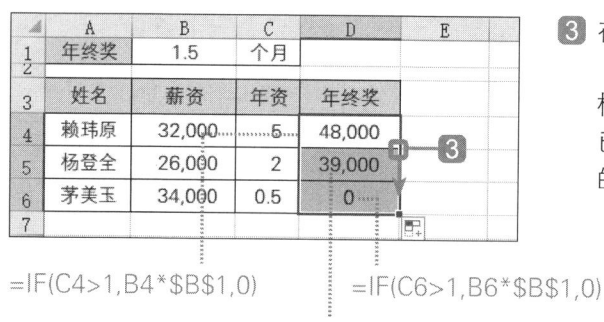

[3] 在单元格D4中按住右下角的"填充控点",往下拖曳至单元格D6。公式中单元格B1的位址已经被固定,所以可以求得正确的值。

=IF(C4>1,B4*$B$1,0)
=IF(C5>1,B5*$B$1,0)
=IF(C6>1,B6*$B$1,0)

## 混合参照

混合参照就是将行号或列号其中一个设定为绝对参照。例如,$B1是将行号固定,B$1是将列号固定。在单元格位址上按数次 F4 键,就会按照B1→$B$1→B$1→$B1的顺序切换单元格参照位址的表示方式。

案例中各产品的折扣价为"单价×折扣",由于这里的变量为"折扣"行和"单价"列,所以使用混合参照来设计公式。

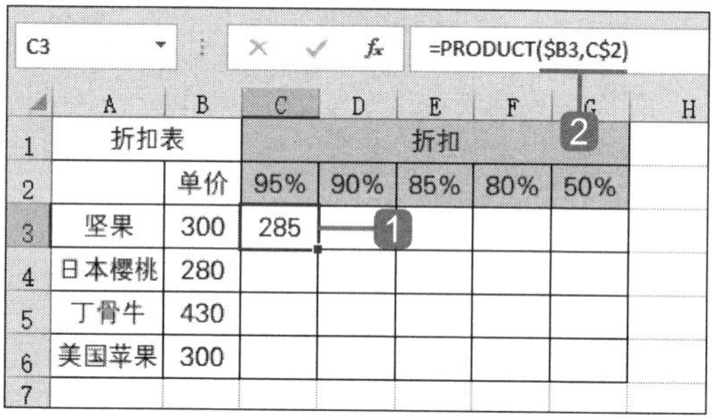

[1] 单击一下已经输入公式的单元格(单元格C3),单元格中的公式为"=PRODUCT(B3,C2)"。

[2] 选取公式中的单元格B3按三下 F4 键,切换为混合参照$B3;同样地,选取公式中的单元格C2按两下 F4 键,切换为混合参照C$2。

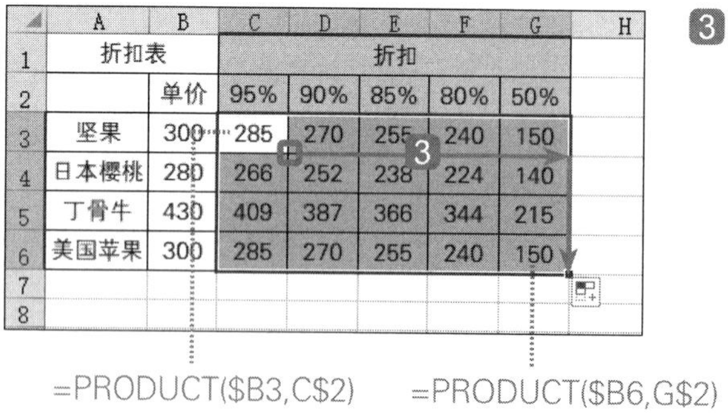

[3] 在单元格C3中按住右下角的"填充控点"往右再往下拖曳至单元格G6,公式中的混合参照会固定第一个参数的B列和第二个参数的2行,其他则会根据相对位址自动调整。

=PRODUCT($B3,C$2)    =PRODUCT($B6,G$2)

## 6 数组的使用

Excel中的数组虽然属于比较高级的用法，但可以更简便地进行运算。所谓的"数组"是含有数值的行和列所组成的数据范围，根据使用的方法分为"数组常量"和"数组公式"，这两种在输入时都要使用大括号"{}"括起来。

### ▶ 数组常量

数组常量是将原来参照用的表格数据用大括号"{}"将其括起来。如果使用逗号分隔，就可以建立水平数组；如果使用分号分隔，就可以建立垂直数组。

▲ 在单元格B2中用VLOOKUP函数的第二个参数指定单元格F2至单元格G4为参照范围

▲ 用数组常量来代替参照范围的数据，这样在工作表中就可以删除参照的表格了

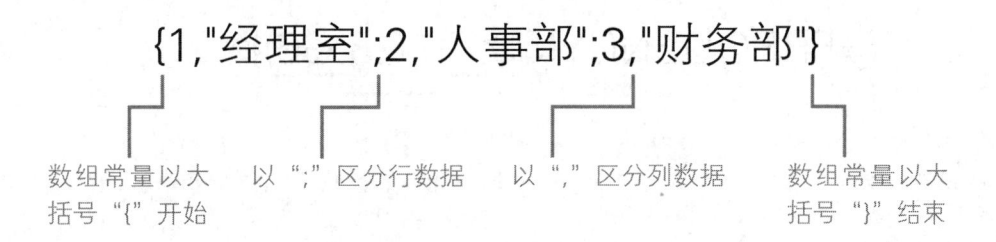

{1,"经理室";2,"人事部";3,"财务部"}

数组常量以大括号"{"开始　　以";"区分行数据　　以","区分列数据　　数组常量以大括号"}"结束

## ◉ 数组公式

要运算不同的单元格常常需要一格一格地改变参照位址,使用数组公式可以缩短复制或添加多重函数公式的时间。在公式中指定要运算的范围,而且相对应的运算范围的行列数要相等,才能自动对应不会出错,这样只要一个数组公式就可以取代范围内所有的公式了。

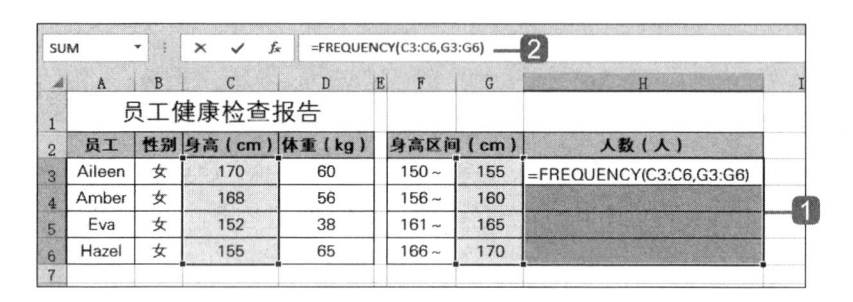

| | A | B | C | D | E | F | G | H | I |
|---|---|---|---|---|---|---|---|---|---|
| 1 | 员工健康检查报告 | | | | | | | | |
| 2 | 员工 | 性别 | 身高(cm) | 体重(kg) | | 身高区间(cm) | | 人数(人) | |
| 3 | Aileen | 女 | 170 | 60 | | 150~ | 155 | =FREQUENCY(C3:C6,G3:G6) | |
| 4 | Amber | 女 | 168 | 56 | | 156~ | 160 | | |
| 5 | Eva | 女 | 152 | 38 | | 161~ | 165 | | |
| 6 | Hazel | 女 | 155 | 65 | | 166~ | 170 | | |

公式栏:=FREQUENCY(C3:C6,G3:G6) ——②

① 选取单元格范围H3:H6。

② 输入公式:=FREQUENCY(C3:C6,G3:G6)。

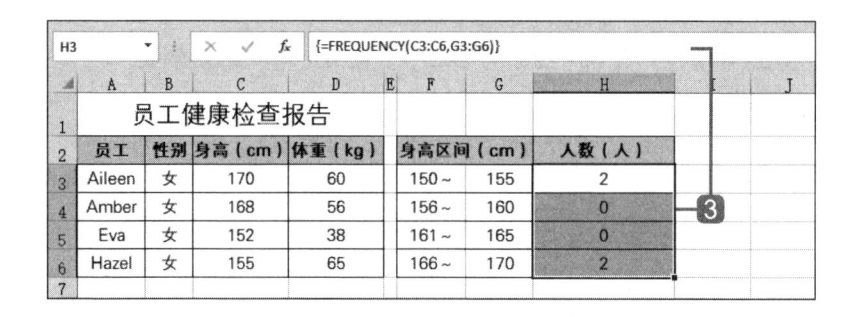

| | A | B | C | D | E | F | G | H | I | J |
|---|---|---|---|---|---|---|---|---|---|---|
| 1 | 员工健康检查报告 | | | | | | | | | |
| 2 | 员工 | 性别 | 身高(cm) | 体重(kg) | | 身高区间(cm) | | 人数(人) | | |
| 3 | Aileen | 女 | 170 | 60 | | 150~ | 155 | 2 | | |
| 4 | Amber | 女 | 168 | 56 | | 156~ | 160 | 0 | | |
| 5 | Eva | 女 | 152 | 38 | | 161~ | 165 | 0 | | |
| 6 | Hazel | 女 | 155 | 65 | | 166~ | 170 | 2 | | |

公式栏:{=FREQUENCY(C3:C6,G3:G6)}

③ 按 Ctrl + Shift + Enter 组合键,公式前后会自动生成"{"和"}",并自动复制到选取的单元格中,形成数组公式为:{=FREQUENCY(C3:C6,G3:G6)}。

$$\{=FREQUENCY(C3:C6,G3:G6)\}$$

数组公式以大括号"{"开始     所有元素的行数和列数都要相等     数组公式以大括号"}"结束

## 7 错误值的分析和介绍

输入公式之后,单元格出现的不是预设的计算值,反而是"#VALUE!""#NAME?"等错误值,表示公式无法运算。下面就来认识错误值所代表的意义,修正后才能有正确的运算结果。

### ➡ 常见的错误值

| 错误值 | 说明 |
| --- | --- |
| ###### | 表示列的宽度不足,无法显示所有内容,或者在单元格中输入了负值的日期或时间 |
| #DIV/0 | 除法算式中分母设定为空白单元格或0 |
| #NAME? | 函数名称不正确或字符串未用括号包括 |
| #N/A | 必要的参数或运算值未输入 |
| #NUM! | 参数数值过大、过小或空白,导致函数无法算出正确答案 |
| #NULL! | 使用的参照运算符不正确 |
| #REF! | 函数公式中参照的单元格被删除或移动 |
| #VALUE! | 参数内的数据格式不正确 |

## ⊙ 使用错误检查按钮进行修正

当函数公式运算后出现如上表所示说明的错误值时，除了可以一一检查参数外，只要选取有错误值的单元格，在单元格的左上方就会出现"错误检查"标示⊙，接着只要将鼠标指针移到这个标示上单击"错误检查"按钮，在清单中就会出现和这个错误值相关的操作选项。

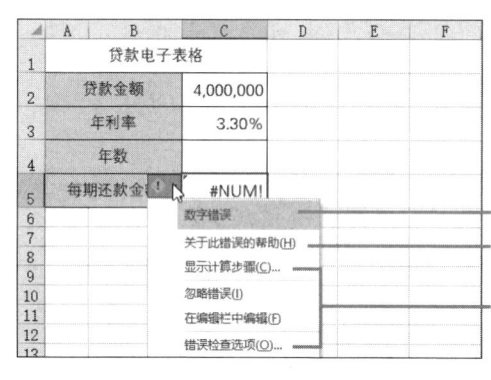

错误原因
网络上对于错误信息的详细说明
对应的措施，如果判断是格式上的问题，不会影响整体计算结果，则可以单击"忽略错误"选项，就不会再出现⊙标示

## ⊙ 自定义错误检查规则

如果觉得错误检查不仅影响编辑又有些麻烦，其实只要将错误检查规则根据需求自定义，就可以针对自定义的项目进行错误检查了。

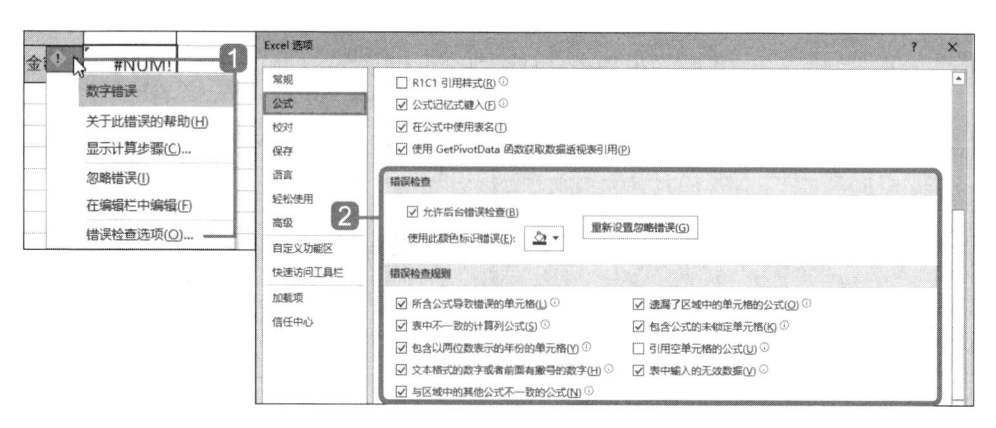

1. 单击"错误检查"按钮，在清单中选择"错误检查选项"。

2. 在"Excel选项"对话框"公式"面板的"错误检查规则"项目中，根据需求自定义错误检查项目。如果想要停止错误检查的操作，可以取消勾选"错误检查"项目中的"允许后台错误检查"选项。

# Part 2

# 常用的数学运算和进位

加、减、乘、除的四则运算和四舍五入数值进位等，是进入函数应用的第一道门。以工作和生活中经常遇到的表格为例，让您轻松掌握数值的基本计算。

## 8 数值的加总运算
### 各部门员工薪资小计和总计

SUM函数是Excel中最常使用的函数之一，只要指定要加总的范围就可以快速得到范围内数值的总和，再也不需要一格一格地计算了。

### ◯ 案例分析

薪资表中各部门的薪资小计，可以单纯用SUM函数进行指定范围内的加总。如果要求得各部门小计的总和，虽然同样是使用SUM函数，但由于各部门小计的值在不相邻的单元格中，所以要用逗号","分隔，以标注不相邻但需要将其加总的个别单元格。

| | A | B | C | D | E |
|---|---|---|---|---|---|
| 1 | | | 薪资表 | | |
| 2 | 部门 | 姓名 | 年资 | 底薪 | 薪资 |
| 3 | 人事部 | 赖玮原 | 6 | 20,000 | 32,000 |
| 4 | | 杨登全 | 3 | 20,000 | 26,000 |
| 5 | | 茅美玉 | 7 | 20,000 | 34,000 |
| 6 | | | | 部门小计 | 92,000 |
| 7 | 财务部 | 梁俊礼 | 3 | 23,000 | 29,900 |
| 8 | | 李怡君 | 10 | 23,000 | 46,000 |
| 9 | | 林俊杰 | 7 | 23,000 | 39,100 |
| 10 | | | | 部门小计 | 115,000 |
| 11 | 业务部 | 黄玉娟 | 7 | 25,000 | 42,500 |
| 12 | | 赖建法 | 1 | 25,000 | 27,500 |
| 13 | | 张明翰 | 2 | 25,000 | 30,000 |
| 14 | | | | 部门小计 | 100,000 |
| 15 | | | | 总计 | 307,000 |

先用SUM函数计算薪资表各部门薪资的小计

再用SUM函数加总各部门薪资小计的值，求得薪资总金额

### SUM 函数 | 数学和三角函数

**说明**：求得指定单元格范围内所有数值的总和。

**公式**：SUM(范围1,范围2,...)

**参数**：范围　如果加总连续的单元格，可以使用冒号":"指定起始单元格和结束单元格；如果加总不相邻单元格内的数值，则用逗号","分隔。

## 操作说明

| | A | B | C | D | E | F | G |
|---|---|---|---|---|---|---|---|
| 1 | | | 薪资表 | | | | |
| 2 | 部门 | 姓名 | 年资 | 底薪 | 薪资 | | |
| 3 | 人事部 | 赖玮原 | 6 | 20,000 | 32,000 | | |
| 4 | | 杨登全 | 3 | 20,000 | 26,000 | | |
| 5 | | 茅美玉 | 7 | 20,000 | 34,000 | | |
| 6 | | | | 部门小计 | =SUM(E3:E5) | | |
| 7 | 财务部 | 梁俊礼 | 3 | 23,000 | 29,900 | | |
| 8 | | 李怡君 | 10 | 23,000 | 46,000 | | |
| 9 | | 林俊杰 | 7 | 23,000 | 39,100 | | |
| 10 | | | | 部门小计 | | | |
| 11 | 业务部 | 黄玉娟 | 7 | 25,000 | 42,500 | | |
| 12 | | 赖建法 | 1 | 25,000 | 27,500 | | |
| 13 | | 张明翰 | 2 | 25,000 | 30,000 | | |
| 14 | | | | 部门小计 | | | |
| 15 | | | | 总计 | | | |

**1** 在单元格E6中输入加总单元格E3、E4、E5的公式：=SUM(E3:E5)。

**2** 同样地，在其他部门小计的单元格中，使用SUM函数完成小计的计算。

| | A | B | C | D | E | F | G |
|---|---|---|---|---|---|---|---|
| 1 | | | 薪资表 | | | | |
| 2 | 部门 | 姓名 | 年资 | 底薪 | 薪资 | | |
| 3 | 人事部 | 赖玮原 | 6 | 20,000 | 32,000 | | |
| 4 | | 杨登全 | 3 | 20,000 | 26,000 | | |
| 5 | | 茅美玉 | 7 | 20,000 | 34,000 | | |
| 6 | | | | 部门小计 | 92,000 | | |
| 7 | 财务部 | 梁俊礼 | 3 | 23,000 | 29,900 | | |
| 8 | | 李怡君 | 10 | 23,000 | 46,000 | | |
| 9 | | 林俊杰 | 7 | 23,000 | 39,100 | | |
| 10 | | | | 部门小计 | 115,000 | | |
| 11 | 业务部 | 黄玉娟 | 7 | 25,000 | 42,500 | | |
| 12 | | 赖建法 | 1 | 25,000 | 27,500 | | |
| 13 | | 张明翰 | 2 | 25,000 | 30,000 | | |
| 14 | | | | 部门小计 | 100,000 | | |
| 15 | | | | 总计 | =SUM(E6,E10,E14) | | |

**3** 最后，在单元格E15中输入加总不相邻单元格E6、E10和E14的公式：=SUM(E6,E10,E14)。

### Tips

SUM函数除了加总数值和加总不相邻单元格的值，也可以先加总单元格内的值再加上数值。

=SUM(3,2)　　　　　加总3和2，结果为5。
=SUM(B5,B8)　　　 加总单元格B5和B8中的值。
=SUM(A2:A4,15)　　先加总单元格A2到A4中的值，再将结果值加上15。

## 9 累计加总范围内的值
### 计算每个月份薪资的累计值

想要控制SUM函数加总的单元格位址是否随着"行"变动加总范围时，就需要应用"相对参照"和"绝对参照"来设计公式。

### ● 案例分析

薪资表中的"总薪资"是每个月份所有员工的薪资金额总和，累计薪资则是从第一个月份到当前月份总薪资的累计加总的值。

以2月的累计薪资为例，它是1月总薪资加上2月总薪资的值。因此，加总范围的起始单元格固定为1月总薪资的单元格位址，结束单元格则为当前月份总薪资的单元格位址，这样就能计算出这两个月的累计薪资。

| | A | B | C | D | E | F |
|---|---|---|---|---|---|---|
| 1 | | | | 累计薪资表 | | |
| 2 | 月份 | 人事部 | | 业务部 | 总薪资 | 累计薪资 |
| 3 | | 赖珥原 | 杨登全 | 黄玉娟 | | |
| 4 | 1月 | 32,000 | 28,000 | 22,000 | 82,000 | 82,000 |
| 5 | 2月 | 32,000 | 28,000 | 22,000 | 82,000 | 164,000 |
| 6 | 3月 | 32,000 | 28,000 | 22,000 | 82,000 | 246,000 |
| 7 | 4月 | 32,000 | 28,000 | 22,000 | 82,000 | 328,000 |
| 8 | 5月 | 32,000 | 28,000 | 22,000 | 82,000 | 410,000 |
| 9 | 6月 | 32,000 | 28,000 | 22,000 | 82,000 | 492,000 |
| 10 | 7月 | 32,000 | 28,000 | 22,000 | 82,000 | 574,000 |
| 11 | 8月 | 32,000 | 28,000 | 22,000 | 82,000 | 656,000 |
| 12 | 9月 | 32,000 | 28,000 | 22,000 | 82,000 | 738,000 |
| 13 | 10月 | 32,000 | 28,000 | 22,000 | 82,000 | 820,000 |
| 14 | 11月 | 32,000 | 28,000 | 22,000 | 82,000 | 902,000 |
| 15 | 12月 | 32,000 | 28,000 | 22,000 | 82,000 | 984,000 |
| 16 | | | | | | |

"总薪资"是用SUM函数加总该月份各员工的薪资

同样地，用SUM函数计算"累计薪资"，累加第一个月份至当前月份员工薪资的总和

---

### SUM 函数　　　　　　　　　　　　　　　｜ 数学和三角函数

说明：求得指定单元格范围内所有数值的总和。

公式：SUM(范围1,范围2,...)

参数：范围　如果加总连续的单元格，可以使用冒号"："指定起始单元格和结束单元格；如果加总不相邻单元格内的数值，则用逗号"，"分隔。

## 操作说明

|   | A | B | C | D | E | F |
|---|---|---|---|---|---|---|
| 1 |   |   | 累计薪资表 |   |   |   |
| 2 | 月份 | 人事部 |   | 业务部 | 总薪资 | 累计薪资 |
| 3 |   | 赖玮原 | 杨登全 | 黄玉娟 |   |   |
| 4 | 1月 | 32,000 | 28,000 | 22,000 | =SUM(B4:D4) |   |
| 5 | 2月 | 32,000 | 28,000 | 22,000 |   |   |
| 6 | 3月 | 32,000 | 28,000 | 22,000 |   |   |
| 7 | 4月 | 32,000 | 28,000 | 22,000 |   |   |
| 8 | 5月 | 32,000 | 28,000 | 22,000 |   |   |
| 9 | 6月 | 32,000 | 28,000 | 22,000 |   |   |
| 10 | 7月 | 32,000 | 28,000 | 22,000 |   |   |
| 11 | 8月 | 32,000 | 28,000 | 22,000 |   |   |
| 12 | 9月 | 32,000 | 28,000 | 22,000 |   |   |
| 13 | 10月 | 32,000 | 28,000 | 22,000 |   |   |
| 14 | 11月 | 32,000 | 28,000 | 22,000 |   |   |
| 15 | 12月 | 32,000 | 28,000 | 22,000 |   |   |

**1** 在单元格E4中输入加总该月份总薪资的公式：=SUM(B4:D4)。

**2** 在单元格E4中按住右下角的"填充控点"往下拖曳，至12月的单元格E15再放开鼠标左键，可以快速完成其他月份总薪资的计算。

|   | A | B | C | D | E | F | G |
|---|---|---|---|---|---|---|---|
| 1 |   |   | 累计薪资表 |   |   |   |   |
| 2 | 月份 | 人事部 |   | 业务部 | 总薪资 | 累计薪资 |   |
| 3 |   | 赖玮原 | 杨登全 | 黄玉娟 |   |   |   |
| 4 | 1月 | 32,000 | 28,000 | 22,000 | 82,000 | =SUM($E$4:E4) |   |
| 5 | 2月 | 32,000 | 28,000 | 22,000 | 82,000 |   |   |
| 6 | 3月 | 32,000 | 28,000 | 22,000 | 82,000 |   |   |
| 7 | 4月 | 32,000 | 28,000 | 22,000 | 82,000 |   |   |
| 8 | 5月 | 32,000 | 28,000 | 22,000 | 82,000 |   |   |
| 9 | 6月 | 32,000 | 28,000 | 22,000 | 82,000 |   |   |
| 10 | 7月 | 32,000 | 28,000 | 22,000 | 82,000 |   |   |
| 11 | 8月 | 32,000 | 28,000 | 22,000 | 82,000 |   |   |
| 12 | 9月 | 32,000 | 28,000 | 22,000 | 82,000 |   |   |
| 13 | 10月 | 32,000 | 28,000 | 22,000 | 82,000 |   |   |
| 14 | 11月 | 32,000 | 28,000 | 22,000 | 82,000 |   |   |
| 15 | 12月 | 32,000 | 28,000 | 22,000 | 82,000 |   |   |

| 业务部 | 总薪资 | 累计薪资 |
|---|---|---|
| 黄玉娟 |   |   |
| 22,000 | 82,000 | 82,000 |
| 22,000 | 82,000 | 164,000 |
| 22,000 | 82,000 | 246,000 |
| 22,000 | 82,000 | 328,000 |
| 22,000 | 82,000 | 410,000 |
| 22,000 | 82,000 | 492,000 |
| 22,000 | 82,000 | 574,000 |
| 22,000 | 82,000 | 656,000 |
| 22,000 | 82,000 | 738,000 |
| 22,000 | 82,000 | 820,000 |
| 22,000 | 82,000 | 902,000 |
| 22,000 | 82,000 | 984,000 |

**3** 在单元格F4中求得累计薪资，其中SUM函数范围的起始单元格位址固定为单元格E4（因此输入$E$4），而结束单元格则逐"行"进行位移，输入公式：=SUM($E$4:E4)。

**4** 在单元格F4中按住右下角的"填充控点"往下拖曳至最后12月的单元格F15再放开鼠标左键，可以快速完成其他月份累计薪资的计算。

## 10 加总多个工作表上的金额

加总三个工作表的销售金额

当工作簿包含了多个工作表而且这些工作表中数据的配置均相同时，可以通过SUM函数加总多个工作表同一单元格中的值。

### 案例分析

汇总各个地区每年的销售金额，首先确认"台北店""台中店""高雄店"三个工作表内数据的配置均相同，并且是相邻的工作表。接着在"北中南总额"工作表中要显示加总金额的单元格B3中输入"=SUM(台北店:高雄店!B3)"，这样即可将三个工作表内高尔夫用品第一年的销售金额加总并显示在"北中南总额"工作表中。

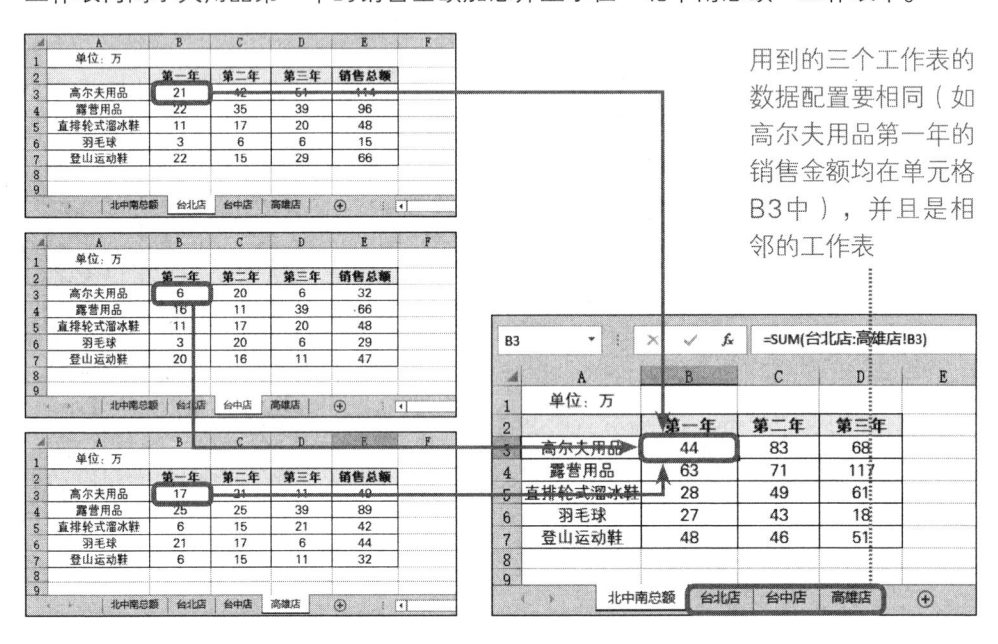

用到的三个工作表的数据配置要相同（如高尔夫用品第一年的销售金额均在单元格B3中），并且是相邻的工作表

### SUM 函数

| 数学和三角函数

说明：求得指定单元格范围内所有数值的总和。

公式：SUM(范围1,范围2,...)

参数：范围　如果加总连续的单元格，可以使用冒号":"指定起始单元格和结束单元格；如果加总不相邻单元格内的数值，则用逗号","分隔；输入"!"标注后再输入各工作表中要加总的单元格名称即可加总多个工作表上的数值。

## 操作说明

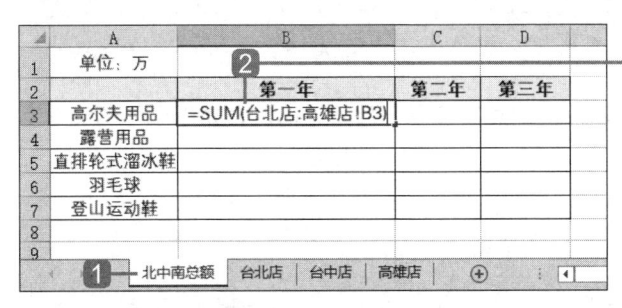

公式中的符号"（""）""："和"！"均需要以半角输入

**1** 选取"北中南总额"工作表。

**2** 在"北中南总额"工作表的单元格B3中输入加总"台北店""台中店""高雄店"三个工作表单元格B3的数值的公式：=SUM(台北店:高雄店!B3)。

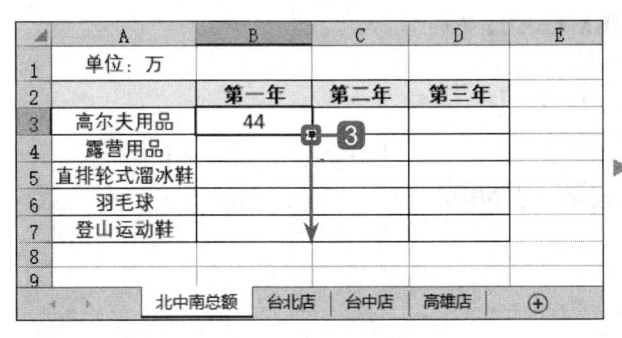

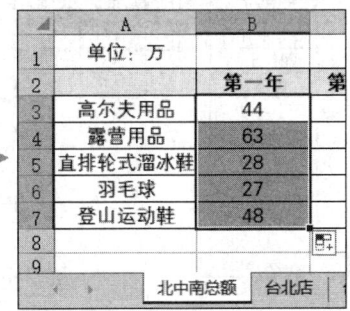

**3** 在单元格B3中按住右下角的"填充控点"往下拖曳，至最后一项产品的单元格B7再放开鼠标左键，可以快速完成其他产品项目第一年北中南总额的运算。

**4** 选取单元格B3:B7，按住单元格B7右下角的"填充控点"往右拖曳，至单元格D7再放开鼠标左键，可以快速完成第二年和第三年北中南总额的运算。

②常用的数学运算和进位

## 11 计算平均值

计算三个年度的平均销售值

想知道一整排数值的平均值而不用一一加总再除以个数算平均，只要用AVERAGE函数就能轻松计算平均值。

### ● 案例分析

产品销售表中，首先要计算第一年、第二年、第三年这三个年度的平均销量，接着挑选出属于"鞋类"的产品，并计算鞋类产品的平均销量。

|   | A | B | C | D | E | F | G |
|---|---|---|---|---|---|---|---|
| 1 | 单位：万 | | | | | | |
| 2 | | 第一年 | 第二年 | 第三年 | 销售总额 | 平均销量 | |
| 3 | 高尔夫用品 | 21 | 42 | 51 | 114 | 38 | |
| 4 | 露营用品 | 22 | 35 | 39 | 96 | 32 | |
| 5 | 溜冰鞋 | 11 | 17 | 20 | 48 | 16 | |
| 6 | 羽毛球 | 3 | 6 | 6 | 15 | 5 | |
| 7 | 登山运动鞋 | 22 | 15 | 29 | 66 | 22 | |
| 8 | | | | | | | |
| 9 | | | | | 鞋类用品平均销量 | | |
| 10 | | | | | 57 | | |
| 11 | | | | | | | |
| 12 | | | | | | | |

平均销量：用AVERAGE函数计算第一年、第二年、第三年的数值平均值

特定产品的平均销量：用AVERAGE函数计算"溜冰鞋"和"登山运动鞋"这两种鞋类产品的平均值

---

**AVERAGE 函数**　　　　　　　　　　　　　　　　| 统计函数

说明：求得指定单元格范围内所有数值的平均值。

公式：AVERAGE(范围1,范围2,...)

参数：范围　如果加总连续单元格可以用冒号"："指定起始和结束单元格；如果加总不相邻单元格内的数值，则用逗号","分隔。

---

**Tips**

**单元格中的"空白"或"字符串"数据不会计算在平均值中**

AVERAGE函数运算时不会将空白或字符串数据算进去，但是数值0却是会被计算的。例如，"=AVERAGE(C1:C10)"这个公式的范围中有10项产品，当有一项产品的值是0时，仍以除以10来计算；但如果有一项产品的值是空白的或是"未记录"这样的文字字符串时，则以除以9来计算。

> 操作说明

| | A | B | C | D | E | F |
|---|---|---|---|---|---|---|
| 1 | 单位：万 | | | | | |
| 2 | | 第一年 | 第二年 | 第三年 | 销售总额 | 平均销量 |
| 3 | 高尔夫用品 | 21 | 42 | 51 | 114 | =AVERAGE(B3:D3) |
| 4 | 露营用品 | 22 | 35 | 39 | 96 | |
| 5 | 溜冰鞋 | 11 | 17 | 20 | 48 | |
| 6 | 羽毛球 | 3 | 6 | 6 | 15 | |
| 7 | 登山运动鞋 | 22 | 15 | 29 | 66 | |
| 8 | | | | | | |

输入"=(B3+C3+D3)/3"也可以求得相同的值

1. 在单元格F3中输入计算"高尔夫用品"第一年、第二年、第三年平均销量的公式：=AVERAGE(B3:D3)。

| | A | B | C | D | E | F | G |
|---|---|---|---|---|---|---|---|
| 1 | 单位：万 | | | | | | |
| 2 | | 第一年 | 第二年 | 第三年 | 销售总额 | 平均销量 | |
| 3 | 高尔夫用品 | 21 | 42 | 51 | 114 | 38 | |
| 4 | 露营用品 | 22 | 35 | 39 | 96 | | |
| 5 | 溜冰鞋 | 11 | 17 | 20 | 48 | | |
| 6 | 羽毛球 | 3 | 6 | 6 | 15 | | |
| 7 | 登山运动鞋 | 22 | 15 | 29 | 66 | | |
| 8 | | | | | | | |

| C | D | E | F |
|---|---|---|---|
| 第二年 | 第三年 | 销售总额 | 平均销量 |
| 42 | 51 | 114 | 38 |
| 35 | 39 | 96 | 32 |
| 17 | 20 | 48 | 16 |
| 6 | 6 | 15 | 5 |
| 15 | 29 | 66 | 22 |

2. 在单元格F3中按住右下角的"填充控点"往下拖曳，至最后一项产品的单元格F7放开鼠标左键，可以快速完成其他产品项目平均销量的计算。

| | A | B | C | D | E | F | G |
|---|---|---|---|---|---|---|---|
| 1 | 单位：万 | | | | | | |
| 2 | | 第一年 | 第二年 | 第三年 | 销售总额 | 平均销量 | |
| 3 | 高尔夫用品 | 21 | 42 | 51 | 114 | 38 | |
| 4 | 露营用品 | 22 | 35 | 39 | 96 | 32 | |
| 5 | 溜冰鞋 | 11 | 17 | 20 | 48 | 16 | |
| 6 | 羽毛球 | 3 | 6 | 6 | 15 | 5 | |
| 7 | 登山运动鞋 | 22 | 15 | 29 | 66 | 22 | |
| 8 | | | | | | | |
| 9 | | | | | 鞋类用品平均销量 | | |
| 10 | | | | | =AVERAGE(E5,E7) | | |
| 11 | | | | | | | |
| 12 | | | | | | | |

| C | D | E | F |
|---|---|---|---|
| 第二年 | 第三年 | 销售总额 | 平均销量 |
| 42 | 51 | 114 | 38 |
| 35 | 39 | 96 | 32 |
| 17 | 20 | 48 | 16 |
| 6 | 6 | 15 | 5 |
| 15 | 29 | 66 | 22 |
| | | 鞋类用品平均销量 | |
| | | 57 | |

3. 在单元格E10中输入计算"溜冰鞋"和"登山运动鞋"这两项鞋类产品平均销量的公式：=AVERAGE(E5,E7)。

## 12 计算多个数值相乘的值

根据商品的单价、数量、折扣的乘积来计算商品总价

PRODUCT函数可以计算数值的乘积，也就是四则运算中的乘法。然而相较于用乘法来计算乘积，PRODUCT函数不仅能将指定范围内的多个数值相乘，如果范围内出现的不是数值而是空白或文字内容时，也会自动判断并用"1"取代以避免产生错误。

### ● 案例分析

订购清单中，每项产品的金额均为"单价×数量×折扣"，然而"折扣"列中的数据也有可能会记录"无折扣"的标注文字，表示该产品并无折扣，这时该项产品的金额就变成了"单价×数量"。

| | A | B | C | D | E | F |
|---|---|---|---|---|---|---|
| 1 | 生鲜、杂货订购清单 ||||||
| 2 ||||||||
| 3 | 项目 | 单位 | 单价 | 数量 | 折扣 | 金额 |
| 4 | 柳橙 | 颗 | 50 | 20 | 0.85 | 850 |
| 5 | 苹果 | 颗 | 120 | 10 | 0.85 | 1,020 |
| 6 | 澳洲牛小排 | 片 | 750 | 3 | 0.9 | 2,025 |
| 7 | 嫩肩菲力牛排 | 片 | 320 | 3 | 无折扣 | 960 |
| 8 | 野生鲑鱼 | 片 | 260 | 3 | 0.9 | 702 |
| 9 | 台湾鲷鱼 | 片 | 100 | 6 | 0.86 | 516 |
| 10 | 波士顿螯龙虾 | 尾 | 990 | 2 | 0.95 | 1,881 |
| 11 |||||||
| 12 |||||||
| 13 |||||||

"金额"的计算公式为：
单价×数量×折扣

### PRODUCT 函数

| 数学和三角函数

说明：求得指定单元格范围内所有数值相乘的值。

公式：PRODUCT(数值1,数值2,...)

参数：数值1  必要，要相乘的第一个数值或范围。

数值2  选用，当要相乘多组范围的元素时使用，用逗号","分隔。

## 操作说明

|   | A | B | C | D | E | F | G |
|---|---|---|---|---|---|---|---|
| 1 | 生鲜、杂货订购清单 ||||||  |
| 2 |   |   |   |   |   |   |   |
| 3 | 项目 | 单位 | 单价 | 数量 | 折扣 | 金额 |   |
| 4 | 柳橙 | 颗 | 50 | 20 | 0.85 | =PRODUCT(C4:E4) |   |
| 5 | 苹果 | 颗 | 120 | 10 | 0.85 |   |   |
| 6 | 澳洲牛小排 | 片 | 750 | 3 | 0.9 |   |   |
| 7 | 嫩肩菲力牛排 | 片 | 320 | 3 | 无折扣 |   |   |
| 8 | 野生鲑鱼 | 片 | 260 | 3 | 0.9 |   |   |
| 9 | 台湾鲷鱼 | 片 | 100 | 6 | 0.86 |   |   |
| 10 | 波士顿螯龙虾 | 尾 | 990 | 2 | 0.95 |   |   |
| 11 |   |   |   |   |   |   |   |
| 12 |   |   |   |   |   |   |   |

**1** 在单元格F4中输入计算"柳橙"金额的公式：=PRODUCT(C4:E4)。

|   | A | B | C | D | E | F | G |
|---|---|---|---|---|---|---|---|
| 1 | 生鲜、杂货订购清单 ||||||  |
| 2 |   |   |   |   |   |   |   |
| 3 | 项目 | 单位 | 单价 | 数量 | 折扣 | 金额 |   |
| 4 | 柳橙 | 颗 | 50 | 20 | 0.85 | 850 |   |
| 5 | 苹果 | 颗 | 120 | 10 | 0.85 |   |   |
| 6 | 澳洲牛小排 | 片 | 750 | 3 | 0.9 |   |   |
| 7 | 嫩肩菲力牛排 | 片 | 320 | 3 | 无折扣 |   |   |
| 8 | 野生鲑鱼 | 片 | 260 | 3 | 0.9 |   |   |
| 9 | 台湾鲷鱼 | 片 | 100 | 6 | 0.86 |   |   |
| 10 | 波士顿螯龙虾 | 尾 | 990 | 2 | 0.95 |   |   |
| 11 |   |   |   |   |   |   |   |

▶

| D | E | F |
|---|---|---|
| 杂货订购清单 |||
| 数量 | 折扣 | 金额 |
| 20 | 0.85 | 850 |
| 10 | 0.85 | 1,020 |
| 3 | 0.9 | 2,025 |
| 3 | 无折扣 | 960 |
| 3 | 0.9 | 702 |
| 6 | 0.86 | 516 |
| 2 | 0.95 | 1,881 |

**2** 在单元格F4中按住右下角的"填充控点"往下拖曳，至最后一项产品的单元格F10放开鼠标左键，可以快速完成其他产品项目金额的计算。

### Tips

**单元格中的"空白"或"字符串"数据会用"1"代替进行乘积运算**

PRODUCT函数运算时如果范围内有空白或字符串数据，会自动将其视为"1"以算出正确的值。

### Tips

**要进行乘积运算的值不相邻时**

如果数据中要进行乘积运算的值不相邻时，可以用逗号","分隔指定要相乘的单元格位址，如上个案例中也可以写成"=PRODUCT(C4,D4,E4)"。

## 13 将值相乘再加总

通过商品的单价和数量，求商品总价

计算销售总价时，最常用的做法是先将单价和数量相乘，再加总相乘后的数值。然而SUMPRODUCT函数可以传回指定数组（即单元格范围）中所有对应元素乘积的总和，只要一行公式就可以完成原本要分两次运算的操作。

当乘数和被乘数栏数相同的情况下，可以用SUMPRODUCT函数快速取得乘积的总和，若乘数和被乘数栏数不同时，会传回错误信息"#VALUE!"。

### ● 案例分析

在这个订购清单中，各商品的报价分为"个人"订购和"企业团体"订购，但"销售总额"的计算同样是以"单价×数量"，再加总两个数组相乘后的数值。

| | A | B | C | D | E | F |
|---|---|---|---|---|---|---|
| 1 | | 生鲜、杂货订购清单 | | | | |
| 2 | 个人 | | | | | |
| 3 | 项目 | 单位 | 单价 | 数量 | | |
| 4 | 柳橙 | 颗 | 50 | 20 | | |
| 5 | 苹果 | 颗 | 120 | 10 | | |
| 6 | 澳洲牛小排 | 片 | 750 | 3 | | |
| 7 | 销售总额 | | | 4,450 | | |
| 8 | | | | | | |
| 9 | 企业团体 | | | | | |
| 10 | 单价（盒） | | | | | |
| 11 | 盒数 | 柳橙 | 苹果 | 澳洲牛小排 | | |
| 12 | 10~20 | 500 | 700 | 2500 | | |
| 13 | 20~50 | 450 | 650 | 2300 | | |
| 14 | 50以上 | 400 | 600 | 2100 | | |
| 15 | 数量 | | | | | |
| 16 | 盒数 | 柳橙 | 苹果 | 澳洲牛小排 | | |
| 17 | 10~20 | 11 | 15 | 18 | | |
| 18 | 20~50 | 30 | 22 | 33 | | |
| 19 | 50以上 | 55 | 65 | 52 | | |
| 20 | | | | | | |
| 21 | | | 销售总额 | 334,900 | | |

案例一：单价×数量，再加总两个数组相乘后的数值

案例二：单价×数量，再加总两个数组相乘后的数值

## 操作说明

|   | A | B | C | D | E | F |
|---|---|---|---|---|---|---|
| 1 |   | 生鲜、杂货订购清单 |   |   |   |   |
| 2 | 个人 |   |   |   |   |   |
| 3 | 项目 | 单位 | 单价 | 数量 |   |   |
| 4 | 柳橙 | 颗 | 50 | 20 |   |   |
| 5 | 苹果 | 颗 | 120 | 10 |   |   |
| 6 | 澳洲牛小排 | 片 | 750 | 3 |   |   |
| 7 |   | 销售总额 | =SUMPRODUCT(C4:C6,D4:D6) |   |   |   |
| 8 |   |   |   |   |   |   |
| 9 | 企业团体 |   |   |   |   |   |
| 10 | 单价（盒） |   |   |   |   |   |

**1** 在单元格D7中输入计算"个人"订购清单"销售总额"的公式：=SUMPRODUCT(C4:C6,D4:D6)。

|   | A | B | C | D | E | F | G |
|---|---|---|---|---|---|---|---|
| 1 |   |   | 生鲜、杂货订购清单 |   |   |   |   |
| 2 | 个人 |   |   |   |   |   |   |
| 3 | 项目 | 单位 | 单价 | 数量 |   |   |   |
| 4 | 柳橙 | 颗 | 50 | 20 |   |   |   |
| 5 | 苹果 | 颗 | 120 | 10 |   |   |   |
| 6 | 澳洲牛小排 | 片 | 750 | 3 |   |   |   |
| 7 |   | 销售总额 |   | 4,450 |   |   |   |
| 8 |   |   |   |   |   |   |   |
| 9 | 企业团体 |   |   |   |   |   |   |
| 10 | 单价（盒） |   |   |   |   |   |   |
| 11 | 盒数 | 柳橙 | 苹果 | 澳洲牛小排 |   |   |   |
| 12 | 10～20 | 500 | 700 | 2500 |   |   |   |
| 13 | 20～50 | 450 | 650 | 2300 |   |   |   |
| 14 | 50以上 | 400 | 600 | 2100 |   |   |   |
| 15 | 数量 |   |   |   |   |   |   |
| 16 | 盒数 | 柳橙 | 苹果 | 澳洲牛小排 |   |   |   |
| 17 | 10～20 | 11 | 15 | 18 |   |   |   |
| 18 | 20～50 | 30 | 22 | 33 |   |   |   |
| 19 | 50以上 | 55 | 65 | 52 |   |   |   |
| 20 |   |   |   |   |   |   |   |
| 21 |   | 销售总额 | =SUMPRODUCT(B12:D14,B17:D19) |   |   |   |   |

**2** 在单元格D21中输入计算"企业团体"订购清单"销售总额"的公式：=SUMPRODUCT(B12:D14,B17:D19)。

### SUMPRODUCT 函数  | 数学和三角函数

说明：计算相乘再加总的值（乘积的总和）。

公式：SUMPRODUCT(范围1,范围2,...)

参数：范围1　　必要，元素乘积和的第一个单元格范围或数组的参数。

　　　范围2　　选用，用于计算多组范围的元素乘积和，用逗号","分隔。

## 14 只计算筛选出来的数据
自动针对筛选出来的数据进行加总

SUBTOTAL函数可以根据指定的分类汇总方法求出范围内的值，一共可以运算11种函数功能。

### 案例分析

面对大量的数据，可以使用"筛选"功能快速显示符合条件的数据项目而隐藏不需要的数据项目。同样是指定所有商品金额的加总，用SUBTOTAL函数仅会显示筛选出来的商品项目的合计金额，若用SUM函数则固定显示所有商品项目的合计金额。

| 项目 | 单位 | 单价 | 数量 | 折扣 | 金额 |
|---|---|---|---|---|---|
| 柳橙 | 颗 | 50 | 20 | 0.85 | 850 |
| 苹果 | 颗 | 120 | 10 | 0.85 | 1,020 |
| 澳洲牛小排 | 片 | 750 | 3 | 0.9 | 2,025 |
| 嫩肩菲力牛排 | 片 | 320 | 3 | 无折扣 | 960 |
| 野生鲑鱼 | 片 | 260 | 3 | 0.9 | 702 |
| 台湾鲷鱼 | 片 | 100 | 6 | 0.86 | 516 |
| 波士顿螯龙虾 | 尾 | 990 | 2 | 0.95 | 1,881 |
|  |  |  |  | 合计金额 | 7,954 |

建立"筛选"按钮

"合计金额"的计算公式为：加总筛选后的项目"金额"列中的值

### SUBTOTAL 函数     | 数学和三角函数

说明：可以执行11种函数的功能（如下表所示）。
公式：SUBTOTAL(分类汇总方法,范围1,范围2,...)
参数：分类汇总方法

| 代表数值 | 对应运算法 | 对应函数 |
|---|---|---|
| 1 | 求平均值 | AVERAGE |
| 2 | 求数据数值的个数 | COUNT |
| 3 | 求空白以外的数据个数 | COUNTA |
| 4 | 求最大值 | MAX |
| 5 | 求最小值 | MIN |
| 6 | 求乘积 | PRODUCT |
| 7 | 求样本的标准差 | STDEV |
| 8 | 求标准差 | STDEVP |
| 9 | 求合计值 | SUM |
| 10 | 求样本的总体方差 | DVAR |
| 11 | 求总体方差 | DVARP |

## 操作说明

| | A | B | C | D | E | F |
|---|---|---|---|---|---|---|
| 2 | | | | | | |
| 3 | 项目 | 单位 | 单价 | 数量 | 折扣 | 金额 |
| 4 | 柳橙 | 颗 | 50 | 20 | 0.85 | 850 |
| 5 | 苹果 | 颗 | 120 | 10 | 0.85 | 1,020 |
| 6 | 澳洲牛小排 | 片 | 750 | 3 | 0.9 | 2,025 |
| 7 | 嫩肩菲力牛排 | 片 | 320 | 3 | 无折扣 | 960 |
| 8 | 野生鲑鱼 | 片 | 260 | 3 | 0.9 | 702 |
| 9 | 台湾鲷鱼 | 片 | 100 | 6 | 0.86 | 516 |
| 10 | 波士顿螯龙虾 | 尾 | 990 | 2 | 0.95 | 1,881 |
| 11 | | | | | | |
| 12 | | | | | 合计金额 | =SUBTOTAL(9,F4:F10) |

此案例要求金额的加总，因此输入9

**1** 在单元格F12中输入计算"合计金额"的公式：=SUBTOTAL(9,F4:F10)。

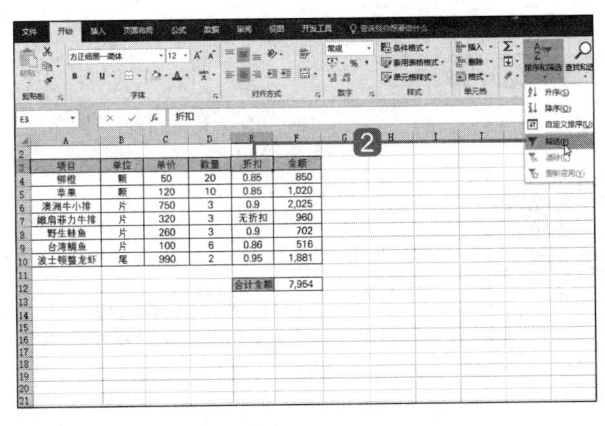

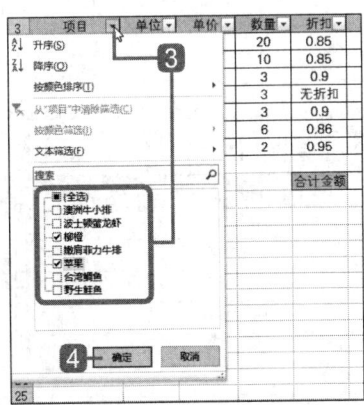

**2** 单击数据表中的任一单元格，再单击"开始"工具栏中的"排序和筛选"按钮，在下拉菜单中选择"筛选"选项。

**3** 单击标题行"项目"列右侧的筛选按钮，在下拉列表中先取消勾选"全选"，再一一勾选需要的商品项目。

**4** 最后单击"确定"按钮。

**5** 这样一来，原本计算了七项商品"金额"加总值的"合计金额"，自动变成了仅加总目前显示的商品项目的金额总和。

## 15 在"上限金额"条件下计算报销金额

根据医疗保险报销上限金额调整实际报销金额

工作和生活中的交通费、差旅费、设备费等支出,都会有补助上限的规定,当支出金额大于补助上限时就仅能报销上限金额。面对这样的状况常会想到的是使用IF函数,然而若用MIN函数比较"上限金额"和"申请金额"后取最小值的方式,可以更快速简单地确定实际的报销金额。

### ◎ 案例分析

医疗保险费用报销表中,医院(每次)报销的上限金额为2000元,如下所示的表格中每人提列的申请金额将会与上限金额的2000元作比较,当申请金额大于上限金额时则只能报销上限金额的值。

| | A | B | C | D |
|---|---|---|---|---|
| 1 | 医疗保险费用报销表 | | | |
| 2 | 医院(每次): | 2,000 | | |
| 3 | 姓名 | 申请金额 | 报销金额 | |
| 4 | 谢欣桦 | 5,300 | 2,000 | |
| 5 | 陈俊良 | 1,800 | 1,800 | |
| 6 | 朱盈君 | 3,300 | 2,000 | |
| 7 | 杨志明 | 680 | 680 | |
| 8 | 蔡惠玲 | 1,560 | 1,560 | |
| 9 | | | | |

状况一:

申请金额>医院报销上限时,报销金额只能是医院报销上限的2000元

状况二:

申请金额<医院报销上限时,报销金额则为全额报销

### MIN 函数

| 统计函数

说明:传回一组数值中的最小值。

公式:MIN(数值1,数值2,...)

参数:**数值** 数值、参照单元格、单元格范围。

## 操作说明

| | A | B | C | D |
|---|---|---|---|---|
| 1 | 医疗保险费用报销表 | | | |
| 2 | 医院（每次）： | 2,000 | | |
| 3 | 姓名 | 申请金额 | 报销金额 | |
| 4 | 谢欣桦 | 5,300 | =MIN($B$2,B4) | |
| 5 | 陈俊良 | 1,800 | | |
| 6 | 朱盈君 | 3,300 | ❶ | |
| 7 | 杨志明 | 680 | | |
| 8 | 蔡惠玲 | 1,560 | | |
| 9 | | | | |

❶ 在单元格C4中输入计算报销金额的公式：=MIN($B$2,B4)。

"报销金额"是以报销的上限金额为标准，因此使用绝对参照指定参照范围（单元格B2），而比对"申请金额"列中的值则是逐"列"位移

| | A | B | C | D |
|---|---|---|---|---|
| 1 | 医疗保险费用报销表 | | | |
| 2 | 医院（每次）： | 2,000 | | |
| 3 | 姓名 | 申请金额 | 报销金额 | |
| 4 | 谢欣桦 | 5,300 | 2,000 | ❸ |
| 5 | 陈俊良 | 1,800 | ❷ | |
| 6 | 朱盈君 | 3,300 | | |
| 7 | 杨志明 | 680 | | |
| 8 | 蔡惠玲 | 1,560 | | |
| 9 | | | | |

❷ 经过MIN函数计算后，会取得两个值中较小的值。

❸ 在单元格C4中按住右下角的"填充控点"往下拖曳，至最后一个人（单元格C8）再放开鼠标左键，可以快速完成其他报销金额的计算。

▼

| | A | B | C | D |
|---|---|---|---|---|
| 1 | 医疗保险费用报销表 | | | |
| 2 | 医院（每次）： | 2,000 | | |
| 3 | 姓名 | 申请金额 | 报销金额 | |
| 4 | 谢欣桦 | 5,300 | 2,000 | |
| 5 | 陈俊良 | 1,800 | 1,800 | |
| 6 | 朱盈君 | 3,300 | 2,000 | |
| 7 | 杨志明 | 680 | 680 | |
| 8 | 蔡惠玲 | 1,560 | 1,560 | |
| 9 | | | | |
| 10 | | | | |

### Tips

无论是MAX函数还是MIN函数，空白单元格无法作为统计对象，如果值是0，一定要输入0。

❷ 常用的数学运算和进位

## 16 四舍五入到数值的指定位数

不足十元的金额以四舍五入计算,先算平均值再指定位数

加班补助、产品折扣、营业税额等,这些金额往往都带有小数,这时该如何处理呢?使用ROUND函数可以将数值四舍五入到指定的位数。

### ● 案例分析

订购清单中要通过ROUND函数求得"实际售价"和"平均折扣"的值。目前"折扣价"的金额有到小数第一位的,也有到小数第二位的,而"实际售价"中的金额则是将"折扣价"金额不足十元的均四舍五入计算,如567.6元调整为570元,以方便商品的付款和收费。

| | A | B | C | D | E | F |
|---|---|---|---|---|---|---|
| 1 | 生鲜、杂货订购清单 | | | | | |
| 2 | | | | | | |
| 3 | 项目 | 单价 | 数量 | 折扣 | 折扣价 | 实际售价 |
| 4 | 柳橙 | 33 | 20 | 0.7 | 462 | 460 |
| 5 | 苹果 | 87 | 10 | 0.85 | 739.5 | 740 |
| 6 | 澳洲牛小排 | 785 | 3 | 0.92 | 2166.6 | 2170 |
| 7 | 嫩肩菲力牛排 | 320 | 3 | 0.92 | 883.2 | 880 |
| 8 | 野生鲑鱼 | 260 | 3 | 0.9 | 702 | 700 |
| 9 | 台湾鲷鱼 | 88 | 6 | 0.86 | 454.08 | 450 |
| 10 | 波士顿螯龙虾 | 990 | 2 | 0.7 | 1386 | 1390 |
| 11 | | | | | | |
| 12 | | | 平均折扣 | 0.84 | | |

"实际售价"中不足十元的金额均四舍五入计算

"平均折扣"是先计算所有折扣的平均值再取到小数第二位

### ROUND 函数   |  数学和三角函数

**说明:** 将数值四舍五入到指定的位数。

**公式:** ROUND(数值,位数)

**参数:** **数值** 要四舍五入的值、运算式或单元格位址(不能指定范围)。

**位数** 指定四舍五入的位数。
- 输入"-2"取到百位数(如123.456取得100)。
- 输入"-1"取到十位数(如123.456取得120)。
- 输入"0"取到个位正整数(如123.456取得123)。
- 输入"1"取到小数点以下第一位(如123.456取得123.5)。
- 输入"2"取到小数点以下第二位(如123.456取得123.46)。

## 操作说明

| | A | B | C | D | E | F | G |
|---|---|---|---|---|---|---|---|
| 1 | 生鲜、杂货订购清单 | | | | | | |
| 2 | | | | | | | |
| 3 | 项目 | 单价 | 数量 | 折扣 | 折扣价 | 实际售价 | |
| 4 | 柳橙 | 33 | 20 | 0.7 | 462 | =ROUND(E4,-1) | |
| 5 | 苹果 | 87 | 10 | 0.85 | 739.5 | | |
| 6 | 澳洲牛小排 | 785 | 3 | 0.92 | 2166.6 | | |
| 7 | 嫩肩菲力牛排 | 320 | 3 | 0.92 | 883.2 | | |
| 8 | 野生鲑鱼 | 260 | 3 | 0.9 | 702 | | |
| 9 | 台湾鲷鱼 | 88 | 6 | 0.86 | 454.08 | | |

**1** 在单元格F4中输入计算"柳橙"实际售价的公式：=ROUND(E4,-1)。

将折扣价不足十元的值四舍五入计算，因此ROUND函数的位数需要输入"-1"。

| | A | B | C | D | E | F | G |
|---|---|---|---|---|---|---|---|
| 1 | 生鲜、杂货订购清单 | | | | | | |
| 2 | | | | | | | |
| 3 | 项目 | 单价 | 数量 | 折扣 | 折扣价 | 实际售价 | |
| 4 | 柳橙 | 33 | 20 | 0.7 | 462 | 460 | |
| 5 | 苹果 | 87 | 10 | 0.85 | 739.5 | | |
| 6 | 澳洲牛小排 | 785 | 3 | 0.92 | 2166.6 | | |
| 7 | 嫩肩菲力牛排 | 320 | 3 | 0.92 | 883.2 | | |
| 8 | 野生鲑鱼 | 260 | 3 | 0.9 | 702 | | |
| 9 | 台湾鲷鱼 | 88 | 6 | 0.86 | 454.08 | | |
| 10 | 波士顿螯龙虾 | 990 | 2 | 0.7 | 1386 | | |

**2** 在单元格F4中按住右下角的"填充控点"往下拖曳，至最后一项商品的单元格F10再放开鼠标左键，可以快速将其他商品实际售价不足十元的值以四舍五入计算。

| | A | B | C | D | E | F |
|---|---|---|---|---|---|---|
| 1 | 生鲜、杂货订购清单 | | | | | |
| 2 | | | | | | |
| 3 | 项目 | 单价 | 数量 | 折扣 | 折扣价 | 实际售价 |
| 4 | 柳橙 | 33 | 20 | 0.7 | 462 | 460 |
| 5 | 苹果 | 87 | 10 | 0.85 | 739.5 | 740 |
| 6 | 澳洲牛小排 | 785 | 3 | 0.92 | 2166.6 | 2170 |
| 7 | 嫩肩菲力牛排 | 320 | 3 | 0.92 | 883.2 | 880 |
| 8 | 野生鲑鱼 | 260 | 3 | 0.9 | 702 | 700 |
| 9 | 台湾鲷鱼 | 88 | 6 | 0.86 | 454.08 | 450 |
| 10 | 波士顿螯龙虾 | 990 | 2 | 0.7 | 1386 | 1390 |
| 11 | | | | | | |
| 12 | | 平均折扣 | | =ROUND(AVERAGE(D4:D10),2) | | |

**3** 在单元格D12中输入计算所有折扣的平均值再取到小数第二位的公式：=ROUND(AVERAGE(D4:D10),2)。

2 常用的数学运算和进位

# 17 无条件进位/舍去指定位数

不足十元的值以无条件进位或无条件舍去求得售价金额

除了可以将售价的小数位数四舍五入，也可以根据需求使用ROUNDUP函数让数值"无条件进位"或使用ROUNDDOWN函数让数值"无条件舍去"。

## 案例分析

订购清单中，售价（1）的金额要通过ROUNDUP函数无条件进位不足十元的值，而售价（2）的金额要通过ROUNDDOWN函数无条件舍去不足十元的值。

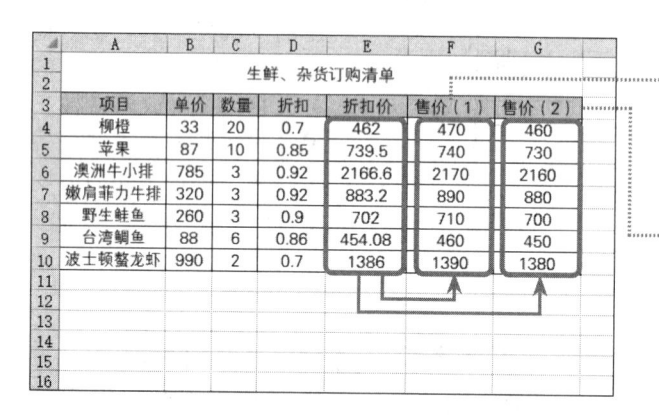

| | A | B | C | D | E | F | G |
|---|---|---|---|---|---|---|---|
| 1 | | | 生鲜、杂货订购清单 | | | | |
| 2 | | | | | | | |
| 3 | 项目 | 单价 | 数量 | 折扣 | 折扣价 | 售价（1）| 售价（2）|
| 4 | 柳橙 | 33 | 20 | 0.7 | 462 | 470 | 460 |
| 5 | 苹果 | 87 | 10 | 0.85 | 739.5 | 740 | 730 |
| 6 | 澳洲牛小排 | 785 | 3 | 0.92 | 2166.6 | 2170 | 2160 |
| 7 | 嫩肩菲力牛排 | 320 | 3 | 0.92 | 883.2 | 890 | 880 |
| 8 | 野生鲜鱼 | 260 | 3 | 0.9 | 702 | 710 | 700 |
| 9 | 台湾鲷鱼 | 88 | 6 | 0.86 | 454.08 | 460 | 450 |
| 10 | 波士顿螯龙虾 | 990 | 2 | 0.7 | 1386 | 1390 | 1380 |

售价（1）：以"折扣价"的金额无条件进位不足十元的值

售价（2）：以"折扣价"的金额无条件舍去不足十元的值

### ROUNDUP 函数 | 数学和三角函数

**说明：** 将数值无条件进位到指定位数。

**公式：** ROUNDUP(数值,位数)

**参数：** 数值　　要无条件进位的值、运算式或单元格位址（不能指定范围）。

位数　　指定无条件进位的位数。
- 输入"-2"取到百位数（如123.456，取得200）。
- 输入"-1"取到十位数（如123.456，取得130）。
- 输入"0"取到个位正整数（如123.456，取得124）。
- 输入"1"取到小数点以下第一位（如123.456，取得123.5）。
- 输入"2"取到小数点以下第二位（如123.456，取得123.46）。

## ROUNDDOWN 函数

| 数学和三角函数

说明：将数值无条件舍去到指定位数。

公式：ROUNDDOWN(数值,位数)

参数：数值　要无条件舍去的值、运算式或单元格位址（不能指定范围）。

　　　位数　指定无条件舍去的位数（同ROUNDUP函数的定义）。

### 操作说明

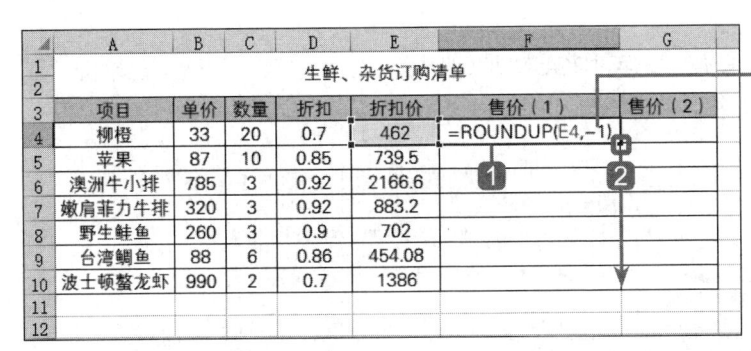

| | A | B | C | D | E | F | G |
|---|---|---|---|---|---|---|---|
| 1 | 生鲜、杂货订购清单 |||||||
| 2 |  |||||||
| 3 | 项目 | 单价 | 数量 | 折扣 | 折扣价 | 售价（1） | 售价（2） |
| 4 | 柳橙 | 33 | 20 | 0.7 | 462 | =ROUNDUP(E4,-1) | |
| 5 | 苹果 | 87 | 10 | 0.85 | 739.5 | | |
| 6 | 澳洲牛小排 | 785 | 3 | 0.92 | 2166.6 | | |
| 7 | 嫩肩菲力牛排 | 320 | 3 | 0.92 | 883.2 | | |
| 8 | 野生鲑鱼 | 260 | 3 | 0.9 | 702 | | |
| 9 | 台湾鲷鱼 | 88 | 6 | 0.86 | 454.08 | | |
| 10 | 波士顿螯龙虾 | 990 | 2 | 0.7 | 1386 | | |

将折扣后不足十元的值无条件进位，因此ROUNDUP函数的位数需要输入"-1"

1. 在单元格F4中输入以"折扣价"无条件进位后的"柳橙"售价（1）的公式：=ROUNDUP(E4,-1)。

2. 在单元格F4中按住右下角的"填充控点"往下拖曳，至最后一项商品的单元格F10放开鼠标左键，可以快速将其他商品售价不足十元的值无条件进位。

| | A | B | C | D | E | F | G |
|---|---|---|---|---|---|---|---|
| 1 | 生鲜、杂货订购清单 |||||||
| 2 |  |||||||
| 3 | 项目 | 单价 | 数量 | 折扣 | 折扣价 | 售价（1） | 售价（2） |
| 4 | 柳橙 | 33 | 20 | 0.7 | 462 | 470 | =ROUNDDOWN(E4,-1) |
| 5 | 苹果 | 87 | 10 | 0.85 | 739.5 | 740 | |
| 6 | 澳洲牛小排 | 785 | 3 | 0.92 | 2166.6 | 2170 | |
| 7 | 嫩肩菲力牛排 | 320 | 3 | 0.92 | 883.2 | 890 | |
| 8 | 野生鲑鱼 | 260 | 3 | 0.9 | 702 | 710 | |
| 9 | 台湾鲷鱼 | 88 | 6 | 0.86 | 454.08 | 460 | |
| 10 | 波士顿螯龙虾 | 990 | 2 | 0.7 | 1386 | 1390 | |

将折扣后不足十元的值无条件舍去，因此ROUNDDOWN函数的位数需要输入"-1"

3. 在单元格G4中输入以"折扣价"无条件舍去后的"柳橙"售价（2）的公式：=ROUNDDOWN(E4,-1)。

4. 在单元格G4中按住右下角的"填充控点"往下拖曳，至最后一项商品的单元格G10放开鼠标左键，可以快速将其他商品售价不足十元的值无条件舍去。

## 18 四舍五入/无条件舍去指定位数
### 计算团购单的优惠总价和单价

面对不能有小数位数的付款金额,最常用到的是ROUND函数将数值"四舍五入"到指定的位数,而ROUNDDOWN函数则是用在计算特别的优惠价时让数值"无条件舍去"。

### 案例分析

团购单的"团购优惠总价"要通过ROUNDDOWN函数计算,而"团购优惠单价"则是通过ROUND函数运算,其算法分别如下述说明。

|   | A | B | C | D | E | F |
|---|---|---|---|---|---|---|
| 1 |   | 团购单 |   |   |   |   |
| 2 | 姓名 | 团购名称 | 建议售价 | 数量 | 团购优惠总价 | 团购优惠单价 |
| 3 | 饶成浩 | 薰衣草 Lavender highland | 800 | 50 | 32,000 | 640 |
| 4 | 廖美春 | 香蜂草 Melissa | 1,800 | 35 | 50,400 | 1,440 |
| 5 | 蔡昕璇 | 尤加利 Eucalyptus | 750 | 120 | 72,000 | 600 |
| 6 | 李欣欣 | 百里香 Thyme | 1,500 | 28 | 33,600 | 1,200 |
| 7 | 高浩军 | 甜橙 Orange | 500 | 58 | 23,200 | 400 |
| 8 | 刘美华 | 佛手柑 Bergamot | 650 | 53 | 27,520 | 519 |
| 9 | 林雅萍 | 柠檬香茅 Lemongrass | 550 | 65 | 28,560 | 439 |
| 10 | 巫敏迪 | 迷迭香 Rosemary | 500 | 48 | 19,200 | 400 |

团购优惠总价:建议售价×数量后舍去百元以下的尾数再打八折

团购优惠单价:团购优惠总价÷数量再将其个位数四舍五入求得正整数

### ROUND 函数  |  数学和三角函数

**说明:** 将数值四舍五入到指定位数。

**公式:** ROUND(数值,位数)

**参数:** **数值** 要四舍五入的值、运算式或单元格位址(不能指定范围)。

**位数** 指定四舍五入的位数。
 · 输入"-2"取到百位数(如123.456取得100)。
 · 输入"-1"取到十位数(如123.456取得120)。
 · 输入"0"取到个位数(如123.456取得123)。
 · 输入"1"取到小数点以下第一位(如123.456取得123.5)。
 · 输入"2"取到小数点以下第二位(如123.456取得123.46)。

## ROUNDDOWN 函数

| 数学和三角函数

说明：将数值无条件舍去到指定位数。

公式：ROUNDDOWN(数值,位数)

参数：**数值** 要无条件舍去的值、运算式或单元格位址（不能指定范围）。

**位数** 指定无条件舍去的位数（同ROUND函数的定义）。

### ▶ 操作说明

| | A | B | C | D | E | F | G |
|---|---|---|---|---|---|---|---|
| 1 | | | 团购单 | | | | |
| 2 | 姓名 | 团购名称 | 建议售价 | 数量 | 团购优惠总价 | 团购优惠单价 | |
| 3 | 饶成浩 | 薰衣草 Lavender highland | 800 | 50 | =ROUNDDOWN(C3*D3,-2)*0.8 | | |
| 4 | 廖美春 | 香蜂草 Melissa | 1,800 | 35 | | | |
| 5 | 蔡昕璇 | 尤加利 Eucalyptus | 750 | 120 | | | |
| 6 | 李欣欣 | 百里香 Thyme | 1,500 | 28 | | | |
| 7 | 高浩军 | 甜橙 Orange | 500 | 58 | | | |
| 8 | 刘美华 | 佛手柑 Bergamot | 650 | 53 | | | |
| 9 | 林雅萍 | 柠檬香茅 Lemongrass | 550 | 65 | | | |
| 10 | 巫敏迪 | 迷迭香 Rosemary | 500 | 48 | | | |

**1** 在单元格E3中计算"建议售价×数量"且舍去百元以下的尾数再打八折，输入公式：=ROUNDDOWN(C3*D3,-2)*0.8。

**2** 在单元格E3中按住右下角的"填充控点"往下拖曳，至最后一项订单的单元格E10放开鼠标左键，可以快速求得其他商品的团购优惠总价。

| | A | B | C | D | E | F | G |
|---|---|---|---|---|---|---|---|
| 1 | | | 团购单 | | | | |
| 2 | 姓名 | 团购名称 | 建议售价 | 数量 | 团购优惠总价 | 团购优惠单价 | |
| 3 | 饶成浩 | 薰衣草 Lavender highland | 800 | 50 | 32,000 | =ROUND(E3/D3,0) | |
| 4 | 廖美春 | 香蜂草 Melissa | 1,800 | 35 | 50,400 | | |
| 5 | 蔡昕璇 | 尤加利 Eucalyptus | 750 | 120 | 72,000 | | |
| 6 | 李欣欣 | 百里香 Thyme | 1,500 | 28 | 33,600 | | |
| 7 | 高浩军 | 甜橙 Orange | 500 | 58 | 23,200 | | |
| 8 | 刘美华 | 佛手柑 Bergamot | 650 | 53 | 27,520 | | |
| 9 | 林雅萍 | 柠檬香茅 Lemongrass | 550 | 65 | 28,560 | | |
| 10 | 巫敏迪 | 迷迭香 Rosemary | 500 | 48 | 19,200 | | |

**3** 在单元格F3中计算"团购优惠总价÷数量"，并在个位数四舍五入求得正整数，输入公式：=ROUND(E3/D3,0)。

**4** 在单元格F3中按住右下角的"填充控点"往下拖曳，至最后一项订单的单元格F10放开鼠标左键，可以快速求得其他商品的团购优惠单价。

# 19 以指定的倍数进行无条件进位

每桌可坐12人，求200位客人要订的桌数以及满桌建议人数

CEILING函数是用来求原数值按照指定的"基准值"进位后的数值。无论原数值是多少，进位后求得的值一定会大于原数值；若原数值刚好是基准值的倍数，则会直接传回原数值（例如，原数值为57，基准值为10，回传的值即为60）。

## 案例分析

"餐厅桌数与费用统计"表中，当知道预计要参加的人数有200人以及一桌可以坐12个人的前提下，可以使用CEILING函数求得每桌均坐满12人的满桌人数，并算出桌数与总价。

|   | A | B | C | D | E | F | G |
|---|---|---|---|---|---|---|---|
| 1 |   |   | 餐厅桌数与费用统计 |   |   |   |   |
| 2 |   |   |   |   |   |   |   |
| 3 | 预计人数 | 每桌人数 | 单桌价格 | 满桌人数 | 桌数 | 总价 |   |
| 4 | 200 | 12 | $ 3,000 | 204 | 17 | $51,000 |   |
| 5 |   |   |   |   |   |   |   |
| 6 |   |   |   |   |   |   |   |
| 7 |   |   |   |   |   |   |   |
| 8 |   |   |   |   |   |   |   |

满桌人数：用CEILING函数，以预计人数200人、一桌可坐12人的基准值进行计算，求得满桌的人数（204为12的倍数）。

桌数：满桌人数÷每桌人数

总价：桌数×单桌价格

## CEILING 函数

| 数学和三角函数

说明：求得根据基准值倍数无条件进位后的值。

公式：CEILING(数值,基准值)

参数：**数值**　要无条件进位的值或单元格位址（不能指定范围）。

　　　**基准值**　遵循的基准值倍数，可以为值或单元格位址。

## ▶ 操作说明

| | A | B | C | D | E | F | G | H |
|---|---|---|---|---|---|---|---|---|
| 1 | | | 餐厅桌数与费用统计 | | | | | |
| 2 | | | | | | | | |
| 3 | 预计人数 | 每桌人数 | 单桌价格 | 满桌人数 | 桌数 | 总价 | | |
| 4 | 200 | 12 | $ 3,000 | =CEILING(A4,B4) | | | | |
| 5 | | | | ① | | | | |

**①** 在单元格D4中求得"满桌人数"的值，输入以"预计人数"200为原数值并以"每桌人数"12为基准值倍数无条件进位的计算公式：=CEILING(A4,B4)。

| | A | B | C | D | E | F | G | H |
|---|---|---|---|---|---|---|---|---|
| 1 | | | 餐厅桌数与费用统计 | | | | | |
| 2 | | | | | | | | |
| 3 | 预计人数 | 每桌人数 | 单桌价格 | 满桌人数 | 桌数 | 总价 | | |
| 4 | 200 | 12 | $ 3,000 | 204 | =D4/B4 | | | |
| 5 | | | | | ② | | | |

**②** 在单元格E4中求得"桌数"的值，输入以"满桌人数÷每桌人数"的计算公式：=D4/B4。

| | A | B | C | D | E | F | G | H |
|---|---|---|---|---|---|---|---|---|
| 1 | | | 餐厅桌数与费用统计 | | | | | |
| 2 | | | | | | | | |
| 3 | 预计人数 | 每桌人数 | 单桌价格 | 满桌人数 | 桌数 | 总价 | | |
| 4 | 200 | 12 | $ 3,000 | 204 | 17 | =E4*C4 | | |
| 5 | | | | | | ③ | | |

**③** 在单元格F4中求得"总价"的值，输入以"桌数×单桌价格"的计算公式：=E4*C4。

**②** 常用的数学运算和进位

## 20 求整数，小数点以下均舍去

售价金额一律为整数并无条件舍去小数点后的位数

INT函数会求得不超过原数值的最大整数，当原数值为正数时会直接舍去小数点后的值成为整数，当原数值为负数时如果直接舍去小数点后的值会大于原数值，因此会再减1（例如，经INT函数的运算，2.5会转换为2，-2.5会转换为-3）。

### ● 案例分析

订购清单中的售价金额必须为整数，因此用INT函数进行运算。

| | A | B | C | D | E | F |
|---|---|---|---|---|---|---|
| 1 | | | 生鲜、杂货订购清单 | | | |
| 2 | | | | | | |
| 3 | 项目 | 单价 | 数量 | 折扣 | 售价 | 售价（整数） |
| 4 | 柳橙 | 33 | 20 | 0.7 | 462 | 462 |
| 5 | 苹果 | 87 | 10 | 0.85 | 739.5 | 739 |
| 6 | 澳洲牛小排 | 785 | 3 | 0.92 | 2167 | 2166 |
| 7 | 嫩肩菲力牛排 | 320 | 3 | 0.92 | 883.2 | 883 |
| 8 | 波士顿螯龙虾 | 990 | 2 | 0.7 | 1386 | 1386 |

"售价"的计算公式为：单价×数量×折扣

"售价（整数）"的计算公式为：取"售价"的整数值

### ● 操作说明

| | A | B | C | D | E | F |
|---|---|---|---|---|---|---|
| 1 | | | 生鲜、杂货订购清单 | | | |
| 2 | | | | | | |
| 3 | 项目 | 单价 | 数量 | 折扣 | 售价 | 售价（整数） |
| 4 | 柳橙 | 33 | 20 | 0.7 | 462 | =INT(E4) |
| 5 | 苹果 | 87 | 10 | 0.85 | 739.5 | |
| 6 | 澳洲牛小排 | 785 | 3 | 0.92 | 2167 | |
| 7 | 嫩肩菲力牛排 | 320 | 3 | 0.92 | 883.2 | |
| 8 | 波士顿螯龙虾 | 990 | 2 | 0.7 | 1386 | |

[1] 在单元格F4中输入求得"售价"整数数值的计算公式：=INT(E4)。

[2] 一样可以复制公式至单元格F8。

---

**INT 函数** | 数学和三角函数

说明：求整数，小数点以下的位数均舍去。

公式：INT(数值)

参数：**数值**　可以为运算式，但若用单元格标示时只能为特定单元格，不能为范围。

# 21 处理有小数位数的金额

**数值四舍五入并标注千分位逗号和文字"元"**

Excel报表中，只要是金额的值为了付款和收款的方便，会设计为整数并加注千分位逗号和文字"元"，这时用FIXED函数即可简单做到。

## ● 案例分析

计算出"总额"的值，还要将其四舍五入转换为整数并加注千分位逗号和文字"元"。

| 3 | 项目 | 单价 | 数量 | 折扣 | 售价（整数） |
|---|---|---|---|---|---|
| 4 | 柳橙 | 33 | 20 | 0.7 | 462 |
| 5 | 苹果 | 87 | 10 | 0.85 | 739 |
| 6 | 澳洲牛小排 | 785 | 3 | 0.92 | 2166 |
| 7 | 嫩肩菲力牛排 | 320 | 3 | 0.92 | 883 |
| 8 | 波士顿螯龙虾 | 990 | 2 | 0.7 | 1386 |
| 9 |  |  |  | 小计 | 5636 |
| 10 |  |  |  | 营业税 | 281.8 |
| 11 |  |  |  | 总额 | 5,918元 |
| 12 |  |  |  |  |  |

"总额"的计算公式为：
小计+营业税

## ● 操作说明

|  | A | B | C | D | E | F |
|---|---|---|---|---|---|---|
| 1 |  |  | 生鲜、杂货订购清单 |  |  |  |
| 2 |  |  |  |  |  |  |
| 3 | 项目 | 单价 | 数量 | 折扣 | 售价（整数） |  |
| 4 | 柳橙 | 33 | 20 | 0.7 | 462 |  |
| 5 | 苹果 | 87 | 10 | 0.85 | 739 |  |
| 6 | 澳洲牛小排 | 785 | 3 | 0.92 | 2166 |  |
| 7 | 嫩肩菲力牛排 | 320 | 3 | 0.92 | 883 |  |
| 8 | 波士顿螯龙虾 | 990 | 2 | 0.7 | 1386 |  |
| 9 |  |  |  | 小计 | 5636 |  |
| 10 |  |  |  | 营业税 | 281.8 |  |
| 11 |  |  |  | 总额 | =FIXED(E9+E10,0,0)&"元" |  |
| 12 |  |  |  |  |  |  |
| 13 |  |  |  |  |  |  |

在单元格E11中输入求"总额"的计算公式：
=FIXED(E9+E10,0,0)&"元"。

### FIXED 函数  | 文本函数

说明：将数值四舍五入，并标注千分位逗号和文字，转换成文字字符串。

公式：FIXED(数值,位数,千分位)

参数： **数值**　　指定数值或输入有数值的单元格。

　　　 **位数**　　指定四舍五入的位数，输入0则取到个位数（详细说明请参考P40）。

　　　 **千分位**　输入1是不加千分位符号；输入0是要加千分位符号。

## 22 求除式的商数和余数

预算内可以购买的商品数量和剩余的金额

QUOTIENT函数就是四则运算中常用到的除法求得商数,而MOD函数则是求得余数。例如,20÷7的商数为2,余数为6,这时QUOTIENT函数传回的数值为2,MOD函数传回的数值为6。

### ● 案例分析

预算清单中,以30000元的预算来评估买哪一项商品最合适。除了可以求得购买数量的值,也可以得知购买后剩下的金额。

| | A | B | C | D | E |
|---|---|---|---|---|---|
| 1 | 公司预算: | 30,000 | | | |
| 2 | 项目 | 单价 | 可购买数量 | 剩余金额 | |
| 3 | 象印保温杯 | 1790 | 16 | 1,360 | |
| 4 | 欧姆龙计步器 | 980 | 30 | 600 | |
| 5 | GPS运动手表 | 6500 | 4 | 4,000 | |
| 6 | 飞利浦负离子吹风机 | 1080 | 27 | 840 | |
| 7 | 飞利浦双刀头剃须刀 | 2688 | 11 | 432 | |
| 8 | | | | | |
| 9 | | | | | |
| 10 | | | | | |
| 11 | | | | | |

剩余金额:预算÷单价,求余数的值

可购买数量:预算÷单价,求商数的值

### QUOTIENT 函数 | 数学和三角函数

说明:求"被除数"除以"除数"的商数。

公式:QUOTIENT(被除数,除数)

### MOD 函数 | 数学和三角函数

说明:求"被除数"除以"除数"的余数。

公式:MOD(被除数,除数)

## ◯ 操作说明

| | A | B | C | D | E |
|---|---|---|---|---|---|
| 1 | 公司预算： | 30,000 | | | |
| 2 | 项目 | 单价 | 可购买数量 | 剩余金额 | |
| 3 | 象印保温杯 | 1790 | =QUOTIENT($B$1,B3) | | |
| 4 | 欧姆龙计步器 | 980 | | | |
| 5 | GPS运动手表 | 6500 | | | |
| 6 | 飞利浦负离子吹风机 | 1080 | | | |
| 7 | 飞利浦双刀头剃须刀 | 2688 | | | |

| | A | B | C |
|---|---|---|---|
| 1 | 公司预算： | 30,000 | |
| 2 | 项目 | 单价 | 可购买数量 |
| 3 | 象印保温杯 | 1790 | 16 |
| 4 | 欧姆龙计步器 | 980 | 30 |
| 5 | GPS运动手表 | 6500 | 4 |
| 6 | 飞利浦负离子吹风机 | 1080 | 27 |
| 7 | 飞利浦双刀头剃须刀 | 2688 | 11 |

**1** 在单元格C3中使用QUOTIENT函数输入"预算÷单价"求商数的计算公式：=QUOTIENT($B$1,B3)。

下个步骤要复制这个公式，代表"被除数"的预算金额（单元格B1）是固定的，因此使用绝对参照指定，而代表"除数"的产品单价（单元格B3）则"逐列"位移

**2** 在单元格C3中按住右下角的"填充控点"往下拖曳，至最后一项商品的单元格C7放开鼠标左键，可以快速计算出预算下可购买其他商品的数量。

| | A | B | C | D | E |
|---|---|---|---|---|---|
| 1 | 公司预算： | 30,000 | | | |
| 2 | 项目 | 单价 | 可购买数量 | 剩余金额 | |
| 3 | 象印保温杯 | 1790 | 16 | =MOD($B$1,B3) | |
| 4 | 欧姆龙计步器 | 980 | 30 | | |
| 5 | GPS运动手表 | 6500 | 4 | | |
| 6 | 飞利浦负离子吹风机 | 1080 | 27 | | |
| 7 | 飞利浦双刀头剃须刀 | 2688 | 11 | | |

| B | C | D |
|---|---|---|
| 30,000 | | |
| 单价 | 可购买数量 | 剩余金额 |
| 1790 | 16 | 1,360 |
| 980 | 30 | 600 |
| 6500 | 4 | 4,000 |
| 1080 | 27 | 840 |
| 2688 | 11 | 432 |

**3** 在单元格D3中使用MOD函数输入"预算÷单价"求余数的计算公式：=MOD($B$1,B3)。

下个步骤要复制这个公式，代表"被除数"的预算金额（单元格B1）是固定的，因此使用绝对参照指定，而代表"除数"的产品单价（单元格B3）则"逐列"位移

**4** 在单元格D3中按住右下角的"填充控点"往下拖曳，至最后一项商品的单元格D7放开鼠标左键，可以快速计算出预算下购买其他商品后剩下的金额。

## 23 求数值的绝对值
计算各地区的潮汐时间差

ABS函数可以求得数值的绝对值,即将数值的"+""-"符号去掉。

### ● 案例分析

潮汐预报表中需要求得两地潮汐的时间差,如果只是单纯地用A地减B地的方式来计算,时间差为负数时,时间格式的值则会显示为"######",这时就需要使用ABS函数来解决这个问题。

| | A | B | C | D | E | F |
|---|---|---|---|---|---|---|
| 1 | 3/5 潮汐预报(该日上午的涨潮时间) | | | | | |
| 2 | 新北市 淡水区 | 7:38 | | | | |
| 3 | | | | | | |
| 4 | 地区 | 涨潮时间 | 与淡水区的时间差 | | | |
| 5 | 新北市 贡寮区 | 8:58 | 1:20 | | | |
| 6 | 新北市 瑞芳区 | 11:41 | 4:03 | | | |
| 7 | 新北市 八里区 | 1:22 | 6:16 | | | |
| 8 | 新北市 林口区 | 1:17 | 6:21 | | | |

与淡水区的时间差:以"新北市淡水区"的涨潮时间为标准,减去各地区的涨潮时间

### ● 操作说明

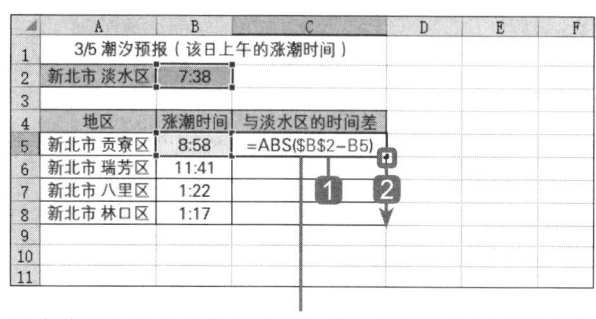

| | A | B | C | D | E | F |
|---|---|---|---|---|---|---|
| 1 | 3/5 潮汐预报(该日上午的涨潮时间) | | | | | |
| 2 | 新北市 淡水区 | 7:38 | | | | |
| 3 | | | | | | |
| 4 | 地区 | 涨潮时间 | 与淡水区的时间差 | | | |
| 5 | 新北市 贡寮区 | 8:58 | =ABS($B$2-B5) | | | |
| 6 | 新北市 瑞芳区 | 11:41 | | | | |
| 7 | 新北市 八里区 | 1:22 | | | | |
| 8 | 新北市 林口区 | 1:17 | | | | |

1 在单元格C5中输入求得两地时间差的计算公式:=ABS($B$2-B5)。

2 一样可以复制公式至单元格C8。

下个步骤要复制这个公式,计算时间差均是以"新北市淡水区"的涨潮时间为标准(单元格B2),因此使用绝对参照指定,而另一地的涨潮时间单元格则逐"列"位移。

**ABS 函数** | 数学和三角函数

说明:求绝对值。

公式:ABS(数值)

# Part 3 条件式统计分析

面对数据表中琳琅满目的数值，除了可以通过IF、AND、OR等函数进行条件式的判断，也可以使用SUMIF、COUNTIF、DAVERAGE等函数统计出符合条件的有效数值，让数据表提供的数据更有意义。

## 24 遵循条件进行处理
消费满特定金额时，拥有免运费和折扣优惠

IF函数经常被使用，其实就如同我们平常所说的：如果、就、否则，通过条件判断是否符合再进行后续的计算。

### ▶ 案例分析

在这份茶叶订购单中，当消费金额为5000元以下时，需要另加150元的运送费用；当消费金额为5000元以上（含5000元）时，则免收运送费用；另外，当消费金额超过10000元（含10000元）时，再提供九折优惠，参考相关运费和折扣条件，计算出这份订单的实际金额。

| | A | B | C | D | E | F | G | H |
|---|---|---|---|---|---|---|---|---|
| 1 | 茶叶订购单 | | | | | | | |
| 2 | 商品项目 | 300克 | 数量 | 小计 | | | | |
| 3 | 阿萨姆 | 900 | 3 | 2700 | | | | |
| 4 | 红玉 | 1200 | 2 | 2400 | | | | |
| 5 | 高山乌龙 | 700 | 5 | 3500 | | 合计 | 10200 | |
| 6 | 冻顶乌龙 | 600 | 1 | 600 | | 运费 | 0 | |
| 7 | 茶包礼盒 | 400 | 1 | 400 | | 折扣价 | 1020 | |
| 8 | 罐装礼盒 | 600 | 1 | 600 | | 总计 | 9180 | |
| 9 | | | | | | | | |
| 10 | ○消费满5000元免运费，5000元以下加收运费150元。 | | | | | | | |
| 11 | ○消费满10000元以上，给予九折优惠。 | | | | | | | |

"合计"为所有商品"小计"的加总

当"合计"小于5000元时，运费为150；大于等于5000元时，运费为0

当"合计"小于10000元时，没有折扣；大于等于10000元时，享有九折优惠

订购单"总计"金额的公式为：合计+运费−折扣价

### IF 函数
| 逻辑函数

**说明**：IF函数是一个判断式，可以根据条件判定的结果分别处理。假设单元格的值检验为TRUE（真）时，就执行条件成立时的命令；反之，检验为FALSE（假）时则执行条件不成立时的命令。

**公式**：IF(条件,条件成立,条件不成立)

**参数**：
- 条件　　　使用比较运算符的逻辑式设定条件判断式。
- 条件成立　符合条件时的处理方式或显示的值。
- 条件不成立　不符合条件时的处理方式或显示的值。

## ◯ 操作说明

|   | A | B | C | D | E | F | G | H |
|---|---|---|---|---|---|---|---|---|
| 1 |   | 茶叶订购单 |   |   |   |   |   |   |
| 2 | 商品项目 | 300克 | 数量 | 小计 |   |   |   |   |
| 3 | 阿萨姆 | 900 | 3 | 2700 |   |   |   |   |
| 4 | 红玉 | 1200 | 2 | 2400 |   |   |   |   |
| 5 | 高山乌龙 | 700 | 5 | 3500 |   | 合计 | 10200 |   |
| 6 | 冻顶乌龙 | 600 | 1 | 600 |   | 运费 | =IF(G5>=5000,0,150) |   |
| 7 | 茶包礼盒 | 400 | 1 | 400 |   | 折扣价 |   |   |
| 8 | 罐装礼盒 | 600 | 1 | 600 |   | 总计 |   |   |
| 9 |   |   |   |   |   |   | ① |   |
| 10 | ○消费满5000元免运费，5000元以下加收运费150元。 |
| 11 | ○消费满10000元以上，给予九折优惠。 |

| C | D | E | F | G |
|---|---|---|---|---|
| 订购单 |   |   |   |   |
| 数量 | 小计 |   |   |   |
| 3 | 2700 |   |   |   |
| 2 | 2400 |   |   |   |
| 5 | 3500 |   | 合计 | 10200 |
| 1 | 600 |   | 运费 | 0 |
| 1 | 400 |   | 折扣价 |   |
| 1 | 600 |   | 总计 |   |

5000元以下加收运费150元。
给予九折优惠。

**1** 在单元格G6中输入计算"运费"的公式：=IF(G5>=5000,0,150)。

|   | A | B | C | D | E | F | G | H | I |
|---|---|---|---|---|---|---|---|---|---|
| 1 |   | 茶叶订购单 |
| 2 | 商品项目 | 300克 | 数量 | 小计 |
| 3 | 阿萨姆 | 900 | 3 | 2700 |
| 4 | 红玉 | 1200 | 2 | 2400 |
| 5 | 高山乌龙 | 700 | 5 | 3500 |   | 合计 | 10200 |
| 6 | 冻顶乌龙 | 600 | 1 | 600 |   | 运费 | 0 |
| 7 | 茶包礼盒 | 400 | 1 | 400 |   | 折扣价 | =IF(G5>=10000,G5*10%,0) |
| 8 | 罐装礼盒 | 600 | 1 | 600 |   | 总计 |   |
| 9 |   |   |   |   |   |   | ② |
| 10 | ○消费满5000元免运费，5000元以下加收运费150元。 |
| 11 | ○消费满10000元以上，给予九折优惠。 |

| C | D | E | F | G |
|---|---|---|---|---|
| 订购单 |
| 数量 | 小计 |
| 3 | 2700 |
| 2 | 2400 |
| 5 | 3500 |   | 合计 | 10200 |
| 1 | 600 |   | 运费 | 0 |
| 1 | 400 |   | 折扣价 | 1020 |
| 1 | 600 |   | 总计 |   |

5000元以下加收运费150元。
给予九折优惠。

**2** 在单元格G7中输入计算"折扣价"的公式：=IF(G5>=10000,G5*10%,0)。

|   | A | B | C | D | E | F | G | H |
|---|---|---|---|---|---|---|---|---|
| 1 |   | 茶叶订购单 |
| 2 | 商品项目 | 300克 | 数量 | 小计 |
| 3 | 阿萨姆 | 900 | 3 | 2700 |
| 4 | 红玉 | 1200 | 2 | 2400 |
| 5 | 高山乌龙 | 700 | 5 | 3500 |   | 合计 | 10200 |
| 6 | 冻顶乌龙 | 600 | 1 | 600 |   | 运费 | 0 |
| 7 | 茶包礼盒 | 400 | 1 | 400 |   | 折扣价 | 1020 |
| 8 | 罐装礼盒 | 600 | 1 | 600 |   | 总计 | =G5+G6-G7 |
| 9 |   |   |   |   |   |   | ③ |
| 10 | ○消费满5000元免运费，5000元以下加收运费150元。 |
| 11 | ○消费满10000元以上，给予九折优惠。 |

| C | D | E | F | G |
|---|---|---|---|---|
| 购单 |
| 数量 | 小计 |
| 3 | 2700 |
| 2 | 2400 |
| 5 | 3500 |   | 合计 | 10200 |
| 1 | 600 |   | 运费 | 0 |
| 1 | 400 |   | 折扣价 | 1020 |
| 1 | 600 |   | 总计 | 9180 |

5000元以下加收运费150元。
给予九折优惠。

**3** 在单元格G8中输入计算"总计"的公式：=G5+G6-G7。

条件式统计分析

## 25 判断指定的条件是否全部符合

通过笔试和路考成绩检验驾照考试是否"合格"

AND函数的使用就如同中文的"和",当所有条件都符合时,会传回TRUE(真),否则传回FALSE(假)。

### ◎ 案例分析

在汽车驾照考试中,设定笔试分数必须大于等于85分,路考分数必须大于等于70分,才能算作"合格"取得驾照。

当笔试分数≥85且路考分数≥70时,显示"合格";
否则显示"不合格"

|   | A | B | C | D | E | F |
|---|---|---|---|---|---|---|
| 1 |   |   | 机动车驾驶考试 |   |   |   |
| 2 | 姓名 | 性别 | 笔试(分) | 路考(分) | 是否合格 |   |
| 3 | 许佳桦 | 女 | 75 |   | 不合格 |   |
| 4 | 黄佳莹 | 女 | 92.5 | 96 | 合格 |   |
| 5 | 骆佳燕 | 女 | 85 | 84 | 合格 |   |
| 6 | 吴玉萍 | 女 | 90 | 66 | 不合格 |   |
| 7 | 王柏治 | 男 | 82.5 |   | 不合格 |   |
| 8 | 吴家弘 | 男 | 87.5 | 86 | 合格 |   |
| 9 | 徐伟达 | 男 | 100 | 68 | 不合格 |   |
| 10 | 王怡伶 | 女 | 95 | 92 | 合格 |   |
| 11 | (1)笔试:及格标准85分,通过后才能进行路考。 |
| 12 | (2)路考:及格标准70分,考试项目一次完成,不得重复修正。 |
| 13 |   |

通过拖曳的方式,复制单元格E3的公式至单元格E10,判断出"合格"与"不合格"的情况

如果笔试没有达到85分,无法进行路考项目的测验

### IF 函数 | 逻辑函数

说明: IF函数是一个判断式,可以根据条件判定的结果分别处理。假设单元格的值检验为TRUE(真)时,就执行条件成立时的命令;反之,检验为FALSE(假)时则执行条件不成立时的命令。

公式: IF(条件,条件成立,条件不成立)

参数: 条件　　　使用比较运算符的逻辑式设定条件判断式。

条件成立　符合条件时的处理方式或显示的值。

条件不成立　不符合条件时的处理方式或显示的值。

## AND 函数

| 逻辑函数

说明：指定的条件都要符合。

公式：AND(条件1,条件2,...)

参数：条件　设定判断的条件。

### ● 操作说明

|   | A | B | C | D | E | F |
|---|---|---|---|---|---|---|
| 1 |   |   |   | 机动车驾驶考试 |   |   |
| 2 | 姓名 | 性别 | 笔试（分） | 路考（分） | 是否合格 |   |
| 3 | 许佳桦 | 女 | 75 |   | =IF(AND(C3>=85,D3>=70),"合格","不合格") |   |
| 4 | 黄佳莹 | 女 | 92.5 | 96 |   |   |
| 5 | 骆佳燕 | 女 | 85 | 84 |   |   |
| 6 | 吴玉萍 | 女 | 90 | 66 |   |   |
| 7 | 王柏治 | 男 | 82.5 |   |   |   |
| 8 | 吴家弘 | 男 | 87.5 | 86 |   |   |
| 9 | 徐伟达 | 男 | 100 | 68 |   |   |
| 10 | 王怡伶 | 女 | 95 | 92 |   |   |
| 11 | （1）笔试：及格标准85分，通过后才能进行路考。 |
| 12 | （2）路考：及格标准70分，考试项目一次完成，不得重复修正。 |

**1** 在单元格E3中计算笔试≥85分且路考≥70分时，显示"合格"，否则显示"不合格"，输入公式：=IF(AND(C3>=85,D3>=70),"合格","不合格")。

|   | A | B | C | D | E | F |
|---|---|---|---|---|---|---|
| 1 |   |   |   | 机动车驾驶考试 |   |   |
| 2 | 姓名 | 性别 | 笔试（分） | 路考（分） | 是否合格 |   |
| 3 | 许佳桦 | 女 | 75 |   | 不合格 |   |
| 4 | 黄佳莹 | 女 | 92.5 | 96 |   |   |
| 5 | 骆佳燕 | 女 | 85 | 84 |   |   |

▼

|   | A | B | C | D | E | F |
|---|---|---|---|---|---|---|
| 1 |   |   |   | 机动车驾驶考试 |   |   |
| 2 | 姓名 | 性别 | 笔试（分） | 路考（分） | 是否合格 |   |
| 3 | 许佳桦 | 女 | 75 |   | 不合格 |   |
| 4 | 黄佳莹 | 女 | 92.5 | 96 | 合格 |   |
| 5 | 骆佳燕 | 女 | 85 | 84 | 合格 |   |
| 6 | 吴玉萍 | 女 | 90 | 66 | 不合格 |   |
| 7 | 王柏治 | 男 | 82.5 |   | 不合格 |   |
| 8 | 吴家弘 | 男 | 87.5 | 86 | 合格 |   |
| 9 | 徐伟达 | 男 | 100 | 68 | 不合格 |   |
| 10 | 王怡伶 | 女 | 95 | 92 | 合格 |   |
| 11 | （1）笔试：及格标准85分，通过后才能进行路考。 |
| 12 | （2）路考：及格标准70分，考试项目一次完成，不得重复修正。 |

**2** 在单元格E3中按住右下角的"填充控点"往下拖曳，至最后一位考试人员再放开鼠标左键，判断出其他参加考试的人员合格与否的情况。

**3** 条件式统计分析

53

## 26 判断指定的条件是否符合任意一个
通过收缩压和舒张压的数值检验血压状况是否为"高血压"

OR函数的使用就如同中文的"或",只要符合其中一个条件即传回TRUE(真),否则就传回FALSE(假)。

### ● 案例分析

在员工血压检测数据中,正常血压为收缩压100~140mmHg、舒张压60~90mmHg。当收缩压大于等于140mmHg或舒张压大于等于90mmHg时,即血压太高,需要在"状况"栏中标注"高血压"。

当收缩压≥140mmHg或舒张压≥90mmHg,显示"高血压";
否则就显示空白

| | A | B | C | D | E |
|---|---|---|---|---|---|
| 1 | | | 血压检测 | | |
| 2 | 员工 | 性别 | 收缩压(mm・Hg) | 舒张压(mm・Hg) | 状况 |
| 3 | 许佳桦 | 女 | 120 | 89 | |
| 4 | 黄佳莹 | 女 | 123 | 78 | |
| 5 | 骆佳燕 | 女 | 155 | 100 | 高血压 |
| 6 | 吴玉萍 | 女 | 136 | 85 | |
| 7 | 王柏治 | 男 | 162 | 110 | 高血压 |
| 8 | 吴家弘 | 男 | 145 | 90 | 高血压 |
| 9 | 徐伟达 | 男 | 150 | 100 | 高血压 |
| 10 | 王怡伶 | 女 | 138 | 85 | |
| 11 | (1)正常血压:收缩压100~140mm・Hg,舒张压60~90mm・Hg。 | | | | |
| 12 | (2)世界卫生组织标准规定,收缩压≥140mm・Hg或舒张压≥90mm・Hg,称为高血压。 | | | | |

通过拖曳的方式,复制单元格E3的公式至单元格E10,判断员工是否有"高血压"的状况

### IF 函数 | 逻辑函数

**说明:** IF函数是一个判断式,可以根据条件判定的结果分别处理。假设单元格的值检验为TRUE(真)时,就执行条件成立时的命令;反之,检验为FALSE(假)时则执行条件不成立时的命令。

**公式:** IF(条件,条件成立,条件不成立)

**参数:** 条件　　　　使用比较运算符的逻辑式设定条件判断式。

　　　　条件成立　　符合条件时的处理方式或显示的值。

　　　　条件不成立　不符合条件时的处理方式或显示的值。

## OR 函数

| 逻辑函数

说明：指定的条件只要符合一个即可。

公式：OR(条件1,条件2,...)

参数：条件　设定判断的条件。

### ◎ 操作说明

|   | A | B | C | D | E |
|---|---|---|---|---|---|
| 1 |   |   |   | 血压检测 |   |
| 2 | 员工 | 性别 | 收缩压(mm·Hg) | 舒张压(mm·Hg) | 状况 |
| 3 | 许佳桦 | 女 | 120 | 89 | =IF(OR(C3>=140,D3>=90),"高血压","") |
| 4 | 黄佳莹 | 女 | 123 | 78 |   |
| 5 | 骆佳燕 | 女 | 155 | 100 |   |
| 6 | 吴玉萍 | 女 | 136 | 85 |   |
| 7 | 王柏治 | 男 | 162 | 110 |   |
| 8 | 吴家弘 | 男 | 145 | 90 |   |
| 9 | 徐伟达 | 男 | 150 | 100 |   |
| 10 | 王怡伶 | 女 | 138 | 85 |   |
| 11 | （1）正常血压：收缩压100~140mm·Hg，舒张压60~90mm·Hg。 |
| 12 | （2）世界卫生组织标准规定，收缩压≥140mm·Hg或舒张压≥90mm·Hg，称为高血压。 |

**1** 在单元格E3中计算收缩压≥140或舒张压≥90时，显示"高血压"，否则显示空白，输入公式：=IF(OR(C3>=140,D3>=90),"高血压","")。

|   | A | B | C | D | E |
|---|---|---|---|---|---|
| 1 |   |   |   | 血压检测 |   |
| 2 | 员工 | 性别 | 收缩压(mm·Hg) | 舒张压(mm·Hg) | 状况 |
| 3 | 许佳桦 | 女 | 120 | 89 |   |
| 4 | 黄佳莹 | 女 | 123 | 78 |   |
| 5 | 骆佳燕 | 女 | 155 | 100 |   |
| 6 | 吴玉萍 | 女 | 136 | 85 |   |
| 7 | 王柏治 | 男 | 162 | 110 |   |

▼

|   | A | B | C | D | E |
|---|---|---|---|---|---|
| 1 |   |   |   | 血压检测 |   |
| 2 | 员工 | 性别 | 收缩压(mm·Hg) | 舒张压(mm·Hg) | 状况 |
| 3 | 许佳桦 | 女 | 120 | 89 |   |
| 4 | 黄佳莹 | 女 | 123 | 78 |   |
| 5 | 骆佳燕 | 女 | 155 | 100 | 高血压 |
| 6 | 吴玉萍 | 女 | 136 | 85 |   |
| 7 | 王柏治 | 男 | 162 | 110 | 高血压 |
| 8 | 吴家弘 | 男 | 145 | 90 | 高血压 |
| 9 | 徐伟达 | 男 | 150 | 100 | 高血压 |
| 10 | 王怡伶 | 女 | 138 | 85 |   |
| 11 | （1）正常血压：收缩压100~140mm·Hg，舒张压60~90mm·Hg。 |
| 12 | （2）世界卫生组织标准规定，收缩压≥140mm·Hg或舒张压≥90mm·Hg，称为高血压。 |

**2** 在单元格E3中按住右下角的"填充控点"往下拖曳，至最后一位员工再放开鼠标左键，判断出其他员工是否有高血压。

## 27 加总符合单一或多个条件的数值
指定片名或指定日期与类别后计算总和

SUM函数为单纯的数值加总，但如果面对大量的数据，想要按照单一或多重条件筛选出数据后再进行数值加总时，可以使用SUMIF或SUMIFS这两个函数。

### ● 案例分析

在DVD出租情况统计表中，以"片名"作为筛选条件，统计出"华尔街之狼"的租金总和。另外，以"出租日期"和"分类"作为筛选条件，统计出1月到6月属于"动作"类的租金总和。

用SUMIF函数指定"片名"的数据作为参考范围，接着指定"华尔街之狼"为搜索条件，计算出符合条件的DVD的租金总和

| | A | B | C | D | E | F | G | H | I | J |
|---|---|---|---|---|---|---|---|---|---|---|
| 1 | | | DVD出租情况统计 | | | | | | | |
| 2 | 出租日期 | 片名 | 分类 | 出租天数 | 租金 | | 片名 | 租金总和 | | |
| 3 | 2014/12/30 | 华尔街之狼 | 剧情 | 3 | 90 | | 华尔街之狼 | 270 | | |
| 4 | 2014/10/30 | 咎爱 | 剧情 | 5 | 150 | | | | | |
| 5 | 2014/9/10 | 特务乐很大 | 动作 | 5 | 150 | | | | | |
| 6 | 2014/8/31 | 冰雪奇缘 | 动画 | 5 | 150 | | 月份 | 分类 | 租金总和 | |
| 7 | 2014/7/20 | 八月心风暴 | 剧情 | 3 | 90 | | 1月~6月 | 动作 | 150 | |
| 8 | 2014/7/15 | 特务乐很大 | 动作 | 3 | 90 | | | | | |
| 9 | 2014/7/9 | 华尔街之狼 | 剧情 | 2 | 60 | | | | | |
| 10 | 2014/6/28 | 大稻埕 | 喜剧 | 2 | 60 | | | | | |
| 11 | 2014/5/20 | 冰雪奇缘 | 动画 | 2 | 60 | | | | | |
| 12 | 2014/5/15 | 华尔街之狼 | 剧情 | 4 | 120 | | | | | |
| 13 | 2014/3/22 | 大稻埕 | 喜剧 | 2 | 60 | | | | | |
| 14 | 2014/3/14 | 八月心风暴 | 剧情 | 5 | 150 | | | | | |
| 15 | 2014/3/12 | 特务乐很大 | 动作 | 5 | 150 | | | | | |
| 16 | | | | | | | | | | |

用SUMIFS函数，条件一指定"出租日期"的数据作为参考范围，接着指定"小于2014/7/1"为搜索条件；条件二指定"分类"的数据作为参考范围，接着指定"动作"为搜索条件，综合两个条件计算出符合条件的租金总和

### SUMIF 函数
| 数学和三角函数

说明：加总符合单一条件的单元格数值。

公式：SUMIF(搜索范围,搜索条件,加总范围)

参数：搜索范围　　以搜索条件进行评估的单元格范围。

　　　搜索条件　　数值、运算式、单元格参照、文字或函数的定义形式。

　　　加总范围　　搜索条件范围中的单元格与搜索条件相符时，加总相对应的单元格数值。

## SUMIFS 函数

| 数学和三角函数

说明：加总符合多重条件的单元格数值。

公式：SUMIFS(加总范围,搜索范围1,搜索条件1,搜索范围2,搜索条件2,...)

参数：加总范围　加总所有符合条件的单元格数值。

　　　搜索范围　以搜索条件进行评估的单元格范围。

　　　搜索条件　数值、运算式、单元格参照、文字或函数的定义形式。

### 操作说明

| | A | B | C | D | E | F | G | H | I | J |
|---|---|---|---|---|---|---|---|---|---|---|
| 1 | | DVD出租情况统计 | | | | | | | | |
| 2 | 出租日期 | 片名 | 分类 | 出租天数 | 租金 | | 片名 | 租金总和 | | |
| 3 | 2014/12/30 | 华尔街之狼 | 剧情 | 3 | 90 | | 华尔街之狼 | =SUMIF(B3:B15,G3,E3:E15) | | |
| 4 | 2014/10/30 | 爸爱 | 剧情 | 5 | 150 | | | | | |
| 5 | 2014/9/10 | 特务杀很大 | 动作 | 5 | 150 | | | | | |
| 6 | 2014/8/31 | 冰雪奇缘 | 动画 | 5 | 150 | | 月份 | 分类 | 租金总和 | |
| 7 | 2014/7/20 | 八月心风暴 | 剧情 | 3 | 90 | | 1月~6月 | 动作 | | |
| 8 | 2014/7/15 | 特务杀很大 | 动作 | 3 | 90 | | | | | |
| 9 | 2014/7/9 | 华尔街之狼 | 剧情 | 2 | 60 | | | | | |
| 10 | 2014/6/28 | 大稻埕 | 喜剧 | 2 | 60 | | | | | |
| 11 | 2014/5/20 | 冰雪奇缘 | 动画 | 2 | 60 | | | | | |
| 12 | 2014/5/15 | 华尔街之狼 | 剧情 | 4 | 120 | | | | | |
| 13 | 2014/3/22 | 大稻埕 | 喜剧 | 2 | 60 | | | | | |
| 14 | 2014/3/14 | 八月心风暴 | 剧情 | 5 | 150 | | | | | |

**1** 在单元格H3中以"片名"的单元格范围B3:B15作为搜索范围，搜索符合条件（单元格G3：华尔街之狼）的项目并计算其租金总和，输入公式：=SUMIF(B3:B15,G3,E3:E15)。

| | A | B | C | D | E | F | G | H | I | J |
|---|---|---|---|---|---|---|---|---|---|---|
| 1 | | DVD出租情况统计 | | | | | | | | |
| 2 | 出租日期 | 片名 | 分类 | 出租天数 | 租金 | | 片名 | 租金总和 | | |
| 3 | 2014/12/30 | 华尔街之狼 | 剧情 | 3 | 90 | | 华尔街之狼 | 270 | | |
| 4 | 2014/10/30 | 爸爱 | 剧情 | 5 | 150 | | | | | |
| 5 | 2014/9/10 | 特务杀很大 | 动作 | 5 | 150 | | | | | |
| 6 | 2014/8/31 | 冰雪奇缘 | 动画 | 5 | 150 | | 月份 | 分类 | 租金总和 | |
| 7 | 2014/7/20 | 八月心风暴 | 剧情 | 3 | 90 | | 1月~6月 | 动作 | =SUMIFS(E3:E15,A3:A15,"<2014/7/1",C3:C15,H7) | |
| 8 | 2014/7/15 | 特务杀很大 | 动作 | 3 | 90 | | | | | |
| 9 | 2014/7/9 | 华尔街之狼 | 剧情 | 2 | 60 | | | | | |
| 10 | 2014/6/28 | 大稻埕 | 喜剧 | 2 | 60 | | | | | |
| 11 | 2014/5/20 | 冰雪奇缘 | 动画 | 2 | 60 | | | | | |
| 12 | 2014/5/15 | 华尔街之狼 | 剧情 | 4 | 120 | | | | | |
| 13 | 2014/3/22 | 大稻埕 | 喜剧 | 2 | 60 | | | | | |
| 14 | 2014/3/14 | 八月心风暴 | 剧情 | 5 | 150 | | | | | |
| 15 | 2014/3/12 | 特务杀很大 | 动作 | 5 | 150 | | | | | |

**2** 在单元格I7中以"出租日期"的单元格范围A3:A15作为搜索范围，搜索"出租日期小于2014/7/1"的项目，再以"分类"的单元格范围C3:C15作为搜索范围，搜索分类为"动作"的项目，计算符合这两个条件的租金总和，输入公式：=SUMIFS(E3:E15,A3:A15,"<2014/7/1",C3:C15,H7)。

## 28 求得含数值与非空白的数据个数

统计已开设或需要收费的课程数量

当某一个范围内的数据需要统计数量时，可以根据数据的属性选择使用COUNT函数计算含有数值的数据个数；或者使用COUNTA函数计算包含任何数据类型（文本、数值或符号，但无法计算空白单元格）的数据个数。

### 案例分析

在课程费用表中，整理了所有的课程名称和价格，当想要统计需要收费的课程数量时，可以使用COUNT函数在指定的单元格范围内计算单元格中含数值的个数；当需要统计所有开设的课程数量时，则可以使用COUNTA函数在指定的单元格范围内计算已开设课程的实际数量。

| | A | B | C | D | E |
|---|---|---|---|---|---|
| 1 | 课程费用表 | | | | |
| 2 | 课程名称 | 专家价 | | 收费课程 | |
| 3 | 创意美术设计 | 15,499 | | 3 | |
| 4 | 多媒体网页设计 | 13,999 | | 开设课程 | |
| 5 | 数位生活 | 免费体验 | | 5 | |
| 6 | 美术创意视觉设计 | 19,990 | | | |
| 7 | Office应用 | 免费体验 | | | |

用COUNT函数计算需要付费的课程数量

用COUNTA函数计算总共开设的课程数量

### COUNT 函数 | 统计函数

**说明**：计算范围内含有数值和日期数据的单元格个数。

**公式**：COUNT(数值1,数值2,...)

**参数**：**数值** 指定单元格或单元格范围，若要设定不连续的单元格范围，可以用逗号","分隔，最多可以设定30个。

### COUNTA 函数 | 统计函数

**说明**：计算范围内不是空白的单元格个数。

**公式**：COUNTA(数值1,数值2,...)

**参数**：**数值** 指定单元格或单元格范围，若要设定不连续的单元格范围，可以用逗号","分隔。

## 操作说明

| VLOOKUP | | fx | =COUNT(B3:B7) | | | |
|---|---|---|---|---|---|---|
| | A | B | C | D | E | |
| 1 | | 课程费用表 | | | | |
| 2 | 课程名称 | 专家价 | | 收费课程 | | |
| 3 | 创意美术设计 | 15,499 | | =COUNT(B3:B7) | | ①|
| 4 | 多媒体网页设计 | 13,999 | | 开设课程 | | |
| 5 | 数位生活 | 免费体验 | | | | |
| 6 | 美术创意视觉设计 | 19,990 | | | | |
| 7 | Office应用 | 免费体验 | | | | |

▶

| fx | =COUNT(B3:B7) | | |
|---|---|---|---|
| B | C | D | |
| 表 | | | |
| 专家价 | | 收费课程 | |
| 15,499 | | 3 | |
| 13,999 | | 开设课程 | |
| 免费体验 | | | |
| 19,990 | | | |
| 免费体验 | | | |

**①** 在单元格D3中输入计算单元格范围B3:B7内需要收费的课程数量的公式: =COUNT(B3:B7)。

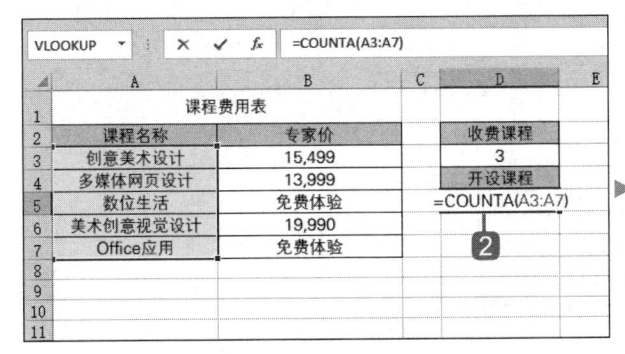

| VLOOKUP | | fx | =COUNTA(A3:A7) | | | |
|---|---|---|---|---|---|---|
| | A | B | C | D | E | |
| 1 | | 课程费用表 | | | | |
| 2 | 课程名称 | 专家价 | | 收费课程 | | |
| 3 | 创意美术设计 | 15,499 | | 3 | | |
| 4 | 多媒体网页设计 | 13,999 | | 开设课程 | | |
| 5 | 数位生活 | 免费体验 | | =COUNTA(A3:A7) | | |
| 6 | 美术创意视觉设计 | 19,990 | | ② | | |
| 7 | Office应用 | 免费体验 | | | | |

▶

| fx | =COUNTA(A3:A7) | | |
|---|---|---|---|
| B | C | D | |
| 用表 | | | |
| 专家价 | | 收费课程 | |
| 15,499 | | 3 | |
| 13,999 | | 开设课程 | |
| 免费体验 | | 5 | |
| 19,990 | | | |
| 免费体验 | | | |

**②** 在单元格D5中输入计算单元格范围A3:A7内开设的课程数量的公式: =COUNTA(A3:A7)。

### Tips

使用COUNT函数时,单元格内如果是日期格式,也会一并计算进去。

使用COUNTA函数时,单元格内如果包含逻辑值(如TRUE)、文字或错误值(如#DIV/0!),也会一并计算进去。

## 29 求得符合单一条件的数据个数

统计男、女身高170cm以上的员工人数

单元格范围内的数据，根据其属性可以使用COUNT或COUNTA函数进行数量的统计，但如果想统计符合某个条件的数据个数时，则可以使用COUNTIF函数。

### 案例分析

以公司的健康检查报告为例，用COUNTIF函数分别计算出男性和女性员工的人数，并统计身高170cm以上（含170cm）的员工人数。

指定"性别"列中的数据作为参考范围，接着指定"男"为搜索条件并计算出男性员工的人数

| | A | B | C | D | E | F | G |
|---|---|---|---|---|---|---|---|
| 1 | | 员工健康检查报告 | | | | | |
| 2 | 员工姓名 | 性别 | 身高（cm） | 体重（kg） | | 性别 | 人数 |
| 3 | Aileen | 女 | 170 | 60 | | 男 | 3 |
| 4 | Amber | 女 | 168 | 56 | | 女 | 5 |
| 5 | Eva | 女 | 152 | 38 | | | |
| 6 | Hazel | 女 | 155 | 65 | | 高于170cm的员工人数 | |
| 7 | Javier | 男 | 174 | 80 | | 4 | |
| 8 | Jeff | 男 | 183 | 90 | | | |
| 9 | Jimmy | 男 | 172 | 75 | | | |
| 10 | Joan | 女 | 165 | 56 | | | |
| 11 | | | | | | | |
| 12 | | | | | | | |

通过拖曳的方式，复制单元格G3的公式，计算出女性员工的人数

指定"身高"列中的数据作为参考范围，搜索条件设为"≥170"，统计身高170cm以上（含170cm）的员工人数

---

**COUNTIF 函数**　　　　　　　　　　　　　　　统计函数

说明： 在指定的单元格范围内，计算符合搜索条件的数据个数。

公式： COUNTIF(范围,搜索条件)

参数： 范围　　　搜索的单元格范围。

　　　搜索条件　可以指定数值、条件式、单元格参照或字符串。

---

### Tips

COUNTIF函数中的搜索条件，除了指定输入字符串的单元格外，也可以直接输入文字，只是前后必须用引号（"）分隔。另外，字符串不分大小写，还可以搭配"?"或"*"指定搜索条件。

## ◉ 操作说明

| | A | B | C | D | E | F | G | H |
|---|---|---|---|---|---|---|---|---|
| 1 | | | 员工健康检查报告 | | | | | |
| 2 | 员工姓名 | 性别 | 身高（cm） | 体重（kg） | | 性别 | 人数 | |
| 3 | Aileen | 女 | 170 | 60 | | 男 | =COUNTIF($B$3:$B$10,F3) | ①|
| 4 | Amber | 女 | 168 | 56 | | 女 | | |
| 5 | Eva | 女 | 152 | 38 | | | | |
| 6 | Hazel | 女 | 155 | 65 | | 高于170cm的员工人数 | | |
| 7 | Javier | 男 | 174 | 80 | | | | |
| 8 | Jeff | 男 | 183 | 90 | | | | |
| 9 | Jimmy | 男 | 172 | 75 | | | | |
| 10 | Joan | 女 | 165 | 56 | | | | |
| 11 | | | | | | | | |
| 12 | | | | | | | | |

**①** 在单元格G3中使用COUNTIF函数统计男性员工的人数，以"性别"作为数据的搜索范围（单元格范围B3:B10），再指定搜索条件为单元格F3，输入公式：

=COUNTIF($B$3:$B$10,F3)。

下个步骤要复制这个公式，所以使用绝对参照指定"性别"单元格范围

| | A | B | C | D | E | F | G | H |
|---|---|---|---|---|---|---|---|---|
| 1 | | | 员工健康检查报告 | | | | | |
| 2 | 员工姓名 | 性别 | 身高（cm） | 体重（kg） | | 性别 | 人数 | |
| 3 | Aileen | 女 | 170 | 60 | | 男 | 3 | |
| 4 | Amber | 女 | 168 | 56 | | 女 | | ② |
| 5 | Eva | 女 | 152 | 38 | | | | |
| 6 | Hazel | 女 | 155 | 65 | | 高于170cm的员工人数 | | |
| 7 | Javier | 男 | 174 | 80 | | | | |
| 8 | Jeff | 男 | 183 | 90 | | | | |
| 9 | Jimmy | 男 | 172 | 75 | | | | |
| 10 | Joan | 女 | 165 | 56 | | | | |

| D | E | F | G | H |
|---|---|---|---|---|
| 报告 | | | | |
| 体重（kg） | | 性别 | 人数 | |
| 60 | | 男 | 3 | |
| 56 | | 女 | 5 | |
| 38 | | | | |
| 65 | | 高于170cm的员工人数 | | |
| 80 | | | | |
| 90 | | | | |
| 75 | | | | |
| 56 | | | | |

**②** 在单元格G3中按住右下角的"填充控点"往下拖曳，至单元格G4再放开鼠标左键，完成女性员工人数的统计。

| | A | B | C | D | E | F | G | H |
|---|---|---|---|---|---|---|---|---|
| 1 | | | 员工健康检查报告 | | | | | |
| 2 | 员工姓名 | 性别 | 身高（cm） | 体重（kg） | | 性别 | 人数 | |
| 3 | Aileen | 女 | 170 | 60 | | 男 | 3 | |
| 4 | Amber | 女 | 168 | 56 | | 女 | 5 | |
| 5 | Eva | 女 | 152 | 38 | | | | |
| 6 | Hazel | 女 | 155 | 65 | | 高于170cm的员工人数 | | |
| 7 | Javier | 男 | 174 | 80 | | =COUNTIF(C3:C10,">=170") | | ③ |
| 8 | Jeff | 男 | 183 | 90 | | | | |
| 9 | Jimmy | 男 | 172 | 75 | | | | |
| 10 | Joan | 女 | 165 | 56 | | | | |
| 11 | | | | | | | | |
| 12 | | | | | | | | |
| 13 | | | | | | | | |
| 14 | | | | | | | | |

**③** 在单元格F7中统计单元格范围C3:C10且身高大于170cm（含170cm）的员工人数，输入公式：

=COUNTIF(C3:C10,">=170")。

# 30 求得符合多个条件的数据个数

统计台北店女性员工总人数和身高170cm以上男性员工的人数

如果条件不止一个，而是多个，加上单元格范围又不连续时，可以使用COUNTIFS函数统计数据的个数。

## 案例分析

在健康检查报告中，用COUNTIFS函数分别统计位于台北店的女性员工人数，以及身高170cm以上（含170cm）的男性员工人数。

条件一指定"服务单位"列中的数据作为参考范围，以"台北店"作为搜索条件；条件二指定"性别"列中的数据作为参考范围，以"女"作为搜索条件，综合两个条件统计符合条件的人数

|  | A | B | C | D | E |
|---|---|---|---|---|---|
| 1 | 员工健康检查报告 |||||
| 2 | 服务单位 | 员工姓名 | 性别 | 身高（cm） | 体重（kg） |
| 3 | 台北店 | Aileen | 女 | 170 | 60 |
| 4 | 高雄店 | Amber | 女 | 168 | 56 |
| 5 | 总公司 | Eva | 女 | 152 | 38 |
| 6 | 台北店 | Hazel | 女 | 155 | 65 |
| 7 | 总公司 | Javier | 男 | 174 | 80 |
| 8 | 总公司 | Jeff | 男 | 183 | 90 |
| 9 | 高雄店 | Jimmy | 男 | 172 | 75 |
| 10 | 台北店 | Joan | 女 | 165 | 56 |
| 11 ||||||
| 12 | 台北店女性员工人数 ||| 3 ||
| 13 ||||||
| 14 | ≥170cm的男性员工 ||| 3 ||

条件一指定"性别"列中的数据作为参考范围，以"男"作为搜索条件；条件二指定"身高"列中的数据作为参考范围，以"≥170"作为搜索条件，综合两个条件统计符合条件的人数

### COUNTIFS 函数 | 统计函数

**说明**：在指定并跨越多个单元格范围内，计算符合所有搜索条件的数据个数。

**公式**：COUNTIFS(范围1,搜索条件1,[范围2,搜索条件2],...)

**参数**：
- 范围　　搜索的单元格范围。
- 搜索条件　可以指定数值、条件式、单元格参照或字符串。如果是字符串或条件式，前后必须用引号("）分隔。

## 操作说明

| | A | B | C | D | E |
|---|---|---|---|---|---|
| 1 | | | 员工健康检查报告 | | |
| 2 | 服务单位 | 员工姓名 | 性别 | 身高（cm） | 体重（kg） |
| 3 | 台北店 | Aileen | 女 | 170 | 60 |
| 4 | 高雄店 | Amber | 女 | 168 | 56 |
| 5 | 总公司 | Eva | 女 | 152 | 38 |
| 6 | 台北店 | Hazel | 女 | 155 | 65 |
| 7 | 总公司 | Javier | 男 | 174 | 80 |
| 8 | 总公司 | Jeff | 男 | 183 | 90 |
| 9 | 高雄店 | Jimmy | 男 | 172 | 75 |
| 10 | 台北店 | Joan | 女 | 165 | 56 |
| 11 | | | | | |
| 12 | 台北店女性员工人数 | =COUNTIFS(A3:A10,"台北店",C3:C10,"女") | | | |
| 13 | | | | | |
| 14 | ≥170cm的男性员工 | | | | |

右侧结果表 C12 = 3

**1** 在单元格C12中统计单元格范围A3:A10"服务单位"为"台北店"且单元格范围C3:C10"性别"为"女"的员工人数，输入公式：
=COUNTIFS(A3:A10,"台北店",C3:C10,"女")。

| | A | B | C | D | E |
|---|---|---|---|---|---|
| 1 | | | 员工健康检查报告 | | |
| 2 | 服务单位 | 员工姓名 | 性别 | 身高（cm） | 体重（kg） |
| 3 | 台北店 | Aileen | 女 | 170 | 60 |
| 4 | 高雄店 | Amber | 女 | 168 | 56 |
| 5 | 总公司 | Eva | 女 | 152 | 38 |
| 6 | 台北店 | Hazel | 女 | 155 | 65 |
| 7 | 总公司 | Javier | 男 | 174 | 80 |
| 8 | 总公司 | Jeff | 男 | 183 | 90 |
| 9 | 高雄店 | Jimmy | 男 | 172 | 75 |
| 10 | 台北店 | Joan | 女 | 165 | 56 |
| 12 | 台北店女性员工人数 | 3 | | | |
| 14 | ≥170cm的男性员工 | =COUNTIFS(C3:C10,"男",D3:D10,">=170") | | | |

右侧结果表 C14 = 3

**2** 在单元格C14中统计单元格范围C3:C10"性别"为"男"且单元格范围D3:D10"身高≥170cm"的员工人数，输入公式：
=COUNTIFS(C3:C10,"男",D3:D10,">=170")。

### Tips

在COUNTIFS函数中，我们要根据多项条件统计数据，所以公式上的呈现，第一个搜索的单元格范围必须搭配第一个搜索条件，形成一组。接着用","分隔前一组条件，第二组则是由第二个搜索的单元格范围搭配第二个搜索条件……依此类推。

搜索条件不用受限于数据表，可以直接输入数值、文字或指定单元格的值，也可以是≥、≤等比较符号。

## 31 求得符合条件表的数据个数

**统计身高160cm以上的女性员工并排除未婚和离职的人数**

DCOUNT或DCOUNTA函数的使用如同COUNTIFS函数一样，可以计算符合多个条件的数据个数，不过条件均指定在表格中，并针对空白或文字进行排除。

### ● 案例分析

在健康检查报告中，用DCOUNT函数统计身高160cm以上（含160cm）的女性员工人数，如果该员工的"婚姻情况"栏中为空白或出现"离职"时，则不纳入统计。如果使用DCOUNTA函数统计，该员工的"婚姻情况"不能为空白，但显示"离职"时则会纳入统计。

在选取数据库范围时，必须包含数据名称

搜索条件中的名称必须和数据库的数据名称一致

| | A | B | C | D | E | F | G | H | I | J |
|---|---|---|---|---|---|---|---|---|---|---|
| 1 | | | | 员工健康检查报告 | | | | | | |
| 2 | 服务单位 | 员工姓名 | 性别 | 身高（cm） | 体重（kg） | 婚姻情况 | | 性别 | 身高（cm） | |
| 3 | 台北店 | Aileen | 女 | 170 | 60 | 0 | | 女 | >=160 | |
| 4 | 高雄店 | Amber | 女 | 168 | 56 | | | | | |
| 5 | 总公司 | Eva | 女 | 152 | 38 | 1 | | | | |
| 6 | 台北店 | Hazel | 女 | 155 | 65 | 1 | | | | |
| 7 | 总公司 | Javier | 男 | 174 | 80 | 1 | | | | |
| 8 | 总公司 | Jeff | 男 | 183 | 90 | 1 | | | | |
| 9 | 高雄店 | Jimmy | 男 | 172 | 75 | 0 | | | | |
| 10 | 台北店 | Joan | 女 | 165 | 56 | 离职 | | | | |
| 11 | | | | | 未婚：0 | 已婚：1 | | | | |
| 12 | ≥160cm的女性员工人数（婚姻字段不可以为空白数据和文字） | | | | | | | | | |
| 13 | 1 | | | | | | | | | |
| 14 | ≥160cm的女性员工人数（婚姻字段不可以为空白数据，但可以包含文字） | | | | | | | | | |
| 15 | 2 | | | | | | | | | |

用DCOUNTA函数统计时，"婚姻情况"如果为空白将不纳入统计
用DCOUNT函数统计时，"婚姻情况"如果为空白或文字将不纳入统计

### DCOUNT 函数 | 数据库函数

**说明**：计算在清单或数据库中，包含符合指定条件的单元格个数。

**公式**：DCOUNT(数据库,数据名称,搜索条件)

**参数**：
- **数据库**　　包含数据名称和主要数据的单元格范围。
- **数据名称**　符合条件的计算对象（栏位名称）。
- **搜索条件**　搜索条件的单元格范围，上一行是数据名称，下一行是要搜寻的条件项目。

## DCOUNTA 函数

| 数据库函数

**说明**：计算在清单或数据库中，包含符合指定条件的非空白单元格个数。

**公式**：DCOUNTA(数据库,数据名称,搜索条件)

**引数**：
- **数据库** 包含数据名称和主要数据的单元格范围。
- **数据名称** 符合条件的计算对象（栏位名称）。
- **搜索条件** 搜索条件的单元格范围，上一行是数据名称，下一行是要搜索的条件项目。

### ◯ 操作说明

| | A | B | C | D | E | F | G | H | I | J |
|---|---|---|---|---|---|---|---|---|---|---|
| 1 | | | 员工健康检查报告 | | | | | | | |
| 2 | 服务单位 | 员工姓名 | 性别 | 身高（cm） | 体重（kg） | 婚姻情况 | | 性别 | 身高（cm） | |
| 3 | 台北店 | Aileen | 女 | 170 | 60 | 0 | | 女 | >=160 | |
| 4 | 高雄店 | Amber | 女 | 168 | 56 | | | | | |
| 5 | 总公司 | Eva | 女 | 152 | 38 | 1 | | | | |
| 6 | 台北店 | Hazel | 女 | 155 | 65 | 1 | | | | |
| 7 | 总公司 | Javier | 男 | 174 | 80 | 1 | | | | |
| 8 | 总公司 | Jeff | 男 | 183 | 90 | 1 | | | | |
| 9 | 高雄店 | Jimmy | 男 | 172 | 75 | 0 | | | | |
| 10 | 台北店 | Joan | 女 | 165 | 56 | 离职 | | | | |
| 11 | | | | | 未婚：0 已婚：1 | | | | | |
| 12 | ≥160cm的女性员工人数（婚姻字段不可以为空白数据和文字） | | | | | | | | | |
| 13 | =DCOUNT(A2:F10,F2,H2:I3) | | | | | ❶ | | | | |
| 14 | ≥160cm的女性员工人数（婚姻字段不可以为空白数据，但可以包含文字） | | | | | | | | | |
| 15 | =DCOUNTA(A2:F10,F2,H2:I3) | | | | | ❷ | | | | |

（中间重复表格：12 ≥160cm的女性员工人数（婚姻字段不可以为空白数据和文字）；13  1；14 ≥160cm的女性员工人数（婚姻字段不可以为空白数据，但可以包含文字）；15 =DCOUNTA(A2:F10,F2,H2:I3)）

❶ 在单元格A13中统计单元格范围A2:F10，"婚姻情况"的单元格F2作为计算对象，排除空白和文字数据，指定搜索条件为单元格范围H2:I3，计算身高≥160cm的女性员工人数，输入公式：=DCOUNT(A2:F10,F2,H2:I3)。

❷ 在单元格A15中统计单元格范围A2:F10，"婚姻情况"的单元格F2作为计算对象，排除空白但可以包含文字数据，指定搜索条件为单元格范围H2:I3，计算身高≥160cm的女性员工人数，输入公式：=DCOUNTA(A2:F10,F2,H2:I3)。

### Tips

无论是DCOUNT函数还是DCOUNTA函数，如果在公式中省略"数据名称"参数的设定时，如上例所示，即公式为"=DCOUNT(A2:F10,,H2:I3)"时，会直接计算出符合搜索条件的数据个数（3个），无论"婚姻情况"中是否为数值、空白或文字。

## 32 数值在不同区间范围内出现的次数
统计身高在各个区间的员工人数

FREQUENCY函数主要计算数据中各个区间内数值出现的次数，如学生成绩、员工年龄等分布情况。

### 案例分析

在健康检查报告中，用FREQUENCY函数计算员工在各个身高区间内的分布人数。

| | A | B | C | D | E | F | G | H |
|---|---|---|---|---|---|---|---|---|
| 1 | 员工健康检查报告 | | | | | | | |
| 2 | 员工姓名 | 性别 | 身高（cm） | 体重（kg） | | 身高区间（cm） | | 人数 |
| 3 | Aileen | 女 | 170 | 60 | | 150~ | 155 | 2 |
| 4 | Amber | 女 | 168 | 56 | | 156~ | 160 | 0 |
| 5 | Eva | 女 | 152 | 38 | | 161~ | 165 | 1 |
| 6 | Hazel | 女 | 155 | 65 | | 166~ | 170 | 2 |
| 7 | Javier | 男 | 174 | 80 | | 171~ | 175 | 2 |
| 8 | Jeff | 男 | 183 | 90 | | 176~ | 180 | 0 |
| 9 | Jimmy | 男 | 172 | 75 | | 181~ | 185 | 1 |
| 10 | Joan | 女 | 165 | 56 | | 186~ | 190 | 0 |

先指定"身高"的数据作为参考范围，再以"身高区间"中后一个数值作为参考分组范围，统计各个"身高区间"的员工人数

### FREQUENCY 函数 | 统计函数

**说明：** 计算数值在指定区间内出现的次数。

**公式：** FREQUENCY(数据范围,参照表)

**参数：**
- **数据范围** 准备计算次数分配的数组或单元格范围。
- **参照表** 按照由小到大的分组方式为数据范围中的值分组，区间值为155时代表150~155，区间值为160时代表156~160。

### Tips

"数组公式"可以缩短复杂或多重的函数公式，只要在公式中指定要运算的范围，而且相对应的运算范围的列数相等，才能自动对应不会出错，这样只要一个数组公式就可以取代范围内所有的公式了。

## ● 操作说明

|   | A | B | C | D | E | F | G | H | I | J |
|---|---|---|---|---|---|---|---|---|---|---|
| 1 |   |   | 员工健康检查报告 |   |   |   |   |   |   |   |
| 2 | 员工姓名 | 性别 | 身高（cm） | 体重（kg） |   | 身高区间（cm） |   | 人数 |   |   |
| 3 | Aileen | 女 | 170 | 60 |   | 150～ | 155 |   |   |   |
| 4 | Amber | 女 | 168 | 56 |   | 156～ | 160 |   |   |   |
| 5 | Eva | 女 | 152 | 38 |   | 161～ | 165 |   |   |   |
| 6 | Hazel | 女 | 155 | 65 |   | 166～ | 170 |   |   |   |
| 7 | Javier | 男 | 174 | 80 |   | 171～ | 175 |   |   |   |
| 8 | Jeff | 男 | 183 | 90 |   | 176～ | 180 |   |   |   |
| 9 | Jimmy | 男 | 172 | 75 |   | 181～ | 185 |   |   |   |
| 10 | Joan | 女 | 165 | 56 |   | 186～ | 190 |   |   |   |

**1** 在"人数"列中先以拖曳的方式选取单元格范围H3:H10。

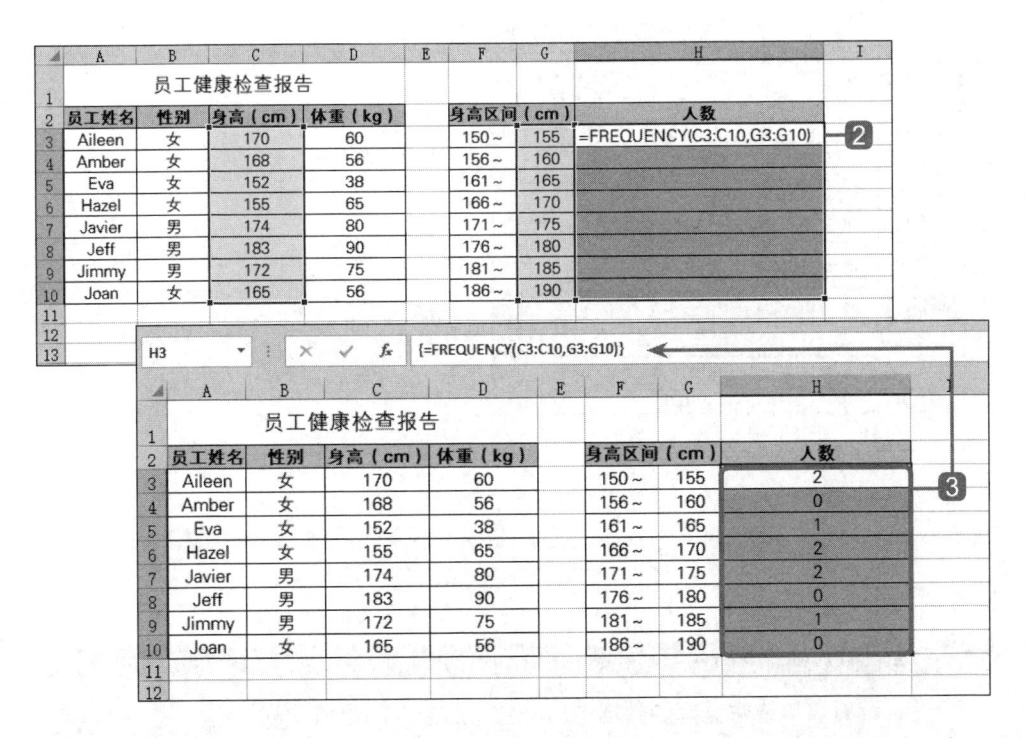

|   | A | B | C | D | E | F | G | H | I |
|---|---|---|---|---|---|---|---|---|---|
| 1 |   |   | 员工健康检查报告 |   |   |   |   |   |   |
| 2 | 员工姓名 | 性别 | 身高（cm） | 体重（kg） |   | 身高区间（cm） |   | 人数 |   |
| 3 | Aileen | 女 | 170 | 60 |   | 150～ | 155 | =FREQUENCY(C3:C10,G3:G10) |   |
| 4 | Amber | 女 | 168 | 56 |   | 156～ | 160 |   |   |
| 5 | Eva | 女 | 152 | 38 |   | 161～ | 165 |   |   |
| 6 | Hazel | 女 | 155 | 65 |   | 166～ | 170 |   |   |
| 7 | Javier | 男 | 174 | 80 |   | 171～ | 175 |   |   |
| 8 | Jeff | 男 | 183 | 90 |   | 176～ | 180 |   |   |
| 9 | Jimmy | 男 | 172 | 75 |   | 181～ | 185 |   |   |
| 10 | Joan | 女 | 165 | 56 |   | 186～ | 190 |   |   |

H3　　fx　{=FREQUENCY(C3:C10,G3:G10)}

|   | A | B | C | D | E | F | G | H |
|---|---|---|---|---|---|---|---|---|
| 1 |   |   | 员工健康检查报告 |   |   |   |   |   |
| 2 | 员工姓名 | 性别 | 身高（cm） | 体重（kg） |   | 身高区间（cm） |   | 人数 |
| 3 | Aileen | 女 | 170 | 60 |   | 150～ | 155 | 2 |
| 4 | Amber | 女 | 168 | 56 |   | 156～ | 160 | 0 |
| 5 | Eva | 女 | 152 | 38 |   | 161～ | 165 | 1 |
| 6 | Hazel | 女 | 155 | 65 |   | 166～ | 170 | 2 |
| 7 | Javier | 男 | 174 | 80 |   | 171～ | 175 | 2 |
| 8 | Jeff | 男 | 183 | 90 |   | 176～ | 180 | 0 |
| 9 | Jimmy | 男 | 172 | 75 |   | 181～ | 185 | 1 |
| 10 | Joan | 女 | 165 | 56 |   | 186～ | 190 | 0 |

**2** 在单元格H3中统计单元格范围C3:C10在各个身高区间的单元格范围G3:G10中出现的频率，输入公式：=FREQUENCY(C3:C10,G3:G10)。

**3** 公式输入完毕后，接着按 Ctrl + Shift + Enter 组合键，公式前后会自动产生"{"和"}"将其括住，成为数组公式：{=FREQUENCY(C3:C10,G3:G10)}。

## 33 计算数据库中符合条件的数值平均值

**分别统计全公司女性员工和台北店女性员工的平均身高**

DAVERAGE函数最大的特点在于从数据库中搜索出符合条件的数值后,可以再针对这些数值计算出平均值。只是使用DAVERAGE函数前,必须先将条件以表格的方式呈现,数据名称也必须和数据库中的名称一致。

### ● 案例分析

在健康检查报告中,用DAVERAGE函数分别计算出公司全部女性员工的平均身高,以及台北店女性员工的平均身高。

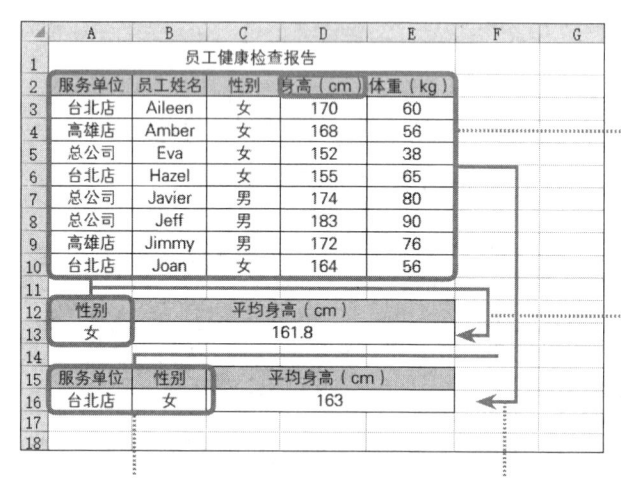

|   | A | B | C | D | E |
|---|---|---|---|---|---|
| 1 |   | 员工健康检查报告 |   |   |   |
| 2 | 服务单位 | 员工姓名 | 性别 | 身高(cm) | 体重(kg) |
| 3 | 台北店 | Aileen | 女 | 170 | 60 |
| 4 | 高雄店 | Amber | 女 | 168 | 56 |
| 5 | 总公司 | Eva | 女 | 152 | 38 |
| 6 | 台北店 | Hazel | 女 | 155 | 65 |
| 7 | 总公司 | Javier | 男 | 174 | 80 |
| 8 | 总公司 | Jeff | 男 | 183 | 90 |
| 9 | 高雄店 | Jimmy | 男 | 172 | 76 |
| 10 | 台北店 | Joan | 女 | 164 | 56 |
| 11 |   |   |   |   |   |
| 12 | 性别 |   | 平均身高(cm) |   |   |
| 13 | 女 |   | 161.8 |   |   |
| 14 |   |   |   |   |   |
| 15 | 服务单位 | 性别 | 平均身高(cm) |   |   |
| 16 | 台北店 | 女 | 163 |   |   |

在选取数据库时,必须包含数据名称

选取所有健康检查数据后,指定"身高"数据作为计算对象,指定搜索条件为单元格范围A12:A13,计算全部女性员工的平均身高

搜索条件中的数据名称必须和数据库中的名称一样

选取所有的健康检查数据后,指定"身高"数据作为计算对象,指定搜索条件为单元格范围A15:B16,计算台北店的女性员工的平均身高

### DAVERAGE 函数 | 数据库函数

**说明:** 计算清单或数据库的数据中,符合指定条件的数值的平均值。

**公式:** DAVERAGE(数据库,数据名称,搜索条件)

**参数:** 数据库　　包含数据名称和主要数据的单元格范围。

　　　　数据名称　符合条件的计算对象(栏位名称)。

　　　　搜索条件　搜索条件的单元格范围,上一行是数据名称,下一行是要搜索的条件项目。

## 操作说明

**1** 在单元格B13中计算女性员工的平均身高，在单元格范围A2:E10中将"身高"（单元格D2）作为计算对象，指定搜索条件为单元格范围A12:A13，输入公式：=DAVERAGE(A2:E10,D2,A12:A13)。

**2** 在单元格C16中计算台北店女性员工的平均身高，在单元格范围A2:E10中将"身高"（单元格D2）作为计算对象，指定搜索条件为单元格范围A15:B16，输入公式：=DAVERAGE(A2:E10,D2,A15:B16)。

### Tips

用DAVERAGE函数时，搜索条件的范围不可以为空白，其中至少需要包含一个数据名称，而数据名称下至少需要有一项搜索条件的单元格。另外，当搜索条件处于同一行时，彼此为AND关系；如果处于不同行时，则彼此为OR关系（可以参考P97的说明）。

## 34 计算范围内符合条件的数值平均值
### 统计公司男性和女性员工的平均体重

同样是求满足条件的平均值，AVERAGEIF函数不同于DAVERAGE函数，可以直接从范围内搜索符合条件的数据计算平均值，条件不需要用表格的方式呈现，但是一次只能指定一个搜索条件。

### ◉ 案例分析

在健康检查报告中，用AVERAGEIF函数计算公司所有男性和女性员工的平均体重。

指定"性别"的数据作为参考范围，单元格G3的"男"为搜索条件，计算符合条件的员工的平均体重

| | A | B | C | D | E | F | G | H | I |
|---|---|---|---|---|---|---|---|---|---|
| 1 | | | 员工健康检查报告 | | | | | | |
| 2 | 服务单位 | 员工姓名 | 性别 | 身高（cm） | 体重（kg） | | 员工的平均体重（kg） | | |
| 3 | 台北店 | Aileen | 女 | 170 | 60 | | 男 | 82 | |
| 4 | 高雄店 | Amber | 女 | 168 | 56 | | 女 | 55 | |
| 5 | 总公司 | Eva | 女 | 152 | 38 | | | | |
| 6 | 台北店 | Hazel | 女 | 155 | 65 | | | | |
| 7 | 总公司 | Javier | 男 | 174 | 80 | | | | |
| 8 | 总公司 | Jeff | 男 | 183 | 90 | | | | |
| 9 | 高雄店 | Jimmy | 男 | 172 | 76 | | | | |
| 10 | 台北店 | Joan | 女 | 164 | 56 | | | | |
| 11 | | | | | | | | | |
| 12 | | | | | | | | | |

通过拖曳的方式，复制单元格H3中的公式到单元格H4计算出女性员工的平均体重

### AVERAGEIF 函数
| 统计函数

说明：计算符合条件的范围内所有数值的平均值。

公式：AVERAGEIF(范围,搜索条件,平均范围)

参数：范围　　要进行评估的单元格范围。

　　　搜索条件　指定数值、条件式、单元格参照或字符串，如果是字符串或条件式，前后必须用引号（"）分隔。

　　　平均范围　实际计算平均值的单元格范围。

## 操作说明

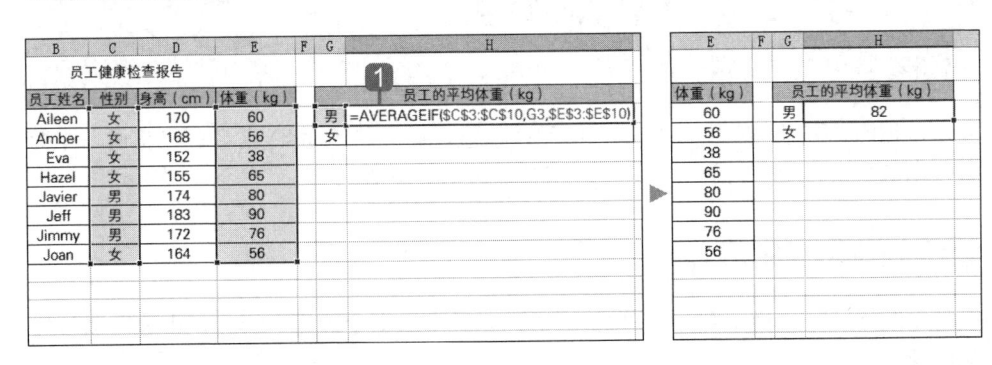

| B | C | D | E | F | G | H |
|---|---|---|---|---|---|---|
| 员工健康检查报告 | | | | | | |
| 员工姓名 | 性别 | 身高（cm） | 体重（kg） | | 员工的平均体重（kg） | |
| Aileen | 女 | 170 | 60 | | 男 | =AVERAGEIF($C$3:$C$10,G3,$E$3:$E$10) |
| Amber | 女 | 168 | 56 | | 女 | |
| Eva | 女 | 152 | 38 | | | |
| Hazel | 女 | 155 | 65 | | | |
| Javier | 男 | 174 | 80 | | | |
| Jeff | 男 | 183 | 90 | | | |
| Jimmy | 男 | 172 | 76 | | | |
| Joan | 女 | 164 | 56 | | | |

| E | F | G | H |
|---|---|---|---|
| 体重（kg） | | 员工的平均体重（kg） | |
| 60 | | 男 | 82 |
| 56 | | 女 | |
| 38 | | | |
| 65 | | | |
| 80 | | | |
| 90 | | | |
| 76 | | | |
| 56 | | | |

**1** 在单元格H3中使用AVERAGEIF函数统计男性员工的平均体重，先以"性别"数据作为整体数据范围（单元格C3:C10），指定搜索条件为单元格G3，再以"体重"数据作为整体数据范围（单元格E3:E10），输入公式：
=AVERAGEIF($C$3:$C$10,G3,$E$3:$E$10)。

下个步骤要复制这个公式，所以使用绝对参照指定"性别"和"体重"的单元格范围

| B | C | D | E | F | G | H | I |
|---|---|---|---|---|---|---|---|
| 员工健康检查报告 | | | | | | | |
| 员工姓名 | 性别 | 身高（cm） | 体重（kg） | | 员工的平均体重（kg） | | |
| Aileen | 女 | 170 | 60 | | 男 | 82 | |
| Amber | 女 | 168 | 56 | | 女 | | |
| Eva | 女 | 152 | 38 | | | | |
| Hazel | 女 | 155 | 65 | | | | |
| Javier | 男 | 174 | 80 | | | | |
| Jeff | 男 | 183 | 90 | | | | |
| Jimmy | 男 | 172 | 76 | | | | |
| Joan | 女 | 164 | 56 | | | | |

| E | F | G | H | I |
|---|---|---|---|---|
| 体重（kg） | | 员工的平均体重（kg） | | |
| 60 | | 男 | 82 | |
| 56 | | 女 | 55 | |
| 38 | | | | |
| 65 | | | | |
| 80 | | | | |
| 90 | | | | |
| 76 | | | | |
| 56 | | | | |

**2** 在单元格H3中按住右下角的"填充控点"往下拖曳，至单元格H4放开鼠标左键，完成女性员工平均体重的计算，产生的公式：
=AVERAGEIF($C$3:$C$10,G4,$E$3:$E$10)。

## 35 求最大值和最小值
### 计算基金最高和最低绩效值

面对数据时常需要搜索其中的最大值和最小值，这时使用MAX函数可以获得一组数值中的最大值，MIN函数可以获得一组数值中的最小值。

### ● 案例分析

在基金绩效表中，用MAX函数和MIN函数获得十笔基金数据在近一年中最高和最低的绩效值。

| | A | B | C | D | E | F |
|---|---|---|---|---|---|---|
| 1 | 基金绩效表 | | | | 净值日期 | 2月28日 |
| 2 | 基金名称 | 净值 | 币别 | 近三个月的绩效 | 近六个月的绩效 | 近一年的绩效 |
| 3 | 天然资源 | 46.35 | 美元 | 4.32% | 2.68% | 14.55% |
| 4 | 生物科技 | 4.7 | 美元 | 2.26% | 6.71% | 5.44% |
| 5 | 石油煤能源 | 20.83 | 美元 | 0.06% | 3.86% | 0.82% |
| 6 | 金融产业 | 29.73 | 美元 | 2.52% | 6.75% | 13.18% |
| 7 | 消费性产品 | 22.81 | 美元 | 1.64% | 12.25% | 6.08% |
| 8 | 基础建设 | 59.92 | 美元 | 7.45% | 2.47% | 22.28% |
| 9 | 黄金贵金属 | 179.81 | 美元 | 2.14% | 28.41% | 6.04% |
| 10 | 信息科技 | 89.02 | 美元 | 11.74% | 1.20% | 12.26% |
| 11 | 医疗产业 | 25.58 | 美元 | 3.88% | 16.22% | 27.62% |
| 12 | 亚洲成长基金 | 8.41 | 美元 | 7% | 17.62% | 25.15% |
| 13 | | | | | | |
| 14 | | | | | 高绩效 | 27.62% |
| 15 | | | | | 低绩效 | 0.82% |

用MAX函数获得基金数据近一年中绩效的最大值

用MIN函数获得基金数据近一年中绩效的最小值

---

**MAX 函数** | 统计函数

说明：传回一组数值中的最大值。

公式：MAX(数值1,数值2,...)

参数：数值　数值、参照单元格、单元格范围。

---

**MIN 函数** | 统计函数

说明：传回一组数值中的最小值。

公式：MIN(数值1,数值2,...)

参数：数值　数值、参照单元格、单元格范围。

## 操作说明

| | A | B | C | D | E | F |
|---|---|---|---|---|---|---|
| 1 | 基金绩效表 | | | | 净值日期: | 2月28日 |
| 2 | 基金名称 | 净值 | 币别 | 近三个月的绩效 | 近六个月的绩效 | 近一年的绩效 |
| 3 | 天然资源 | 46.35 | 美元 | 4.32% | 2.68% | 14.55% |
| 4 | 生物科技 | 4.7 | 美元 | 2.26% | 6.71% | 5.44% |
| 5 | 石油煤能源 | 20.83 | 美元 | 0.06% | 3.86% | 0.82% |
| 6 | 金融产业 | 29.73 | 美元 | 2.52% | 6.75% | 13.18% |
| 7 | 消费性产品 | 22.81 | 美元 | 1.64% | 12.25% | 6.08% |
| 8 | 基础建设 | 59.92 | 美元 | 7.45% | 2.47% | 22.28% |
| 9 | 黄金贵金属 | 179.87 | 美元 | 2.14% | 28.41% | 6.04% |
| 10 | 信息科技 | 89.02 | 美元 | 11.74% | 1.20% | 12.26% |
| 11 | 医疗产业 | 25.58 | 美元 | 3.88% | 16.22% | 27.62% |
| 12 | 亚洲成长基金 | 8.41 | 美元 | 7% | 17.62% | 25.15% |
| 13 | | | | | | |
| 14 | | | | | 高绩效 | =MAX(F3:F12) |
| 15 | | | | | 低绩效 | |

①

❶ 在单元格F14中计算单元格范围F3:F12中近一年的绩效中的最大值，输入公式：=MAX(F3:F12)。

| | A | B | C | D | E | F |
|---|---|---|---|---|---|---|
| 1 | 基金绩效表 | | | | 净值日期: | 2月28日 |
| 2 | 基金名称 | 净值 | 币别 | 近三个月的绩效 | 近六个月的绩效 | 近一年的绩效 |
| 3 | 天然资源 | 46.35 | 美元 | 4.32% | 2.68% | 14.55% |
| 4 | 生物科技 | 4.7 | 美元 | 2.26% | 6.71% | 5.44% |
| 5 | 石油煤能源 | 20.83 | 美元 | 0.06% | 3.86% | 0.82% |
| 6 | 金融产业 | 29.73 | 美元 | 2.52% | 6.75% | 13.18% |
| 7 | 消费性产品 | 22.81 | 美元 | 1.64% | 12.25% | 6.08% |
| 8 | 基础建设 | 59.92 | 美元 | 7.45% | 2.47% | 22.28% |
| 9 | 黄金贵金属 | 179.87 | 美元 | 2.14% | 28.41% | 6.04% |
| 10 | 信息科技 | 89.02 | 美元 | 11.74% | 1.20% | 12.26% |
| 11 | 医疗产业 | 25.58 | 美元 | 3.88% | 16.22% | 27.62% |
| 12 | 亚洲成长基金 | 8.41 | 美元 | 7% | 17.62% | 25.15% |
| 13 | | | | | | |
| 14 | | | | | 高绩效 | 27.62% |
| 15 | | | | | 低绩效 | =MIN(F3:F12) |

②

❷ 在单元格F15中计算单元格范围F3:F12中近一年的绩效中的最小值，输入公式：=MIN(F3:F12)。

> **Tips**
>
> MAX函数和MIN函数，其中的数值参数如果不相邻时，必须用","或":"分隔，指定正确的单元格或单元格范围。另外，空白单元格并不代表数值0，如果数值是0，一定要输入0。

## 36 计算中位数和众数
**通过年资统计公司人员分布的中位数和众数**

中位数和众数是统计学中最常使用的统计量，而使用MEDIAN和MODE函数进行计算，就可以轻松分析数据的集中趋势。

### ▶ 案例分析

在员工年资记录表中，使用MEDIAN函数获得年资的中位数，使用MODE函数统计年资数据中出现频率最多的值。

| | A | B | C | D | E | F | G |
|---|---|---|---|---|---|---|---|
| 1 | 员工年资记录表 | | | | | | |
| 2 | 员工姓名 | 性别 | 年资（年） | | 员工年资（年） | | |
| 3 | Aileen | 女 | 5 | | 中位数 | 5.5 | |
| 4 | Amber | 女 | 9 | | 众数 | 6 | |
| 5 | Eva | 女 | 11 | | | | |
| 6 | Hazel | 女 | 6 | | | | |
| 7 | Javier | 男 | 6 | | | | |
| 8 | Jeff | 男 | 4 | | | | |
| 9 | Jimmy | 男 | 1 | | | | |
| 10 | Joan | 女 | 3 | | | | |

使用MEDIAN函数时，会以"年资"数据进行分析，由小到大排序为1、3、4、5、6、6、9、11，由于数据的个数是偶数（共有8个数据），所以计算方式为：取中间的两个值5和6加起来之后计算平均值，得到的数值即这组数据的中位数

用MODE函数统计"年资"中出现次数最多的数值

---

### MEDIAN 函数　　　　　　　　　　　　　　　　　　　　｜统计函数

**说明：** 自动从小到大排序后，传回这组数值位于中间的值。个数为偶数时，是中间两个数加总后的平均值；个数为奇数时，即排列中最中间的值。

**公式：** MEDIAN(数值1,数值2,...)

**参数：** 数值　数值、参照单元格、单元格范围，当值为字符串、空白单元格或逻辑值时会被忽略。

---

### MODE 函数　　　　　　　　　　　　　　　　　　　　｜统计函数

**说明：** 传回一组数值中最常出现的数值。

**公式：** MODE(数值1,数值2,...)

**参数：** 数值　数值、参照单元格、单元格范围，当值为字符串、空白单元格或逻辑值时会被忽略。

## 操作说明

| | A | B | C | D | E | F |
|---|---|---|---|---|---|---|
| 1 | 员工年资记录表 | | | | | |
| 2 | 员工姓名 | 性别 | 年资（年） | | 员工年资（年） | |
| 3 | Aileen | 女 | 5 | | 中位数 | =MEDIAN(C3:C10) |
| 4 | Amber | 女 | 9 | | 众数 | |
| 5 | Eva | 女 | 11 | | | |
| 6 | Hazel | 女 | 6 | | | |
| 7 | Javier | 男 | 6 | | | |
| 8 | Jeff | 男 | 4 | | | |
| 9 | Jimmy | 男 | 1 | | | |
| 10 | Joan | 女 | 3 | | | |

| D | E | F |
|---|---|---|
| | 员工年资（年） | |
| | 中位数 | 5.5 |
| | 众数 | |

**1** 在单元格F3中计算单元格范围C3:C10中公司员工年资的中位数，输入公式：=MEDIAN(C3:C10)。

| | A | B | C | D | E | F |
|---|---|---|---|---|---|---|
| 1 | 员工年资记录表 | | | | | |
| 2 | 员工姓名 | 性别 | 年资（年） | | 员工年资（年） | |
| 3 | Aileen | 女 | 5 | | 中位数 | 5.5 |
| 4 | Amber | 女 | 9 | | 众数 | =MODE(C3:C10) |
| 5 | Eva | 女 | 11 | | | |
| 6 | Hazel | 女 | 6 | | | |
| 7 | Javier | 男 | 6 | | | |
| 8 | Jeff | 男 | 4 | | | |
| 9 | Jimmy | 男 | 1 | | | |
| 10 | Joan | 女 | 3 | | | |

| D | E | F |
|---|---|---|
| | 员工年资（年） | |
| | 中位数 | 5.5 |
| | 众数 | 6 |

**2** 在单元格F4中计算单元格范围C3:C10中公司员工年资的众数，输入公式：=MODE(C3:C10)。

### Tips

一组数值中，MEDIAN函数计算出来的中位数有一半的数值会比它大，而另一半的数值会比它小。在计算时除了把一组数值按照从小到大的顺序排列外，如果这组数值的个数是奇数，中位数就是这组数值位于中间的值；如果这组数值的个数是偶数，中位数就是这组数值中间两个值加总之后的平均值。

另外，使用MODE函数计算时，如果求得的众数有两个以上时，则以最先出现在数据表中的数值为结果值。

## 37 求前几名的值

统计公司各项支出前两名的品种和金额

无论是考试还是各类比赛等，常会根据分数统计出前三名的结果。这时只要使用LARGE和LOOKUP函数，就可以快速求得需要的值。

### ● 案例分析

在公司各项支出数据中，以"第一季支出"数据作为统计基准，先使用LARGE函数求得支出前两名"第一季支出"的金额，再使用LOOKUP函数找出相对应的项目名称。

指定"第一季支出"的数据作为参考范围，指定"排名"为1，求得第一名的支出金额

| | A | B | C | D | E | F | G | H | I |
|---|---|---|---|---|---|---|---|---|---|
| 1 | 公司各项支出 | | | | | | | | |
| 2 | 项目名称 | 一月 | 二月 | 三月 | 第一季支出 | | 第一季中支出金额最高的两个项目 | | |
| 3 | 清洁用品 | 200 | 120 | 54 | 374 | | 排名 | 第一季支出 | 项目名称 |
| 4 | 其他支出 | 340 | 290 | 560 | 1,190 | | 1 | 10,070 | 差旅费用 |
| 5 | 办公设备 | 2090 | 800 | 530 | 3,420 | | 2 | 7,209 | 邮寄费用 |
| 6 | 公关费用 | 1300 | 500 | 2000 | 3,800 | | | | |
| 7 | 书籍杂志 | 1035 | 890 | 2560 | 4,485 | | | | |
| 8 | 文具用品 | 660 | 2100 | 2000 | 4,760 | | | | |
| 9 | 硬件机器 | 3000 | 2100 | 900 | 6,000 | | | | |
| 10 | 餐饮费用 | 2800 | 460 | 3800 | 7,060 | | | | |
| 11 | 邮寄费用 | 1000 | 2399 | 3810 | 7,209 | | | | |
| 12 | 差旅费用 | 4590 | 4580 | 900 | 10,070 | | | | |
| 13 | | | | | | | | | |

以求得第一名的支出金额作为依据，回到左侧"公司各项支出"表的"第一季支出"列中搜索到该金额，获取该金额"项目名称"中对应的名称传回右表中

### LARGE 函数

| 统计函数

说明：求得范围中指定排在第几位的值（由大到小排序）。

公式：LARGE(范围,等级)

参数：<u>范围</u>　作为计算的数组或单元格范围。

<u>等级</u>　范围中从最大的值算起，最大值的等级为1。等级可以直接输入1、2等数值，但不可以超过原有数据的个数。

## LOOKUP 函数

说明：从搜索范围搜索指定的值，再从对应范围传回其对应的值。

公式：LOOKUP(搜索值,搜索范围,对应范围)

参数：搜索值　　设定要搜索的值。

　　　搜索范围　单一行或单一列的单元格范围。

　　　对应范围　相对应且一样大小的单一行或单一列的单元格范围。

### ● 操作说明

**1** 在单元格H4中求得"第一季支出"最高的金额，使用LARGE函数以"第一季支出"数据作为整体数据范围（E3:E12），再指定排名为单元格G4，输入公式：=LARGE($E$3:$E$12,G4)。

下个步骤要复制这个公式，所以使用绝对参照指定"第一季支出"的单元格范围

**2** 在单元格H4中按住右下角的"填充控点"往下拖曳，至单元格H5再放开鼠标左键，求得"第一季支出"第二高的金额。

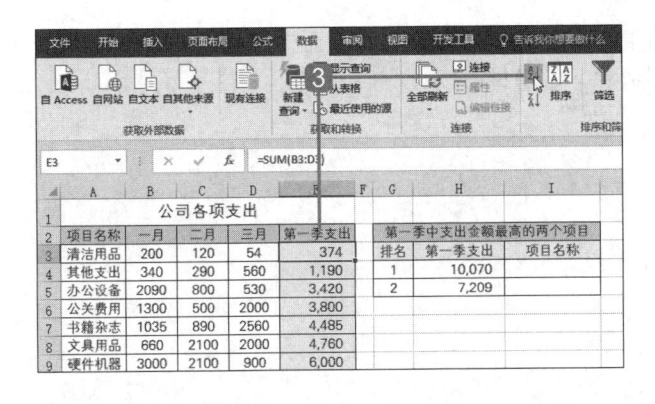

**3** 接下来要用的LOOKUP函数中"搜索范围"参数必须是"递增"排序。因此选取单元格E3，在"数据"工具栏中单击"升序"按钮，让整个数据根据"第一季支出"的金额从小到大递增排序。

| | A | B | C | D | E | F | G | H | I | J |
|---|---|---|---|---|---|---|---|---|---|---|
| 1 | | | 公司各项支出 | | | | | | | |
| 2 | 项目名称 | 一月 | 二月 | 三月 | 第一季支出 | | \multicolumn{3}{c}{第一季中支出金额最高的两个项目} | |
| 3 | 清洁用品 | 200 | 120 | 54 | 374 | | 排名 | 第一季支出 | 项目名称 | |
| 4 | 其他支出 | 340 | 290 | 560 | 1,190 | | 1 | 10,070 | =LOOKUP(H4,$E$3:$E$12,$A$3:$A$12) | |
| 5 | 办公设备 | 2090 | 800 | 530 | 3,420 | | 2 | 7,209 | | |
| 6 | 公关费用 | 1300 | 500 | 2000 | 3,800 | | | | | |
| 7 | 书籍杂志 | 1035 | 890 | 2560 | 4,485 | | | | | |
| 8 | 文具用品 | 660 | 2100 | 2000 | 4,760 | | | | | |
| 9 | 硬件机器 | 3000 | 2100 | 900 | 6,000 | | | | | |
| 10 | 餐饮费用 | 2800 | 460 | 3800 | 7,060 | | | | | |
| 11 | 邮寄费用 | 1000 | 2399 | 3810 | 7,209 | | | | | |
| 12 | 差旅费用 | 4590 | 4580 | 900 | 10,070 | | | | | |

**4** 在单元格I4中求得"第一季支出"排名第一的项目名称，用LOOKUP函数以支出排名第一的金额作为搜索值（单元格H4），"第一季支出"数据作为搜索范围（E3:E12），"项目名称"数据作为对应范围（A3:A12），输入公式：
=LOOKUP(H4,$E$3:$E$12,$A$3:$A$12)

下个步骤要复制这个公式，所以使用绝对参照指定搜索范围和对应范围

| | A | B | C | D | E | F | G | H | I | J |
|---|---|---|---|---|---|---|---|---|---|---|
| 1 | | | 公司各项支出 | | | | | | | |
| 2 | 项目名称 | 一月 | 二月 | 三月 | 第一季支出 | | \multicolumn{3}{c}{第一季中支出金额最高的两个项目} | |
| 3 | 清洁用品 | 200 | 120 | 54 | 374 | | 排名 | 第一季支出 | 项目名称 | |
| 4 | 其他支出 | 340 | 290 | 560 | 1,190 | | 1 | 10,070 | 差旅费用 | |
| 5 | 办公设备 | 2090 | 800 | 530 | 3,420 | | 2 | 7,209 | 邮寄费用 | |
| 6 | 公关费用 | 1300 | 500 | 2000 | 3,800 | | | | | |
| 7 | 书籍杂志 | 1035 | 890 | 2560 | 4,485 | | | | | |
| 8 | 文具用品 | 660 | 2100 | 2000 | 4,760 | | | | | |
| 9 | 硬件机器 | 3000 | 2100 | 900 | 6,000 | | | | | |
| 10 | 餐饮费用 | 2800 | 460 | 3800 | 7,060 | | | | | |
| 11 | 邮寄费用 | 1000 | 2399 | 3810 | 7,209 | | | | | |
| 12 | 差旅费用 | 4590 | 4580 | 900 | 10,070 | | | | | |

**5** 在单元格I4中按住右下角的"填充控点"往下拖曳，至单元格I5再放开鼠标左键，求得"第一季支出"排名第二的项目名称。

## 38 求后几名的值

统计公司各项支出倒数两名的品种和金额

除了统计前三名，有时也需要统计后几名的结果，这时使用SMALL函数和LOOKUP函数就可以快速求得需要的值。

### 案例分析

在公司各项支出数据中，以"第一季支出"作为统计基准，先使用SMALL函数取得支出最少的两个金额，再使用LOOKUP函数找出相对应的项目名称。

指定"第一季支出"的数据作为参考范围，指定"倒数排名"为1，求得倒数第一名，也就是支出最少的金额

| | A | B | C | D | E | F | G | H | I | J |
|---|---|---|---|---|---|---|---|---|---|---|
| 1 | | 公司各项支出 | | | | | 第一季中支出金额最低的两个项目 | | | |
| 2 | 项目名称 | 一月 | 二月 | 三月 | 第一季支出 | | 倒数排名 | 第一季支出 | 项目名称 | |
| 3 | 清洁用品 | 200 | 120 | 54 | 374 | | 1 | 374 | 清洁用品 | |
| 4 | 其他支出 | 340 | 290 | 560 | 1,190 | | 2 | 1,190 | 其他支出 | |
| 5 | 办公设备 | 2090 | 800 | 530 | 3,420 | | | | | |
| 6 | 公关费用 | 1300 | 500 | 2000 | 3,800 | | | | | |
| 7 | 书籍杂志 | 1035 | 890 | 2560 | 4,485 | | | | | |
| 8 | 文具用品 | 660 | 2100 | 2000 | 4,760 | | | | | |
| 9 | 硬件机器 | 3000 | 2100 | 900 | 6,000 | | | | | |
| 10 | 餐饮费用 | 2800 | 460 | 3800 | 7,060 | | | | | |
| 11 | 邮寄费用 | 1000 | 2399 | 3810 | 7,209 | | | | | |
| 12 | 差旅费用 | 4590 | 4580 | 900 | 10,070 | | | | | |
| 13 | | | | | | | | | | |
| 14 | | | | | | | | | | |

以求得的倒数第一名的支出金额作为依据，回到左侧"公司各项支出"表的"第一季支出"列中搜索到该金额，获取该金额"项目名称"中对应的名称传回右表中

---

**SMALL 函数** | 统计函数

说明： 求得范围中指定排在第几位的值（由小到大排序）。

公式： SMALL(范围,等级)

参数： 范围　作为计算的数组或单元格范围。

　　　 等级　范围中从最小的值算起，最小值的等级为1。等级可以直接输入1、2等数值，但不可以超过原有数据的个数。

## LOOKUP 函数

| 查找和引用函数

说明：从搜索范围搜索指定的值，再从对应范围传回其对应的值。

公式：LOOKUP(搜索值,搜索范围,对应范围)

参数：搜索值　　设定要搜索的值。

　　　搜索范围　单一行或单一列的单元格范围。

　　　对应范围　相对应且一样大小的单一行或单一列的单元格范围。

### ● 操作说明

① 在单元格H4中求得"第一季支出"最少的金额，使用SMALL函数以"第一季支出"数据作为整体数据范围（E3:E12），再指定"倒数排名"为单元格G4，输入公式：=SMALL($E$3:$E$12,G4)。

下个步骤要复制这个公式，所以使用绝对参照指定"第一季支出"的单元格范围

② 在单元格H4中按住右下角的"填充控点"往下拖曳，至单元格H5再放开鼠标左键，求得"第一季支出"排名倒数第二的金额。

③ 接下来要用的LOOKUP函数中"搜索范围"参数的范围必须是"递增"排序。因此选取单元格E3，在"数据"工具栏中单击"升序"按钮，让整个数据根据第一季支出的金额从小到大递增排序。

|   | A | B | C | D | E | F | G | H | I |
|---|---|---|---|---|---|---|---|---|---|
| 1 |   |   | 公司各项支出 |   |   |   | 第一季中支出金额最低的两个项目 |   |   |
| 2 | 项目名称 | 一月 | 二月 | 三月 | 第一季支出 |   | 倒数排名 | 第一季支出 | 项目名称 |
| 3 | 清洁用品 | 200 | 120 | 54 | 374 |   | 1 | 374 | =LOOKUP(H4,$E$3:$E$12,$A$3:$A$12) |
| 4 | 其他支出 | 340 | 290 | 560 | 1,190 |   | 2 | 1,190 |   |
| 5 | 办公设备 | 2090 | 800 | 530 | 3,420 |   |   |   |   |
| 6 | 公关费用 | 1300 | 500 | 2000 | 3,800 |   |   |   |   |
| 7 | 书籍杂志 | 1035 | 890 | 2560 | 4,485 |   |   |   |   |
| 8 | 文具用品 | 660 | 2100 | 2000 | 4,760 |   |   |   |   |
| 9 | 硬件机器 | 3000 | 2100 | 900 | 6,000 |   |   |   |   |
| 10 | 餐饮费用 | 2800 | 460 | 3800 | 7,060 |   |   |   |   |
| 11 | 邮寄费用 | 1000 | 2399 | 3810 | 7,209 |   |   |   |   |
| 12 | 差旅费用 | 4590 | 4580 | 900 | 10,070 |   |   |   |   |

**4** 在单元格I4中求得"第一季支出"金额最少的项目名称，使用LOOKUP函数以"第一季支出"排名倒数第一的金额为搜索值（单元格H4），"第一季支出"数据为搜索范围（E3:E12），"项目名称"为对应范围（A3:A12），输入公式：
=LOOKUP(H4,$E$3:$E$12,$A$3:$A$12)

下个步骤要复制这个公式，所以使用绝对参照指定搜索范围和对应范围

|   | A | B | C | D | E | F | G | H | I | J | K |
|---|---|---|---|---|---|---|---|---|---|---|---|
| 1 |   |   | 公司各项支出 |   |   |   | 第一季中支出金额最低的两个项目 |   |   |   |   |
| 2 | 项目名称 | 一月 | 二月 | 三月 | 第一季支出 |   | 倒数排名 | 第一季支出 | 项目名称 |   |   |
| 3 | 清洁用品 | 200 | 120 | 54 | 374 |   | 1 | 374 | 清洁用品 |   |   |
| 4 | 其他支出 | 340 | 290 | 560 | 1,190 |   | 2 | 1,190 | 其他支出 |   |   |
| 5 | 办公设备 | 2090 | 800 | 530 | 3,420 |   |   |   |   |   |   |
| 6 | 公关费用 | 1300 | 500 | 2000 | 3,800 |   |   |   |   |   |   |
| 7 | 书籍杂志 | 1035 | 890 | 2560 | 4,485 |   |   |   |   |   |   |
| 8 | 文具用品 | 660 | 2100 | 2000 | 4,760 |   |   |   |   |   |   |
| 9 | 硬件机器 | 3000 | 2100 | 900 | 6,000 |   |   |   |   |   |   |
| 10 | 餐饮费用 | 2800 | 460 | 3800 | 7,060 |   |   |   |   |   |   |
| 11 | 邮寄费用 | 1000 | 2399 | 3810 | 7,209 |   |   |   |   |   |   |
| 12 | 差旅费用 | 4590 | 4580 | 900 | 10,070 |   |   |   |   |   |   |

**5** 在单元格I4中按住右下角的"填充控点"往下拖曳，至单元格I5再放开鼠标左键，求得"第一季支出"排名倒数第二的项目名称。

## 39 计算指定数据的顺序值
统计公司一月至三月各项支出的排名

使用RANK.EQ函数可以针对指定的数据进行排序，无论指定数值由大到小还是由小到大都可以。

### ▶ 案例分析

在公司各项支出中，先针对每项支出进行"一月"至"三月"的费用加总，接着再以"总计"列中的值使用RANK.EQ函数计算出每项支出的排名情况。

| | A | B | C | D | E | F | G |
|---|---|---|---|---|---|---|---|
| 1 | | | 公司各项支出 | | | | |
| 2 | 支出排名 | 项目名称 | 一月 | 二月 | 三月 | 总计 | |
| 3 | 1 | 差旅费用 | 4590 | 4580 | 900 | 10070 | |
| 4 | 2 | 邮寄费用 | 1000 | 2399 | 3810 | 7209 | |
| 5 | 3 | 餐饮费用 | 2800 | 460 | 3800 | 7060 | |
| 6 | 4 | 硬件机器 | 3000 | 2100 | 900 | 6000 | |
| 7 | 5 | 文具用品 | 660 | 2100 | 2000 | 4760 | |
| 8 | 6 | 书籍杂志 | 1035 | 890 | 2560 | 4485 | |
| 9 | 7 | 公关费用 | 1300 | 500 | 2000 | 3800 | |
| 10 | 8 | 办公设备 | 2090 | 800 | 530 | 3420 | |
| 11 | 9 | 其他支出 | 340 | 290 | 560 | 1190 | |
| 12 | 10 | 清洁用品 | 200 | 120 | 54 | 374 | |

"总计"是用SUM函数加总各个月份的支出

用RANK.EQ函数先指定第一项"差旅费用"的"总计"值为要排序的数据，再指定整个"总计"列作为参考范围，求出各项支出的"支出排名"

通过拖曳的方式复制单元格A3的公式，计算出其他各项支出的"支出排名"，最后将求得的"支出排名"递增排序，让全部数据从第一名到第十名进行显示

---

### SUM 函数　　　　　　　　　　　　　　　　| 数学和三角函数

说明： 求得指定单元格范围内所有数值的总和。

公式： SUM(范围1,范围2,...)

参数： 范围　若为连续单元格进行加总，可以用冒号"："指定起始和结束单元格；若要加总不相邻单元格内的数值，则用逗号","分隔。

## RANK.EQ 函数

| 统计函数

说明：计算指定数值在范围内的排名顺序。

公式：RANK.EQ(数值,范围,排序)

参数：**数值**　指定需要排序的数值。

　　　**范围**　作为计算的数组或单元格范围。

　　　**排序**　指定排序的方法，省略或输入0为由大到小的递减排序；输入1为由小到大的递增排序。

### ▶ 操作说明

| | A | B | C | D | E | F | G |
|---|---|---|---|---|---|---|---|
| 1 | | | 公司各项支出 | | | | |
| 2 | 支出排名 | 项目名称 | 一月 | 二月 | 三月 | 总计 | |
| 3 | | 书籍杂志 | 1035 | 890 | 2560 | =SUM(C3:E3) | |
| 4 | | 文具用品 | 660 | 2100 | 2000 | | |
| 5 | | 清洁用品 | 200 | 120 | 54 | | |
| 6 | | 办公设备 | 2090 | 800 | 530 | | |
| 7 | | 硬件机器 | 3000 | 2100 | 900 | | |
| 8 | | 邮寄费用 | 1000 | 2399 | 3810 | | |
| 9 | | 差旅费用 | 4590 | 4580 | 900 | | |

输入"=C3+D3+E3"也可以求得相同的值

**1** 在单元格F3中加总该项目三个月的支出，输入公式：=SUM(C3:E3)。

| | A | B | C | D | E | F | G |
|---|---|---|---|---|---|---|---|
| 1 | | | 公司各项支出 | | | | |
| 2 | 支出排名 | 项目名称 | 一月 | 二月 | 三月 | 总计 | |
| 3 | | 书籍杂志 | 1035 | 890 | 2560 | 4485 | |
| 4 | | 文具用品 | 660 | 2100 | 2000 | | |
| 5 | | 清洁用品 | 200 | 120 | 54 | | |
| 6 | | 办公设备 | 2090 | 800 | 530 | | |
| 7 | | 硬件机器 | 3000 | 2100 | 900 | | |
| 8 | | 邮寄费用 | 1000 | 2399 | 3810 | | |
| 9 | | 差旅费用 | 4590 | 4580 | 900 | | |
| 10 | | 餐饮费用 | 2800 | 460 | 3800 | | |
| 11 | | 公关费用 | 1300 | 500 | 2000 | | |
| 12 | | 其他支出 | 340 | 290 | 560 | | |

▶

| B | C | D | E | F |
|---|---|---|---|---|
| | 公司各项支出 | | | |
| 目名称 | 一月 | 二月 | 三月 | 总计 |
| 籍杂志 | 1035 | 890 | 2560 | 4485 |
| 具用品 | 660 | 2100 | 2000 | 4760 |
| 洁用品 | 200 | 120 | 54 | 374 |
| 公设备 | 2090 | 800 | 530 | 3420 |
| 件机器 | 3000 | 2100 | 900 | 6000 |
| 寄费用 | 1000 | 2399 | 3810 | 7209 |
| 旅费用 | 4590 | 4580 | 900 | 10070 |
| 饮费用 | 2800 | 460 | 3800 | 7060 |
| 关费用 | 1300 | 500 | 2000 | 3800 |
| 他支出 | 340 | 290 | 560 | 1190 |

**2** 在单元格F3中按住右下角的"填充控点"往下拖曳，至最后一项再放开鼠标左键，可以快速完成其他项目的统计。

3 在单元格A3中使用RANK.EQ函数统计以"总计"列中的值进行排序,先指定要排序的数值(单元格F3),再以"总计"数据作为整体数据范围(F3:F12),输入公式:=RANK(F3,$F$3:$F$12)。

下个步骤要复制这个公式,所以使用绝对参照指定"总计"的单元格范围

4 在单元格A3中按住右下角的"填充控点"往下拖曳,至最后一项再放开鼠标左键,可以快速完成其他项目的支出排名。

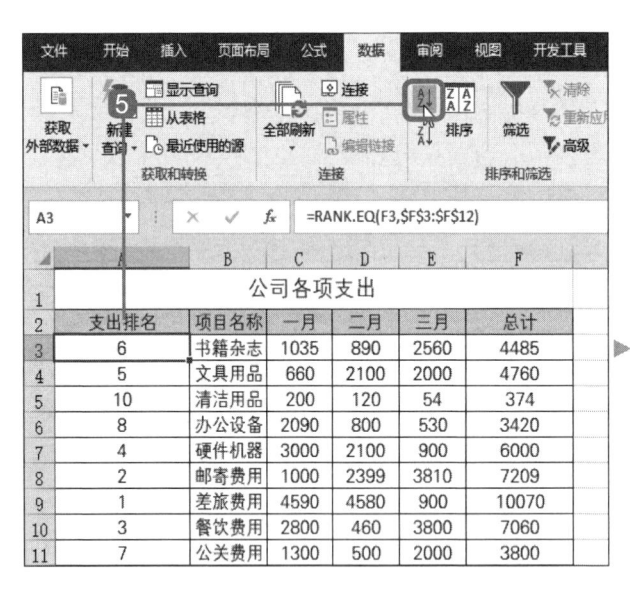

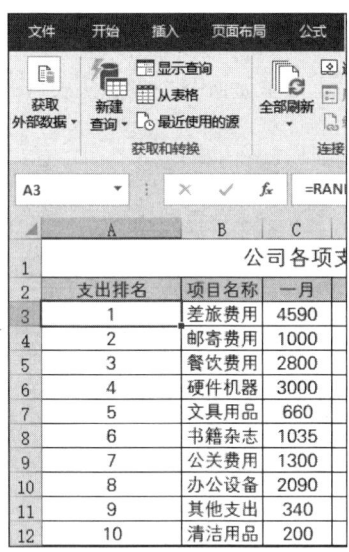

5 最后选取单元格A3,在"数据"工具栏中单击"升序"按钮,让全部数据从第一名到第十名进行显示。

# Part 4
# 取得需要的数据并显示

面对手头上数据量众多的数据表，如人数统计表、绩效考核表、进货单、员工名册、选课单、费用表等，使用函数可以快速从多笔数据中取得符合条件的数据，还可以搜索需要的数据进行计算或标注符号，不但省时方便，而且能更有效地使用这些数据。

## 40 根据条件判断需要显示的三种结果
### 在数据表中比较去年和今年的人数

Excel函数中的IF函数是经常被使用的,不只可以判断"条件成立"和"条件不成立"两个结果下的动作。如果写成嵌套式的IF公式,还可以判断更多的状况并让看似简单的逻辑判断函数拥有更多的变化。

### ● 案例分析

在"国民旅游人数统计表"中,要根据2013年和2014年统计的人数进行比较,并传回三种结果。2014年的人数大于2013年时显示"↑",小于2013年时显示"↓",两年人数相同时则显示"-"。

| | A | B | C | D | E | F |
|---|---|---|---|---|---|---|
| 1 | | | 国民旅游人数统计表 | | | |
| 2 | | | | | | |
| 3 | 国家(或地区) | 2013年 | 2014年 | 增减情况 | | |
| 4 | 欧洲 | 2,846,572 | 2,739,055 | ↓ | | |
| 5 | 日本 | 1,136,394 | 136,300 | ↓ | | |
| 6 | 韩国 | 723,266 | 822,729 | ↑ | | |
| 7 | 马来西亚 | 207,808 | 241,893 | ↑ | | |
| 8 | 新加坡 | 193,170 | 193,170 | - | | |
| 9 | 香港 | 2,156,760 | 2,021,212 | ↓ | | |

以2013年和2014年统计的人数进行比较,再将比较结果显示于"增减情况"列中

### IF 函数 | 逻辑函数

**说明:** 一个判断式,可以根据条件判断的结果分别处理。假设单元格的值检验为TRUE(真)时,执行条件成立时的命令;反之,单元格的值检验为FALSE(假)时,则执行条件不成立时的命令。

**公式:** IF(条件,条件成立,条件不成立)

**参数:** 
条件　　　使用比较运算符的逻辑式设定条件判断式。
条件成立　若符合条件时的处理方式或显示的值。
条件不成立　若不符合条件时的处理方式或显示的值。

## 操作说明

| | A | B | C | D | E |
|---|---|---|---|---|---|
| 1 | | | 国民旅游人数统计表 | | |
| 2 | | | | | |
| 3 | 国家（或地区） | 2013年 | 2014年 | 增减情况 | |
| 4 | 欧洲 | 2,846,572 | 2,739,055 | =IF(C4>B4,"↑",IF(C4<B4,"↓","–")) | |
| 5 | 日本 | 1,136,394 | 136,300 | | |
| 6 | 韩国 | 723,266 | 822,729 | ❶ | |
| 7 | 马来西亚 | 207,808 | 241,893 | | |
| 8 | 新加坡 | 193,170 | 193,170 | | |
| 9 | 香港 | 2,156,760 | 2,021,212 | | |

❶ 在单元格D4中要使用巢状结构的两个IF函数，先以第一个IF函数判断当2014年人数统计的值大于2013年时显示"↑"，再以第二个IF函数判断当2014年人数统计的值小于2013年时显示"↓"，否则显示"–"，输入公式：

=IF(C4>B4,"↑",IF(C4<B4,"↓","–"))。

| | A | B | C | D | E |
|---|---|---|---|---|---|
| 1 | | | 国民旅游人数统计表 | | |
| 2 | | | | | |
| 3 | 国家（或地区） | 2013年 | 2014年 | 增减情况 | |
| 4 | 欧洲 | 2,846,572 | 2,739,055 | ↓ | |
| 5 | 日本 | 1,136,394 | 136,300 | ↓ | ❷ |
| 6 | 韩国 | 723,266 | 822,729 | ↑ | |
| 7 | 马来西亚 | 207,808 | 241,893 | ↑ | |
| 8 | 新加坡 | 193,170 | 193,170 | – | |
| 9 | 香港 | 2,156,760 | 2,021,212 | ↓ | |

❷ 在单元格D4中按住右下角的"填充控点"往下拖曳，至最后一个国家（或地区）再放开鼠标左键，可以快速完成所有国家（或地区）旅游人数的统计比较。

## 41 根据指定的值显示符号

考核表中用★号呈现评价分数

REPT函数可以显示指定的文字或符号,让数据表除了数字和文字,也可以通过图形符号来呈现数据。

### ● 案例分析

绩效考核表中,需要考核每位员工创新能力、语文能力、完成度这三个项目,接着在"评价合计"中加总三项的分数并用★号呈现评价分数。

|  | A | B | C | D | E | F | G | H |
|---|---|---|---|---|---|---|---|---|
| 1 |  |  |  | 员工绩效考核表 |  |  |  |  |
| 2 |  |  |  |  |  |  |  |  |
| 3 | 姓名 | 工作代号 | 部门 | 创新能力 | 语文能力 | 完成度 |  | 评价合计 |
| 4 | 陈淑贞 | A001 | 采购部 | 1 | 1 | 2 | 4 | ★★★★ |
| 5 | 杨廷德 | A002 | 业务部 | 2 | 1 | 3 | 6 | ★★★★★★ |
| 6 | 徐佳蓉 | A003 | 业务部 | 2 | 2 | 3 | 7 | ★★★★★★★ |
| 7 | 吴登合 | A004 | 人事部 | 1 | 2 | 2 | 5 | ★★★★★ |
| 8 | 陈启盈 | A005 | 采购部 | 2 | 1 | 1 | 4 | ★★★★ |
| 10 | **1=未达到绩效标准 | | 2=成功达到绩效标准 | | | 3=超过绩效标准 | | |

用SUM函数加总三个项目的分数 ……… 用REPT函数将加总后的值转变为★号呈现

---

**SUM 函数** | 数学和三角函数

说明: 求得指定单元格范围内所有数值的总和。

公式: SUM(范围1,范围2,...,范围30)

---

**REPT 函数** | 文本函数

说明: 以指定的次数复制并显示字符串内容。

公式: REPT(字符串,次数)

参数: 字符串 指定有字符串内容的单元格,当直接输入文字、符号时,需要用半角双引号(")将其括住,如果没有引号则会传回错误信息"#NAME?"。

次数 指定值或有数值数据的单元格,如果数值有小数位数时,预设会直接舍弃小数点以下的数值。

## 操作说明

|   | A | B | C | D | E | F | G | H |
|---|---|---|---|---|---|---|---|---|
| 1 |   |   |   | 员工绩效考核表 |   |   |   |   |
| 2 |   |   |   |   |   |   |   |   |
| 3 | 姓名 | 工作代号 | 部门 | 创新能力 | 语文能力 | 完成度 | 评价合计 |   |
| 4 | 陈淑贞 | A001 | 采购部 | 1 | 1 | 2 | =SUM(D4:F4) |   |
| 5 | 杨廷德 | A002 | 业务部 | 2 | 1 | 3 |   |   |
| 6 | 徐佳蓉 | A003 | 业务部 | 2 | 2 | 3 |   |   |
| 7 | 吴登合 | A004 | 人事部 | 1 | 2 | 2 |   |   |
| 8 | 陈启盈 | A005 | 采购部 | 2 | 1 | 1 |   |   |
| 9 |   |   |   |   |   |   |   |   |
| 10 | **1=未达到绩效标准 | | 2=成功达到绩效标准 | | 3=超过绩效标准 | | | |

**1** 在单元格G4中输入加总单元格D4、E4、F4的公式：=SUM(D4:F4)。

**2** 在单元格G4中按住右下角的"填充控点"往下拖曳，至最后一位员工再放开鼠标左键，可以快速完成所有员工"评价合计"的计算。

|   | A | B | C | D | E | F | G | H |
|---|---|---|---|---|---|---|---|---|
| 1 |   |   |   | 员工绩效考核表 |   |   |   |   |
| 2 |   |   |   |   |   |   |   |   |
| 3 | 姓名 | 工作代号 | 部门 | 创新能力 | 语文能力 | 完成度 | 评价合计 |   |
| 4 | 陈淑贞 | A001 | 采购部 | 1 | 1 | 2 | 4 | =REPT("★",G4) |
| 5 | 杨廷德 | A002 | 业务部 | 2 | 1 | 3 | 6 |   |
| 6 | 徐佳蓉 | A003 | 业务部 | 2 | 2 | 3 | 7 |   |
| 7 | 吴登合 | A004 | 人事部 | 1 | 2 | 2 | 5 |   |
| 8 | 陈启盈 | A005 | 采购部 | 2 | 1 | 1 | 4 |   |
| 9 |   |   |   |   |   |   |   |   |
| 10 | **1=未达到绩效标准 | | 2=成功达到绩效标准 | | 3=超过绩效标准 | | | |

**3** 在单元格H4中输入将加总的数值以★号呈现的公式：=REPT("★",G4)。

**4** 在单元格H4中按住右下角的"填充控点"往下拖曳，至最后一位员工再放开鼠标左键，可以快速将所有员工的"评价合计"以★号呈现。

## 42 取出符合条件的数据并加总

查询特定商品的进货日期、进货金额与金额总和

IF函数和SUM函数的搭配可以让整份数据计算出更多根据条件取得的值。

### ▶ 案例分析

在进货单左侧的主数据表中取得"曼特宁咖啡豆"和"摩卡咖啡豆"这两个商品的"进货日期"和"进货金额",并计算其"总进货金额"。

| | A | B | C | D | E | F | G | H |
|---|---|---|---|---|---|---|---|---|
| 1 | | | 进货单 | | | | 曼特宁咖啡豆&摩卡咖啡豆 | |
| 2 | | | | | | | | |
| 3 | 日期 | 商品 | 数量(磅) | 单价(元/磅) | 金额(元) | | 进货日期 | 进货金额 |
| 4 | 2014/8/2 | 哥伦比亚咖啡豆 | 50 | 300 | 15000 | | | |
| 5 | 2014/8/15 | 曼特宁咖啡豆 | 30 | 700 | 21000 | → | 2014/8/15 | 21000 |
| 6 | 2014/8/30 | 蓝山咖啡豆 | 20 | 680 | 13600 | | | |
| 7 | 2014/9/2 | 巴西咖啡豆 | 10 | 530 | 5300 | | | |
| 8 | 2014/9/15 | 蓝山咖啡豆 | 20 | 680 | 13600 | | | |
| 9 | 2014/9/30 | 曼特宁咖啡豆 | 10 | 700 | 7000 | → | 2014/9/30 | 7000 |
| 10 | 2014/10/2 | 哥伦比亚咖啡豆 | 5 | 300 | 1500 | | | |
| 11 | 2014/10/15 | 巴西咖啡豆 | 30 | 530 | 15900 | | | |
| 12 | 2014/10/30 | 曼特宁咖啡豆 | 30 | 700 | 21000 | → | 2014/10/30 | 21000 |
| 13 | 2014/11/2 | 摩卡咖啡豆 | 40 | 890 | 35600 | → | 2014/11/2 | 35600 |
| 14 | 2014/11/15 | 蓝山咖啡豆 | 10 | 680 | 6800 | | | |
| 15 | 2014/11/30 | 哥伦比亚咖啡豆 | 50 | 300 | 15000 | | | |
| 16 | | | | | | | 总进货金额: | 84600 |

主数据表
(单元格A3:F15

### SUM 函数　　　　　　　　　　　　　　　　　　　│ 数学和三角函数

说明:求得指定单元格范围内所有数值的总和。

公式:SUM(范围1,范围2,...,范围30)

### IF 函数　　　　　　　　　　　　　　　　　　　　│ 逻辑函数

说明:一个判断式,可以根据条件判断的结果分别处理。

公式:IF(条件,条件成立,条件不成立)

### OR 函数　　　　　　　　　　　　　　　　　　　│ 逻辑函数

说明:指定的条件只要符合一个即可。

公式:OR(条件1,条件2,...)

## 操作说明

| | A | B | C | D | E | F | G | H | I |
|---|---|---|---|---|---|---|---|---|---|
| 1 | | | 进货单 | | | | 曼特宁咖啡豆&摩卡咖啡豆 | | |
| 2 | | | | | | | | | |
| 3 | 日期 | 商品 | 数量（磅） | 单价（元/磅） | 金额（元） | | 进货日期 | 进货金额 | |
| 4 | 2014/8/2 | 哥伦比亚咖啡豆 | 50 | 300 | 15000 | | =IF(OR($B4="曼特宁咖啡豆",$B4="摩卡咖啡豆"),A4,"") | | |
| 5 | 2014/8/15 | 曼特宁咖啡豆 | 30 | 700 | 21000 | | | | |
| 6 | 2014/8/30 | 蓝山咖啡豆 | 20 | 680 | 13600 | | | ❶ | |
| 7 | 2014/9/2 | 巴西咖啡豆 | 10 | 530 | 5300 | | | | |
| 8 | 2014/9/15 | 蓝山咖啡豆 | 20 | 680 | 13600 | | | | |
| 9 | 2014/9/30 | 曼特宁咖啡豆 | 10 | 700 | 7000 | | | | |
| 10 | 2014/10/2 | 哥伦比亚咖啡豆 | 5 | 300 | 1500 | | | | |

❶ 在单元格G4中要进行判断并取得指定值，只要商品为"曼特宁咖啡豆"或"摩卡咖啡豆"时即显示其"日期"列中的数据，所以在此IF函数中用了OR判断：=IF(OR($B4="曼特宁咖啡豆",$B4="摩卡咖啡豆"),A4,"")。

| | A | B | C | D | E | F | G | H | I |
|---|---|---|---|---|---|---|---|---|---|
| 1 | | | 进货单 | | | | 曼特宁咖啡豆&摩卡咖啡豆 | | |
| 2 | | | | | | | | | |
| 3 | 日期 | 商品 | 数量（磅） | 单价（元/磅） | 金额（元） | | 进货日期 | 进货金额 | |
| 4 | 2014/8/2 | 哥伦比亚咖啡豆 | 50 | 300 | 15000 | | | | |
| 5 | 2014/8/15 | 曼特宁咖啡豆 | 30 | 700 | 21000 | | 2014/8/15 | | ❷ |
| 6 | 2014/8/30 | 蓝山咖啡豆 | 20 | 680 | 13600 | | | | |
| 7 | 2014/9/2 | 巴西咖啡豆 | 10 | 530 | 5300 | | | | |
| 8 | 2014/9/15 | 蓝山咖啡豆 | 20 | 680 | 13600 | | | | |
| 9 | 2014/9/30 | 曼特宁咖啡豆 | 10 | 700 | 7000 | | 2014/9/30 | | |
| 10 | 2014/10/2 | 哥伦比亚咖啡豆 | 5 | 300 | 1500 | | | | |
| 11 | 2014/10/15 | 巴西咖啡豆 | 30 | 530 | 15900 | | | | |
| 12 | 2014/10/30 | 曼特宁咖啡豆 | 30 | 700 | 21000 | | 2014/10/30 | | |
| 13 | 2014/11/2 | 摩卡咖啡豆 | 40 | 890 | 35600 | | 2014/11/2 | | |
| 14 | 2014/11/15 | 蓝山咖啡豆 | 10 | 680 | 6800 | | | | |
| 15 | 2014/11/30 | 哥伦比亚咖啡豆 | 50 | 300 | 15000 | | | | |
| 16 | | | | | | | 总进货金额： | | |

❷ 在单元格G4中按住右下角的"填充控点"往下拖曳，至最后一个商品项目再放开鼠标左键，可以快速完成所有商品数据的判断。

| | A | B | C | D | E | F | G | H | I |
|---|---|---|---|---|---|---|---|---|---|
| 1 | | | 进货单 | | | | 曼特宁咖啡豆&摩卡咖啡豆 | | |
| 2 | | | | | | | | | |
| 3 | 日期 | 商品 | 数量（磅） | 单价（元/磅） | 金额（元） | | 进货日期 | 进货金额 | |
| 4 | 2014/8/2 | 哥伦比亚咖啡豆 | 50 | 300 | 15000 | | =IF(OR($B4="曼特宁咖啡豆",$B4="摩卡咖啡豆"),E4,"") | | |
| 5 | 2014/8/15 | 曼特宁咖啡豆 | 30 | 700 | 21000 | | 2014/8/15 | | |
| 6 | 2014/8/30 | 蓝山咖啡豆 | 20 | 680 | 13600 | | | ❸ | |
| 7 | 2014/9/2 | 巴西咖啡豆 | 10 | 530 | 5300 | | | | |
| 8 | 2014/9/15 | 蓝山咖啡豆 | 20 | 680 | 13600 | | | | |
| 9 | 2014/9/30 | 曼特宁咖啡豆 | 10 | 700 | 7000 | | 2014/9/30 | | |
| 10 | 2014/10/2 | 哥伦比亚咖啡豆 | 5 | 300 | 1500 | | | | |
| 11 | 2014/10/15 | 巴西咖啡豆 | 30 | 530 | 15900 | | | | |
| 12 | 2014/10/30 | 曼特宁咖啡豆 | 30 | 700 | 21000 | | 2014/10/30 | | |
| 13 | 2014/11/2 | 摩卡咖啡豆 | 40 | 890 | 35600 | | 2014/11/2 | | |
| 14 | 2014/11/15 | 蓝山咖啡豆 | 10 | 680 | 6800 | | | | |
| 15 | 2014/11/30 | 哥伦比亚咖啡豆 | 50 | 300 | 15000 | | | | |

❸ 同样地，在单元格H4中要进行判断并取得指定值，只要商品为"曼特宁咖啡豆"或"摩卡咖啡豆"时即显示其"金额"列中的数据，所以在此IF函数中用了OR判断：=IF(OR($B4="曼特宁咖啡豆",$B4="摩卡咖啡豆"),E4,"")。

|   | A | B | C | D | E | F | G | H | I |
|---|---|---|---|---|---|---|---|---|---|
| 1 |   |   | 进货单 |   |   |   | 曼特宁咖啡豆&摩卡咖啡豆 |   |   |
| 2 |   |   |   |   |   |   |   |   |   |
| 3 | 日期 | 商品 | 数量（磅） | 单价（元/磅） | 金额（元） |   | 进货日期 | 进货金额 |   |
| 4 | 2014/8/2 | 哥伦比亚咖啡豆 | 50 | 300 | 15000 |   |   |   |   |
| 5 | 2014/8/15 | 曼特宁咖啡豆 | 30 | 700 | 21000 |   | 2014/8/15 | 21000 |   |
| 6 | 2014/8/30 | 蓝山咖啡豆 | 20 | 680 | 13600 |   |   |   |   |
| 7 | 2014/9/2 | 巴西咖啡豆 | 10 | 530 | 5300 |   |   |   |   |
| 8 | 2014/9/15 | 蓝山咖啡豆 | 20 | 680 | 13600 |   |   |   |   |
| 9 | 2014/9/30 | 曼特宁咖啡豆 | 10 | 700 | 7000 |   | 2014/9/30 | 7000 |   |
| 10 | 2014/10/2 | 哥伦比亚咖啡豆 | 5 | 300 | 1500 |   |   |   |   |
| 11 | 2014/10/15 | 巴西咖啡豆 | 30 | 530 | 15900 |   |   |   |   |
| 12 | 2014/10/30 | 曼特宁咖啡豆 | 30 | 700 | 21000 |   | 2014/10/30 | 21000 |   |
| 13 | 2014/11/2 | 摩卡咖啡豆 | 40 | 890 | 35600 |   | 2014/11/2 | 35600 |   |
| 14 | 2014/11/15 | 蓝山咖啡豆 | 10 | 680 | 6800 |   |   |   |   |
| 15 | 2014/11/30 | 哥伦比亚咖啡豆 | 50 | 300 | 15000 |   |   |   |   |
| 16 |   |   |   |   |   |   | 总进货金额： |   |   |
| 17 |   |   |   |   |   |   |   |   |   |
| 18 |   |   |   |   |   |   |   |   |   |
| 19 |   |   |   |   |   |   |   |   |   |

4 在单元格H4中按住右下角的"填充控点"往下拖曳，至最后一个商品项目再放开鼠标左键，可以快速完成所有商品数据的判断。

|   | A | B | C | D | E | F | G | H | I |
|---|---|---|---|---|---|---|---|---|---|
| 1 |   |   | 进货单 |   |   |   | 曼特宁咖啡豆&摩卡咖啡豆 |   |   |
| 2 |   |   |   |   |   |   |   |   |   |
| 3 | 日期 | 商品 | 数量（磅） | 单价（元/磅） | 金额（元） |   | 进货日期 | 进货金额 |   |
| 4 | 2014/8/2 | 哥伦比亚咖啡豆 | 50 | 300 | 15000 |   |   |   |   |
| 5 | 2014/8/15 | 曼特宁咖啡豆 | 30 | 700 | 21000 |   | 2014/8/15 | 21000 |   |
| 6 | 2014/8/30 | 蓝山咖啡豆 | 20 | 680 | 13600 |   |   |   |   |
| 7 | 2014/9/2 | 巴西咖啡豆 | 10 | 530 | 5300 |   |   |   |   |
| 8 | 2014/9/15 | 蓝山咖啡豆 | 20 | 680 | 13600 |   |   |   |   |
| 9 | 2014/9/30 | 曼特宁咖啡豆 | 10 | 700 | 7000 |   | 2014/9/30 | 7000 |   |
| 10 | 2014/10/2 | 哥伦比亚咖啡豆 | 5 | 300 | 1500 |   |   |   |   |
| 11 | 2014/10/15 | 巴西咖啡豆 | 30 | 530 | 15900 |   |   |   |   |
| 12 | 2014/10/30 | 曼特宁咖啡豆 | 30 | 700 | 21000 |   | 2014/10/30 | 21000 |   |
| 13 | 2014/11/2 | 摩卡咖啡豆 | 40 | 890 | 35600 |   | 2014/11/2 | 35600 |   |
| 14 | 2014/11/15 | 蓝山咖啡豆 | 10 | 680 | 6800 |   |   |   |   |
| 15 | 2014/11/30 | 哥伦比亚咖啡豆 | 50 | 300 | 15000 |   |   |   |   |
| 16 |   |   |   |   |   |   | 总进货金额： | =SUM(H4:H15) |   |
| 17 |   |   |   |   |   |   |   |   |   |
| 18 |   |   |   |   |   |   |   |   |   |
| 19 |   |   |   |   |   |   |   |   |   |

5 最后在单元格H16中求得"总进货金额"，即求出单元格H4:H15中进货金额的总和，输入公式：=SUM(H4:H15)。

# Tips

## 输入正确的公式却出现了奇怪的数据？

Excel中最常见的就是数据，数据预设的类型有数值、货币、会计专用、日期、时间、百分比、分数等。该案例中"进货日期"和"进货金额"中的值均是由公式产生，而其存放数据的单元格已经预先根据会生成的数据分别设定为"日期"和"数值"类别的单元格格式，若单元格格式设定错误，就无法呈现正确的数据。

日期可以呈现的格式有：12月25日、2013/12/25、二〇一三年十二月二十五日、25-Dec-13等。若想手动调整单元格格式，可以在选取要调整的单元格后，在"开始"工具栏的"数字"功能区中单击"数字格式"按钮，即可打开"设置单元格格式"对话框，接着在"数字"面板中就可以为单元格指定合适的"分类"和"类型"。

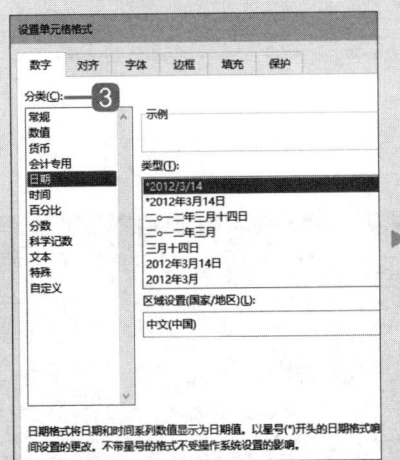

## 43 取得符合多重条件的数据并加总
计算多种商品的进货总额

相较于上一个案例IF函数和SUM函数的组合，DSUM函数不仅可以根据条件取出相关数据，还能同时进行数值的加总。

### ● 案例分析

这份进货单要计算特定产品的进货总额，首先在条件范围中指定搜索"商品"中的"曼特宁咖啡豆"和"摩卡咖啡豆"这两个项目，取得其"金额"列中的值计算"进货总金额"。

合计值（单元格E3）　　搜索条件

|   | A | B | C | D | E | F | G | H |
|---|---|---|---|---|---|---|---|---|
| 1 |   |   | 进货单 |   |   |   |   |   |
| 2 |   |   |   |   |   |   |   |   |
| 3 | 日期 | 商品 | 数量（磅） | 单价（元/磅） | 金额（元） |   | 商品 | 两项商品的进货总金额（元） |
| 4 | 2014/8/2 | 哥伦比亚咖啡豆 | 50 | 300 | 15000 |   | 曼特宁咖啡豆 | 84600 |
| 5 | 2014/8/15 | 曼特宁咖啡豆 | 30 | 700 | 21000 |   | 摩卡咖啡豆 |   |
| 6 | 2014/8/30 | 蓝山咖啡豆 | 20 | 680 | 13600 |   |   |   |
| 7 | 2014/9/2 | 巴西咖啡豆 | 10 | 530 | 5300 |   |   |   |
| 8 | 2014/9/15 | 蓝山咖啡豆 | 20 | 680 | 13600 |   |   |   |
| 9 | 2014/9/30 | 曼特宁咖啡豆 | 10 | 700 | 7000 |   |   |   |
| 10 | 2014/10/2 | 哥伦比亚咖啡豆 | 5 | 300 | 1500 |   |   |   |
| 11 | 2014/10/15 | 巴西咖啡豆 | 30 | 530 | 15900 |   |   |   |
| 12 | 2014/10/30 | 曼特宁咖啡豆 | 30 | 700 | 21000 |   |   |   |
| 13 | 2014/11/2 | 摩卡咖啡豆 | 40 | 890 | 35600 |   |   |   |
| 14 | 2014/11/15 | 蓝山咖啡豆 | 10 | 680 | 6800 |   |   |   |
| 15 | 2014/11/30 | 哥伦比亚咖啡豆 | 50 | 300 | 15000 |   |   |   |

数据库的数据范围（单元格A3:F15）

### DSUM 函数　　　　　　　　　　　　　　　　　　　　数据库函数

说明：从范围中取出符合条件的数据，并求其总和。

公式：DSUM(数据库,数据名称,搜索条件)

参数：**数据库**　　包含数据名称和主要数据的单元格范围。

　　　**数据名称**　符合条件的计算对象（栏位名称），合计指定列中的数值。

　　　**搜索条件**　搜索条件的单元格范围，上一行是数据名称，下一行是要搜索的条件项目。

## 操作说明

"搜索条件"的数据名称需要和数据库的数据名称完全相同,这样才能顺利进行搜索

|   | A | B | C | D | E | F | G | H | I |
|---|---|---|---|---|---|---|---|---|---|
| 1 |   |   |   | 进货单 |   |   | ①|   |   |
| 2 |   |   |   |   |   |   |   |   |   |
| 3 | 日期 | 商品 | 数量(磅)| 单价(元/磅)| 金额(元)|   | 商品 | 两项商品的进货总金额(元)|   |
| 4 | 2014/8/2 | 哥伦比亚咖啡豆 | 50 | 300 | 15000 |   | 曼特宁咖啡豆 |   |   |
| 5 | 2014/8/15 | 曼特宁咖啡豆 | 30 | 700 | 21000 |   | 摩卡咖啡豆 |   |   |
| 6 | 2014/8/30 | 蓝山咖啡豆 | 20 | 680 | 13600 |   |   |   |   |
| 7 | 2014/9/2 | 巴西咖啡豆 | 10 | 530 | 5300 |   | ② |   |   |
| 8 | 2014/9/15 | 蓝山咖啡豆 | 20 | 680 | 13600 |   |   |   |   |
| 9 | 2014/9/30 | 曼特宁咖啡豆 | 10 | 700 | 7000 |   |   |   |   |
| 10 | 2014/10/2 | 哥伦比亚咖啡豆 | 5 | 300 | 1500 |   |   |   |   |
| 11 | 2014/10/15 | 巴西咖啡豆 | 30 | 530 | 15900 |   |   |   |   |
| 12 | 2014/10/30 | 曼特宁咖啡豆 | 30 | 700 | 21000 |   |   |   |   |
| 13 | 2014/11/2 | 摩卡咖啡豆 | 40 | 890 | 35600 |   |   |   |   |
| 14 | 2014/11/15 | 蓝山咖啡豆 | 10 | 680 | 6800 |   |   |   |   |
| 15 | 2014/11/30 | 哥伦比亚咖啡豆 | 50 | 300 | 15000 |   |   |   |   |

① 在单元格G3中输入要搜索的数据名称"商品"。

② 在单元格G4和G5中分别输入指定的商品项目"曼特宁咖啡豆""摩卡咖啡豆"。

③ 在单元格H4中使用DSUM函数在左侧的数据库范围"商品"列中找出"曼特宁咖啡豆"和"摩卡咖啡豆"这两项商品并加总其金额,输入公式:=DSUM(A3:E15,E3,G3:G5)。

|   | A | B | C | D | E | F | G | H | I |
|---|---|---|---|---|---|---|---|---|---|
| 1 |   |   |   | 进货单 |   |   |   |   |   |
| 2 |   |   |   |   |   |   |   |   |   |
| 3 | 日期 | 商品 | 数量(磅)| 单价(元/磅)| 金额(元)|   | 商品 | 两项商品的进货总金额(元)|   |
| 4 | 2014/8/2 | 哥伦比亚咖啡豆 | 50 | 300 | 15000 |   | 曼特宁咖啡豆 | =DSUM(A3:E15,E3,G3:G5) |   |
| 5 | 2014/8/15 | 曼特宁咖啡豆 | 30 | 700 | 21000 |   | 摩卡咖啡豆 |   |   |
| 6 | 2014/8/30 | 蓝山咖啡豆 | 20 | 680 | 13600 |   |   |   |   |
| 7 | 2014/9/2 | 巴西咖啡豆 | 10 | 530 | 5300 |   |   | ③ |   |
| 8 | 2014/9/15 | 蓝山咖啡豆 | 20 | 680 | 13600 |   |   |   |   |
| 9 | 2014/9/30 | 曼特宁咖啡豆 | 10 | 700 | 7000 |   |   |   |   |
| 10 | 2014/10/2 | 哥伦比亚咖啡豆 | 5 | 300 | 1500 |   |   |   |   |
| 11 | 2014/10/15 | 巴西咖啡豆 | 30 | 530 | 15900 |   |   |   |   |
| 12 | 2014/10/30 | 曼特宁咖啡豆 | 30 | 700 | 21000 |   |   |   |   |
| 13 | 2014/11/2 | 摩卡咖啡豆 | 40 | 890 | 35600 |   |   |   |   |
| 14 | 2014/11/15 | 蓝山咖啡豆 | 10 | 680 | 6800 |   |   |   |   |
| 15 | 2014/11/30 | 哥伦比亚咖啡豆 | 50 | 300 | 15000 |   |   |   |   |

## 44 取得符合不同条件的数据并加总

计算特定期间、特定商品的进货总金额（AND/OR判断）

和上个案例同样是使用DSUM函数，只要搭配不同的条件，就可以快速取出工作表中需要的数据并进行加总。

### ● 案例分析

条件一：取出同时符合"日期"和"商品"两列中指定条件的数据并计算其进货总金额。

条件二：取出符合"日期"或"商品"两列中任一指定条件的数据并计算其进货总金额。

|   | 进货单 |   |   |   |   |   | 日期 | 商品 | 进货总金额（元） |
|---|---|---|---|---|---|---|---|---|---|
|   | 日期 | 商品 | 数量（磅） | 单价（元/磅） | 金额（元） |   | >=2014/10/1 | 哥伦比亚咖啡豆 | 16500 |
|   | 2014/8/2 | 哥伦比亚咖啡豆 | 50 | 300 | 15000 |   |   |   |   |
|   | 2014/8/15 | 曼特宁咖啡豆 | 30 | 700 | 21000 |   | 日期 | 商品 | 进货总金额（元） |
|   | 2014/8/30 | 蓝山咖啡豆 | 20 | 680 | 13600 |   | >=2014/10/1 |   | 110800 |
|   | 2014/9/2 | 巴西咖啡豆 | 10 | 530 | 5300 |   |   | 哥伦比亚咖啡豆 |   |
|   | 2014/9/15 | 蓝山咖啡豆 | 20 | 680 | 13600 |   |   |   |   |
|   | 2014/9/30 | 曼特宁咖啡豆 | 10 | 700 | 7000 |   |   |   |   |
|   | 2014/10/2 | 哥伦比亚咖啡豆 | 5 | 300 | 1500 |   |   |   |   |

……条件一 ……条件二

### ● 操作说明

|   | A | B | C | D | E | F | G | H | I | J |
|---|---|---|---|---|---|---|---|---|---|---|
| 1 |   | 进货单 |   |   |   |   | ① |   |   |   |
| 3 | 日期 | 商品 | 数量（磅） | 单价（元/磅） | 金额（元） |   | 日期 | 商品 | 进货总金额（元） |   |
| 4 | 2014/8/2 | 哥伦比亚咖啡豆 | 50 | 300 | 15000 |   | >=2014/10/1 | 哥伦比亚咖啡豆 | =DSUM(A3:E15,E3,G3:H4) | ② |
| 5 | 2014/8/15 | 曼特宁咖啡豆 | 30 | 700 | 21000 |   |   |   |   |   |
| 6 | 2014/8/30 | 蓝山咖啡豆 | 20 | 680 | 13600 |   | 日期 | 商品 | 进货总金额（元） |   |
| 7 | 2014/9/2 | 巴西咖啡豆 | 10 | 530 | 5300 |   |   |   |   |   |
| 8 | 2014/9/15 | 蓝山咖啡豆 | 20 | 680 | 13600 |   |   |   |   |   |
| 9 | 2014/9/30 | 曼特宁咖啡豆 | 10 | 700 | 7000 |   |   |   |   |   |
| 10 | 2014/10/2 | 哥伦比亚咖啡豆 | 5 | 300 | 1500 |   |   |   |   |   |
| 11 | 2014/10/15 | 巴西咖啡豆 | 30 | 530 | 15900 |   |   |   |   |   |
| 12 | 2014/10/30 | 曼特宁咖啡豆 | 30 | 700 | 21000 |   |   |   |   |   |
| 13 | 2014/11/2 | 摩卡咖啡豆 | 40 | 890 | 35600 |   |   |   |   |   |
| 14 | 2014/11/15 | 蓝山咖啡豆 | 10 | 680 | 6800 |   |   |   |   |   |
| 15 | 2014/11/30 | 哥伦比亚咖啡豆 | 50 | 300 | 15000 |   |   |   |   |   |

① 在单元格G3和H3中分别输入要搜索的数据名称"日期"和"商品"，再在单元格G4和H4中分别输入指定的日期和商品"≥2014/10/1"和"哥伦比亚咖啡豆"。

② 在单元格I4中使用DSUM函数在数据库范围"日期"和"商品"列中找出"2014/10/1"之后的数据且商品名称需要为"哥伦比亚咖啡豆"的项目，并加总其金额，输入公式：=DSUM(A3:E15,E3,G3:H4)。

| | A | B | C | D | E | F | G | H | I | J |
|---|---|---|---|---|---|---|---|---|---|---|
| 1 | | | 进货单 | | | | | | | |
| 2 | | | | | | | | | | |
| 3 | 日期 | 商品 | 数量（磅） | 单价（元/磅） | 金额（元） | | 日期 | 商品 | 进货总金额（元） | |
| 4 | 2014/8/2 | 哥伦比亚咖啡豆 | 50 | 300 | 15000 | | >=2014/10/1 | 哥伦比亚咖啡豆 | 16500 | |
| 5 | 2014/8/15 | 曼特宁咖啡豆 | 30 | 700 | 21000 | | | | | |
| 6 | 2014/8/30 | 蓝山咖啡豆 | 20 | 680 | 13600 | | 日期 | 商品 | 进货总金额（元） | |
| 7 | 2014/9/2 | 巴西咖啡豆 | 10 | 530 | 5300 | | >=2014/10/1 | | =DSUM(A3:E15,E3,G6:H8) | |
| 8 | 2014/9/15 | 蓝山咖啡豆 | 20 | 680 | 13600 | | | 哥伦比亚咖啡豆 | | |
| 9 | 2014/9/30 | 曼特宁咖啡豆 | 10 | 700 | 7000 | | | | | |
| 10 | 2014/10/2 | 哥伦比亚咖啡豆 | 5 | 300 | 1500 | | | | | |
| 11 | 2014/10/15 | 巴西咖啡豆 | 30 | 530 | 15900 | | | | | |
| 12 | 2014/10/30 | 曼特宁咖啡豆 | 30 | 700 | 21000 | | | | | |
| 13 | 2014/11/2 | 摩卡咖啡豆 | 40 | 890 | 35600 | | | | | |
| 14 | 2014/11/15 | 蓝山咖啡豆 | 10 | 680 | 6800 | | | | | |
| 15 | 2014/11/30 | 哥伦比亚咖啡豆 | 50 | 300 | 15000 | | | | | |
| 16 | | | | | | | | | | |
| 17 | | | | | | | | | | |

3 在单元格G6和H6中分别输入要搜索的数据名称"日期"和"商品"，再在单元格G7和H8中分别输入指定的日期和商品"≥2014/10/1"和"哥伦比亚咖啡豆"。

4 在单元格I7中使用DSUM函数在数据库范围"日期"和"商品"列中找出"2014/10/1"之后的数据或商品名称为"哥伦比亚咖啡豆"的项目，并加总其金额，输入公式：=DSUM(A3:E15,E3,G3:H4)。

### DSUM 函数　　　　　　　　　　　　　　　　　　　　　| 数据库函数

说明：从范围中取出符合条件的数据，并求其总和。
公式：DSUM(数据库,数据名称,搜索条件)

### Tips

**DSUM函数AND和OR两种条件的应用**

给DSUM函数设计条件范围时，需要注意数据名称一定要和数据库中要搜索的数据名称完全相同。当条件范围内有一个以上的数据名称时，其中要搜索的数据项目是否放在同一列也是有差异的。

> AND条件：在同一列里输入条件时，搜索的数据需要同时符合所有条件才成立（如右图所示）。

| 日期 | 商品 |
|---|---|
| >=2014/10/1 | 哥伦比亚咖啡豆 |

> OR条件：在不同列里输入条件时，搜索的数据只要符合任一条件即可（如右图所示）。

| 日期 | 商品 |
|---|---|
| >=2014/10/1 | |
| | 哥伦比亚咖啡豆 |

## 45 取得最大值和最小值的相关数据
查询最高进货金额的进货日期

MAX函数和DGET函数的搭配，在计算出整份数据金额的最大数值后，还可以取得该数值相对应的数据内容。

### ● 案例分析

在这份进货单中，需要查询到底是哪一天进货的花费最高，以便有效管控每次进货的商品种类和数量。

用MAX函数在所有数据的"金额"列中求得最高进货金额

| | A | B | C | D | E | F | G | H | I |
|---|---|---|---|---|---|---|---|---|---|
| 1 | | | 进货单 | | | | | | |
| 2 | | | | | | | | | |
| 3 | 日期 | 商品 | 数量（磅） | 单价（元/磅） | 金额（元） | | 最高进货金额（元） | | |
| 4 | 2014年8月2日 | 哥伦比亚咖啡豆 | 50 | 300 | 15000 | | 金额（元） | 进货日 | |
| 5 | 2014年8月15日 | 曼特宁咖啡豆 | 30 | 700 | 21000 | | 35600 | 2014/11/2 | |
| 6 | 2014年8月30日 | 蓝山咖啡豆 | 20 | 680 | 13600 | | | | |
| 7 | 2014年9月2日 | 巴西咖啡豆 | 10 | 530 | 5300 | | | | |
| 8 | 2014年9月15日 | 蓝山咖啡豆 | 20 | 680 | 13600 | | | | |
| 9 | 2014年9月30日 | 曼特宁咖啡豆 | 10 | 700 | 7000 | | | | |
| 10 | 2014年10月2日 | 哥伦比亚咖啡豆 | 5 | 300 | 1500 | | | | |
| 11 | 2014年10月15日 | 巴西咖啡豆 | 30 | 530 | 15900 | | | | |
| 12 | 2014年10月30日 | 曼特宁咖啡豆 | 30 | 700 | 21000 | | | | |
| 13 | 2014年11月2日 | 摩卡咖啡豆 | 40 | 890 | 35600 | | | | |
| 14 | 2014年11月15日 | 蓝山咖啡豆 | 10 | 680 | 6800 | | | | |
| 15 | 2014年11月30日 | 巴西咖啡豆 | 50 | 530 | 26500 | | | | |

用DGET函数在所有数据的"日期"列中取得最高进货金额的日期

### DGET 函数　　　　　　　　　　　　　　　│ 数据库函数

**说明**：搜索符合条件的数据，再取出指定列中的值。

**公式**：DGET(数据库,数据名称,搜索条件)

**参数**：　数据库　　包含数据名称和主要数据的单元格范围。

　　　　　数据名称　在符合条件的数据中，取出这个名称所对应列中的值。

　　　　　搜索条件　包含指定搜索的数据名称和数据项目，搜索条件的数据项目在该列中只能有一笔符合。

## MAX 函数/MIN 函数

Ⅰ 统计函数

说明：传回一组数值中的最大值（MAX函数）和最小值（MIN函数）。

公式：MAX(数值1,数值2,...)

### ● 操作说明

条件的数据名称需要和数据库中要搜索的数据名称完全相同，这样才能顺利进行搜索

|   | A | B | C | D | E | F | G | H |
|---|---|---|---|---|---|---|---|---|
| 1 |   |   | 进货单 |   |   |   |   |   |
| 2 |   |   |   |   |   |   |   |   |
| 3 | 日期 | 商品 | 数量（磅） | 单价（元/磅） | 金额（元） |   | 最高进货金额（元） |   |
| 4 | 2014年8月2日 | 哥伦比亚咖啡豆 | 50 | 300 | 15000 |   | 金额（元） | 进货日 |
| 5 | 2014年8月15日 | 曼特宁咖啡豆 | 30 | 700 | 21000 |   | =MAX(E4:E15) |   |
| 6 | 2014年8月30日 | 蓝山咖啡豆 | 20 | 680 | 13600 |   |   |   |
| 7 | 2014年9月2日 | 巴西咖啡豆 | 10 | 530 | 5300 |   |   |   |
| 8 | 2014年9月15日 | 蓝山咖啡豆 | 20 | 680 | 13600 |   |   |   |
| 9 | 2014年9月30日 | 曼特宁咖啡豆 | 10 | 700 | 7000 |   |   |   |
| 10 | 2014年10月2日 | 哥伦比亚咖啡豆 | 5 | 300 | 1500 |   |   |   |
| 11 | 2014年10月15日 | 巴西咖啡豆 | 30 | 530 | 15900 |   |   |   |
| 12 | 2014年10月30日 | 曼特宁咖啡豆 | 30 | 700 | 21000 |   |   |   |
| 13 | 2014年11月2日 | 摩卡咖啡豆 | 40 | 890 | 35600 |   |   |   |
| 14 | 2014年11月15日 | 蓝山咖啡豆 | 10 | 680 | 6800 |   |   |   |
| 15 | 2014年11月30日 | 巴西咖啡豆 | 50 | 530 | 26500 |   |   |   |

① 在单元格G4中输入要指定搜索的数据名称"金额（元）"。

② 在单元格G5中输入MAX函数求得"金额"列中的最高值：=MAX(E4:E15)。

|   | A | B | C | D | E | F | G | H |
|---|---|---|---|---|---|---|---|---|
| 1 |   |   | 进货单 |   |   |   |   |   |
| 2 |   |   |   |   |   |   |   |   |
| 3 | 日期 | 商品 | 数量（磅） | 单价（元/磅） | 金额（元） |   | 最高进货金额（元） |   |
| 4 | 2014年8月2日 | 哥伦比亚咖啡豆 | 50 | 300 | 15000 |   | 金额（元） | 进货日 |
| 5 | 2014年8月15日 | 曼特宁咖啡豆 | 30 | 700 | 21000 |   | 35600 | =DGET(A3:E15,A3,G4:G5) |
| 6 | 2014年8月30日 | 蓝山咖啡豆 | 20 | 680 | 13600 |   |   |   |
| 7 | 2014年9月2日 | 巴西咖啡豆 | 10 | 530 | 5300 |   |   |   |
| 8 | 2014年9月15日 | 蓝山咖啡豆 | 20 | 680 | 13600 |   |   |   |
| 9 | 2014年9月30日 | 曼特宁咖啡豆 | 10 | 700 | 7000 |   |   |   |
| 10 | 2014年10月2日 | 哥伦比亚咖啡豆 | 5 | 300 | 1500 |   |   |   |
| 11 | 2014年10月15日 | 巴西咖啡豆 | 30 | 530 | 15900 |   |   |   |
| 12 | 2014年10月30日 | 曼特宁咖啡豆 | 30 | 700 | 21000 |   |   |   |
| 13 | 2014年11月2日 | 摩卡咖啡豆 | 40 | 890 | 35600 |   |   |   |
| 14 | 2014年11月15日 | 蓝山咖啡豆 | 10 | 680 | 6800 |   |   |   |
| 15 | 2014年11月30日 | 巴西咖啡豆 | 50 | 530 | 26500 |   |   |   |

③ 在单元格H5中使用DGET函数在数据库范围的"金额"列中找出最高进货金额的这个数据，再取出"日期"列中对应的值，输入公式：
=DGET(A3:E15,A3,G4:G5)。

## 46 取得符合条件的数据
### 输入员工姓名查询相关数据

DGET函数可以在多笔数据中根据指定条件进行搜索，找出符合条件的数据列，但要注意的是，指定为搜索条件的数据项目最好是唯一的（如身份证号、员工编号、姓名等），否则符合条件的数据有很多笔时会出现错误信息。

### ● 案例分析

在员工名单中，要在右侧的"员工查询"区域让使用者自行输入员工姓名，而下方的表格就会自动获得部门、职称、电话等相关数据。

|   | A | B | C | D | E | F | G | H | I |
|---|---|---|---|---|---|---|---|---|---|
| 1 |   |   |   | 员工名单 |   |   |   |   |   |
| 2 |   |   |   |   |   |   |   |   |   |
| 3 | 姓名 | 部门 | 职称 | 电话 | 住址 |   | 员工查询 |   |   |
| 4 | 黄雅琪 | 业务部 | 助理 | 02-27671757 | 台北市松山区八德路四段692号 |   | 姓名 |   |   |
| 5 | 张智弘 | 总务部 | 经理 | 042-6224299 | 台中市清水区中山路106号 |   | 姚明惠 |   |   |
| 6 | 李娜娜 | 总务部 | 助理 | 02-25014616 | 台北市中山区松江路367号 |   |   |   |   |
| 7 | 郭立辉 | 财务部 | 专员 | 042-3759979 | 台中市西区五权西路一段237号 |   | 部门 | 职称 | 电话 |
| 8 | 姚明惠 | 财务部 | 助理 | 049-2455888 | 南投县草屯镇和兴街98号 |   | 财务部 | 助理 | 049-2455888 |
| 9 | 张淑芳 | 人事部 | 专员 | 02-27825220 | 台北市南港区南港路一段360号 |   |   |   |   |
| 10 | 杨燕珍 | 公关部 | 主任 | 02-27234598 | 台北市信义路五段15号 |   |   |   |   |
| 11 | 简弘智 | 业务部 | 专员 | 05-12577890 | 嘉义市西区垂杨路316号 |   |   |   |   |
| 12 | 阮佩伶 | 业务部 | 专员 | 047-1834560 | 彰化市彰美路一段186号 |   |   |   |   |

### DGET 函数
数据库函数

**说明**：搜索符合条件的数据，再取出指定列中的值。

**公式**：DGET(数据库,数据名称,搜索条件)

**参数**：
- **数据库** 包含数据名称和主要数据的单元格范围。
- **数据名称** 在符合条件的数据中，取出对应列中的值。
- **搜索条件** 包含指定搜索的数据名称和数据项目，搜索条件的数据项目在该列中只能有一笔符合。
  若符合条件的数据有很多笔时，会出现错误值#NUM!；若没有任何数据符合条件，则会出现错误值#VALUE!。

## 操作说明

条件的数据名称需要和数据库中要搜索的数据名称完全相同，这样才能顺利进行搜索

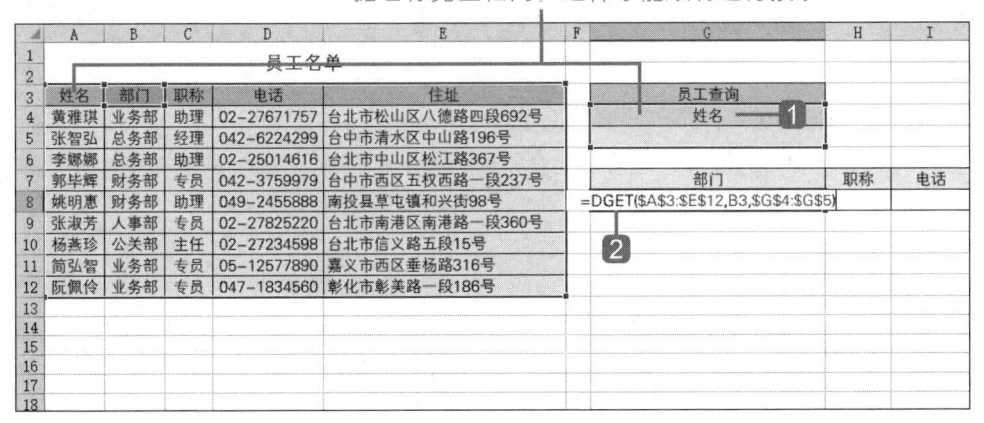

| | A | B | C | D | E | F | G | H | I |
|---|---|---|---|---|---|---|---|---|---|
| 1 | | | | | 员工名单 | | | | |
| 2 | | | | | | | | | |
| 3 | 姓名 | 部门 | 职称 | 电话 | 住址 | | 员工查询 | | |
| 4 | 黄雅琪 | 业务部 | 助理 | 02-27671757 | 台北市松山区八德路四段692号 | | 姓名 | | |
| 5 | 张智弘 | 总务部 | 经理 | 042-6224299 | 台中市清水区中山路196号 | | | | |
| 6 | 李娜娜 | 总务部 | 助理 | 02-25014616 | 台北市中山区松江路367号 | | | | |
| 7 | 郭毕辉 | 财务部 | 专员 | 042-3759979 | 台中市西区五权西路一段237号 | | 部门 | 职称 | 电话 |
| 8 | 姚明惠 | 财务部 | 助理 | 049-2455888 | 南投县草屯镇和兴街98号 | | =DGET($A$3:$E$12,B3,$G$4:$G$5) | | |
| 9 | 张淑芳 | 人事部 | 专员 | 02-27825220 | 台北市南港区南港路一段360号 | | | | |
| 10 | 杨燕珍 | 公关部 | 主任 | 02-27234598 | 台北市信义路五段15号 | | | | |
| 11 | 简弘智 | 业务部 | 专员 | 05-12577890 | 嘉义市西区垂杨路316号 | | ② | | |
| 12 | 阮佩伶 | 业务部 | 专员 | 047-1834560 | 彰化市彰美路一段186号 | | | | |

1️⃣ 在单元格G4中输入指定搜索的数据名称"姓名"。

2️⃣ 在单元格G8中，要在左侧的数据库范围"姓名"列中找出指定的该名员工，再取出其"部门"列中对应的数据，输入公式：

=DGET($A$3:$E$12,B3,$G$4:$G$5)。

下个步骤要复制这个公式，所以使用绝对参照指定业绩数据整体范围

| 住址 | | 员工查询 | | |
|---|---|---|---|---|
| 八德路四段692号 | | 姓名 | | |
| 中山路196号 | | | | |
| 松江路367号 | | | | |
| 权西路一段237号 | | 部门 | 职称 | 电话 |
| 和兴街98号 | | #NUM! | #NUM! | #NUM! |
| 南港路一段360号 | | | | |
| 五段15号 | | ③ | | |
| 杨路316号 | | | | |
| 一段186号 | | | | |

| 住址 | | 员工查询 | | |
|---|---|---|---|---|
| 区八德路四段692号 | | 姓名 | | |
| 区中山路196号 | | 小王 | ④ | |
| 区松江路367号 | | | | |
| 五权西路一段237号 | | 部门 | 职称 | 电话 |
| 镇和兴街98号 | | #VALUE! | #VALUE! | #VALUE! |
| 区南港路一段360号 | | | | |
| 路五段15号 | | | | |
| 垂杨路316号 | | | | |
| 路一段186号 | | | | |

3️⃣ 在单元格G8中按住右下角的"填充控点"往右拖曳，至"电话"放开鼠标左键，即可快速完成公式的复制。由于还没有输入要查询的员工姓名，因此会出现错误值"#NUM!"。

4️⃣ 若随意输入一个名单中没有的姓名，找不到任何符合条件的数据，则会出现错误值"#VALUE!"。

| 住址 | | 员工查询 | | |
|---|---|---|---|---|
| 八德路四段692号 | | 姓名 | | |
| 中山路196号 | | 姚明惠 | ⑤ | |
| 松江路367号 | | | | |
| 权西路一段237号 | | 部门 | 职称 | 电话 |
| 和兴街98号 | | 财务部 | 助理 | 049-2455888 |
| 南港路一段360号 | | | | |
| 五段15号 | | | | |
| 杨路316号 | | | | |
| 一段186号 | | | | |

5️⃣ 一旦输入了名单中正确的员工姓名，在下方的表格中即会自动获取相关的数据信息。

## 47 取得指定百分比的值

业绩达到整体绩效70%及以上的业务员评为"优"

PERCENTILE函数可以求出整体数据在各个百分比上的值,如在50%的值是整体数据的中间值,70%的值则是介于中间值和最高值之间的值,100%的值即整体数据的最高值。

### 案例分析

在业绩评比结果中,首先使用PERCENTILE函数求得整体业绩达70%时的标准值,再以这个标准值给予各个业务员合适的评比结果。

| | A | B | C | D | E | F | G |
|---|---|---|---|---|---|---|---|
| 1 | | 业绩评比结果 | | | | | |
| 2 | 业务员 | 业绩 | 评比结果 | | 此次业绩评比标准 | | |
| 3 | 蔡佳谕 | 30,000 | – | | 70% | 35,420 | |
| 4 | 王柏湖 | 35,800 | 优 | | | | |
| 5 | 李馨盈 | 38,000 | 优 | | | | |
| 6 | 蔡雅治 | 19,700 | – | | | | |
| 7 | 曾定其 | 22,000 | – | | | | |
| 8 | 高雅筑 | 28,000 | – | | | | |
| 9 | 黄苡淳 | 32,000 | – | | | | |
| 10 | 杨佩颖 | 43,200 | 优 | | | | |
| 11 | | | | | | | |
| 12 | | | | | | | |

以PERCENTILE函数将整体业绩指定为主要的数据范围,再指定百分比

用求得的标准值给予各个业务员合适的评比结果,大于等于这个标准值的给"优",没达到标准值的给"–"

---

**PERCENTILE 函数**　　　　　　　　　　　　　　　　｜统计函数

说明: 取得范围中指定百分比的值。

公式: PERCENTILE(范围,百分比数值)

参数: 范围　　　想求出百分比等级的数据的整体范围。

　　　百分比数值　常用的是以百分比呈现0～100%,也可以指定已输入百分比的单元格。

---

**IF 函数**　　　　　　　　　　　　　　　　　　　　｜逻辑函数

说明: 一个判断式,可以根据条件判断的结果分别处理。

公式: IF(条件,条件成立,条件不成立)

## 操作说明

| | A | B | C | D | E | F |
|---|---|---|---|---|---|---|
| 1 | 业绩评比结果 | | | | | |
| 2 | 业务员 | 业绩 | 评比结果 | | 此次业绩评比标准 | |
| 3 | 蔡佳谕 | 30,000 | | | 70% | =PERCENTILE(B3:B10,E3) |
| 4 | 王柏湖 | 35,800 | | | | |
| 5 | 李馨盈 | 38,000 | | | | |
| 6 | 蔡雅治 | 19,700 | | | | |
| 7 | 曾定其 | 22,000 | | | | |
| 8 | 高雅筑 | 28,000 | | | | |
| 9 | 黄筱淳 | 32,000 | | | | |
| 10 | 杨佩颖 | 43,200 | | | | |
| 11 | | | | | | |
| 12 | | | | | | |

**1** 因为要求得整体业绩达70％时的标准值，在单元格E3中输入"70％"。

**2** 在单元格F3中输入PERCENTILE函数公式：=PERCENTILE(B3:B10,E3)。

| | A | B | C | D | E | F |
|---|---|---|---|---|---|---|
| 1 | 业绩评比结果 | | | | | |
| 2 | 业务员 | 业绩 | 评比结果 | | 此次业绩评比标准 | |
| 3 | 蔡佳谕 | 30,000 | =IF(B3>=$F$3,"优","-") | | 70% | 35,420 |
| 4 | 王柏湖 | 35,800 | | | | |
| 5 | 李馨盈 | 38,000 | | | | |
| 6 | 蔡雅治 | 19,700 | | | | |
| 7 | 曾定其 | 22,000 | | | | |
| 8 | 高雅筑 | 28,000 | | | | |
| 9 | 黄筱淳 | 32,000 | | | | |

**3** 在单元格C3中使用IF函数的判断式，当员工的业绩值≥标准值（单元格F3）时评为"优"，没有达到标准值则给"-"，输入公式：=IF(B3>=$F$3,"优","-")。

下个步骤要复制这个公式，所以使用绝对参照指定评比标准值的单元格

| | A | B | C | D | E | F |
|---|---|---|---|---|---|---|
| 1 | 业绩评比结果 | | | | | |
| 2 | 业务员 | 业绩 | 评比结果 | | 此次业绩评比标准 | |
| 3 | 蔡佳谕 | 30,000 | - | | 70% | 35,420 |
| 4 | 王柏湖 | 35,800 | 优 | | | |
| 5 | 李馨盈 | 38,000 | 优 | | | |
| 6 | 蔡雅治 | 19,700 | - | | | |
| 7 | 曾定其 | 22,000 | - | | | |
| 8 | 高雅筑 | 28,000 | - | | | |
| 9 | 黄筱淳 | 32,000 | - | | | |
| 10 | 杨佩颖 | 43,200 | 优 | | | |
| 11 | | | | | | |

**4** 在单元格C3中按住右下角的"填充控点"往下拖曳，至最后一位业务员放开鼠标左键，可以快速完成所有业务员的评比。

## 48 取得数值的百分比
### 根据业绩值求得等级和评比结果

PERCENTRANK函数可以求得特定数值在整体数值中所占的百分比，等级最小是0%，等级最大是100%。

### ◯ 案例分析

在业绩评比中，往往无法直接得知该员工的业绩在整体业绩中所占的百分比是多少，因此可以先用PERCENTRANK函数求得各个员工业绩的等级，再根据等级的值进行评比。

| | 业绩评比表 | | |
|---|---|---|---|
| 业务员 | 业绩 | 等级 | 评比结果 |
| 蔡佳谕 | | 43% | 待努力 |
| 王柏湖 | 35,800 | 71% | 优 |
| 李馨盈 | 38,000 | 86% | 优 |
| 蔡雅治 | 19,700 | 0% | 待努力 |
| 曾定其 | 22,000 | 14% | 待努力 |
| 高雅筑 | 28,000 | 29% | 待努力 |
| 黄筱淳 | 32,000 | 57% | 待努力 |
| 杨佩颖 | 43,200 | 100% | 优 |

以PERCENTRANK函数将整体的业绩成绩指定为主要的数据范围，再指定要求等级的业绩值，这样即可求得"等级"（百分比）

以"等级"的值给予各个业务员合适的评比，大于70%的评为"优"，没达到标准的则评为"待努力"

### PERCENTRANK 函数　　　　　　　　　　　｜ 统计函数

说明： 取得范围中指定数值的百分比。

公式： PERCENTRANK(范围,想求出百分比的数值,有效位数)

参数： 范围　　　想求出百分比等级的整体数据范围。

　　　 百分比数值 想求出百分比等级的个别数值或单元格。

　　　 有效位数　若是省略则会被当作3，求到小数点以下第3位；若是输入小于1的值，则会出现错误信息。

### IF 函数　　　　　　　　　　　　　　　　　｜ 逻辑函数

说明： IF函数是一个判断式，可以根据条件判断的结果分别处理。

公式： IF(条件,条件成立,条件不成立)

## 操作说明

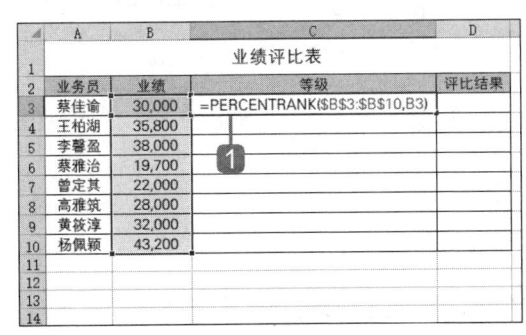

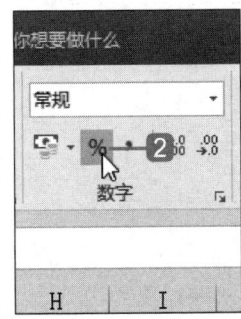

[1] 在单元格C3中使用PERCENTRANK函数求得第一位员工的业绩等级,以十位员工的业绩数据作为整体数据范围(单元格B3:B10),再指定想求出百分比的数值,输入公式:=PERCENTRANK($B$3:$B$10,B3)。

下个步骤要复制这个公式,所以使用绝对参照指定业绩数据的整体范围

[2] 选取刚才输入公式的单元格C3,在"开始"工具栏的"数字"功能区中单击"百分比样式"按钮,将单元格中的值转换为百分比格式。

[3] 在单元格C3中按住右下角的"填充控点"往下拖曳,至最后一位业务员放开鼠标左键,可以快速求得所有业务员的等级。

[4] 在单元格D3中使用IF函数的判断式,当该员工的"等级"值大于70%时评为"优",不符合则评为"待努力",输入公式:=IF(C3>70%,"优","待努力")。

[5] 在单元格D3中按住右下角的"填充控点"往下拖曳,至最后一位业务员放开鼠标左键,可以快速完成所有业务员的评比。

105

## 49 取得垂直参照表中符合条件的数据
### 根据课程费用表求得各门课程的费用

VLOOKUP函数的"V"代表Vertical，垂直的意思，因此可以从垂直参照表中判断符合条件的数据传回并加以显示。

### ◎ 案例分析

选课表将参照右侧的课程费用表制定，首先在课程费用表中找到目前学员选择的课程名称，并传回其对应的专家价金额。

|   | A | B | C | D | E | F | G | H |
|---|---|---|---|---|---|---|---|---|
| 1 |   | 台北店 |   |   | 课程价格表 |   |   |   |
| 2 | 学员姓名 | 课程名称 | 专家价 |   | 课程名称 | 专家价 |   |   |
| 3 | 林玉芬 | 多媒体网页设计 | 13,999 |   | 创意美术设计 | 15,499 |   |   |
| 4 | 李于真 | 品牌形象设计整合 | 21,999 |   | 多媒体网页设计 | 13,999 |   |   |
| 5 | 李怡菁 | 多媒体网页视觉设计 | 14,888 |   | 美术创意视觉设计 | 19,990 |   |   |
| 6 | 林馨仪 | 创意美术设计 | 15,499 |   | 品牌形象设计整合 | 21,999 |   |   |
| 7 | 郭碧辉 | 品牌形象设计整合 | 21,999 |   | 多媒体网页视觉设计 | 14,888 |   |   |
| 8 | 曾佩如 | 行动装置UI设计 | 12,888 |   | 全动态购物网站设计 | 12,888 |   |   |
| 9 | 黄雅琪 | 美术创意视觉设计 | 19,990 |   | 行动装置UI设计 | 12,888 |   |   |
| 10 | 杨燕珍 | TQC专业认证 | 12,345 |   | TQC专业认证 | 12,345 |   |   |
| 11 | 侯允圣 | 行动装置UI设计 | 12,888 |   |   |   |   |   |
| 12 | 姚明惠 | TQC专业认证 | 12,345 |   |   |   |   |   |

查找值　　　　　　　参照表范围

### VLOOKUP 函数　　　　　　　　　　| 查找和引用函数

说明：从垂直参照表中取得符合条件的数据。

公式：VLOOKUP(查找值,参照范围,列数,查找形式)

参数：
　　查找值　　指定查找的单元格位址或数值。

　　参照范围　指定参照表范围（不包含标题栏）。

　　列数　　　数值，指定传回参照表范围由左算起第几列的数据。

　　查找形式　查找的方法有TRUE（1）或FALSE（0）。当值为TRUE或被省略时，会以大约符合的方式查找，如果找不到完全符合的值则传回仅次于查找值的最大值；当值为FALSE时，会查找完全符合的数值，如果找不到则传回错误值#N/A。

## 操作说明

| | A | B | C | D | E | F | G |
|---|---|---|---|---|---|---|---|
| 1 | | 台北店 | | | 课程价格表 | | |
| 2 | 学员姓名 | 课程名称 | 专家价 | | 课程名称 | 专家价 | |
| 3 | 林玉芬 | 多媒体网页设计 | =VLOOKUP(B3,$E$3:$F$10,2,0) | | 创意美术设计 | 15,499 | |
| 4 | 李于真 | 品牌形象设计整合 | | | 多媒体网页设计 | 13,999 | |
| 5 | 李怡菁 | 多媒体网页视觉设计 | | ① | 美术创意视觉设计 | 19,990 | |
| 6 | 林馨仪 | 创意美术设计 | | | 品牌形象设计整合 | 21,999 | |
| 7 | 郭碧辉 | 品牌形象设计整合 | | | 多媒体网页视觉设计 | 14,888 | |
| 8 | 曾佩如 | 行动装置UI设计 | | | 全动态购物网站设计 | 12,888 | |
| 9 | 黄雅琪 | 美术创意视觉设计 | | | 行动装置UI设计 | 12,888 | |
| 10 | 杨燕珍 | TQC专业认证 | | | TQC专业认证 | 12,345 | |
| 11 | 侯允圣 | 行动装置UI设计 | | | | | |
| 12 | 姚明惠 | TQC专业认证 | | | | | |

**1** 在单元格C3中使用VLOOKUP函数求得课程的专家价，指定要比对的查找值（单元格B3），指定参照范围（单元格范围E3:F10，不包含标题栏），最后指定传回参照范围由左数的第二列的值，并且需要查找完全符合的值，输入公式：=VLOOKUP(B3,$E$3:$F$10,2,0)。

下个步骤要复制这个公式，所以使用绝对参照指定参照范围

| | A | B | C | D | E | F | G |
|---|---|---|---|---|---|---|---|
| 1 | | 台北店 | | | 课程价格表 | | |
| 2 | 学员姓名 | 课程名称 | 专家价 | | 课程名称 | 专家价 | |
| 3 | 林玉芬 | 多媒体网页设计 | 13,999 | | 创意美术设计 | 15,499 | |
| 4 | 李于真 | 品牌形象设计整合 | 21,999 | | 多媒体网页设计 | 13,999 | |
| 5 | 李怡菁 | 多媒体网页视觉设计 | 14,888 | | 美术创意视觉设计 | 19,990 | |
| 6 | 林馨仪 | 创意美术设计 | 15,499 | | 品牌形象设计整合 | 21,999 | |
| 7 | 郭碧辉 | 品牌形象设计整合 | 21,999 | | 多媒体网页视觉设计 | 14,888 | |
| 8 | 曾佩如 | 行动装置UI设计 | 12,888 | | 全动态购物网站设计 | 12,888 | |
| 9 | 黄雅琪 | 美术创意视觉设计 | 19,990 | | 行动装置UI设计 | 12,888 | |
| 10 | 杨燕珍 | TQC专业认证 | 12,345 | | TQC专业认证 | 12,345 | |
| 11 | 侯允圣 | 行动装置UI设计 | 12,888 | | | | |
| 12 | 姚明惠 | TQC专业认证 | 12,345 | | | | |

**2** 在单元格C3中按住右下角的"填充控点"往下拖曳，至最后一位学员放开鼠标左键，可以快速完成所有专家价的显示。

### Tips

**参照显示时出现了#N/A错误值**

如果查找值（此案例中是学员选课的课程名称）是当前参照表中所没有的项目，这样传回的值就会出现错误值#N/A，这时可以检查一下课程名称是否输入错误或是否有新开设的课程但还未加入参照表中。

| | A | B | C |
|---|---|---|---|
| 1 | | 台北店 | |
| 2 | 学员姓名 | 课程名称 | 专家价 |
| 3 | 林玉芬 | MOS考试认证 | #N/A |
| 4 | 李于真 | 品牌形象设计整合 | 21,999 |
| 5 | 李怡菁 | 多媒体网页视觉设计 | 14,888 |
| 6 | 林馨仪 | 创意美术设计 | 15,499 |
| 7 | 郭碧辉 | 品牌形象设计整合 | 21,999 |
| 8 | 曾佩如 | 行动装置UI设计 | 12,888 |

## 50 取得水平参照表中符合条件的数据
### 根据课程费用表求得各门课程的费用

与VLOOKUP函数用法相似，HLOOKUP函数的"H"代表horizontal，水平的意思，因此可以从水平参照表中判断符合条件的数据传回并加以显示。

### ● 案例分析

选课单将参照下方的课程费用表制定，首先在课程费用表中找到目前学员选择的课程名称，并传回其对应的专家价金额。

查找值

| | A | B | C | D | E | F |
|---|---|---|---|---|---|---|
| 1 | | 台北店 | | | | |
| 2 | 学员姓名 | 课程名称 | 专家价 | | | |
| 3 | 林玉芬 | 多媒体网页设计 | 13,999 | | | |
| 4 | 李于真 | 品牌形象设计整合 | 21,999 | | | |
| 5 | 李怡菁 | 多媒体网页视觉设计 | 14,888 | | | |
| 6 | 林馨仪 | 创意美术设计 | 15,499 | | | |
| 7 | 郭碧辉 | 品牌形象设计整合 | 21,999 | | | |
| 8 | 曾佩如 | 多媒体网页设计 | 13,999 | | | |
| 9 | 黄雅琪 | 美术创意视觉设计 | 19,990 | | | |
| 10 | 杨燕珍 | 创意美术设计 | 15,499 | | | |
| 11 | 侯允圣 | 品牌形象设计整合 | 21,999 | | | |
| 12 | 姚明惠 | 创意美术设计 | 15,499 | | | |
| 13 | | | | | | |
| 14 | | | | 课程费用表 | | |
| 15 | 课程名称 | 创意美术设计 | 多媒体网页设计 | 美术创意视觉设计 | 品牌形象设计整合 | 多媒体网页视觉设计 |
| 16 | 专家价 | 15,499 | 13,999 | 19,990 | 21,999 | 14,888 |

参照表范围

### HLOOKUP 函数
> 查找和引用函数

说明：从水平参照表中取得符合条件的数据。

公式：HLOOKUP(查找值,参照范围,列数,查找形式)

参数：
- 查找值　　指定查找的单元格位址或数值。
- 参照范围　指定参照表范围（不包含标题栏）。
- 列数　　　数值，指定传回参照表范围由上算起第几行的数据。
- 查找形式　查找的方法有TRUE（1）或FALSE（0）。当值为TRUE或被省略时，会以大约符合的方式查找，如果找不到完全符合的值则传回仅次于查找值的最大值；当值为FALSE时，会查找完全符合的数值，如果找不到则传回错误值#N/A。

## 操作说明

|   | A | B | C | D | E | F |
|---|---|---|---|---|---|---|
| 1 |   |   | 台北店 |   |   |   |
| 2 | 学员姓名 | 课程名称 | 专家价 |   |   |   |
| 3 | 林玉芬 | 多媒体网页设计 | =HLOOKUP(B3,$B$15:$F$16,2,0) |   |   |   |
| 4 | 李于真 | 品牌形象设计整合 |   |   |   |   |
| 5 | 李怡菁 | 多媒体网页视觉设计 |   |   |   |   |
| 6 | 林馨仪 | 创意美术设计 |   |   |   |   |
| 7 | 郭碧辉 | 品牌形象设计整合 |   |   |   |   |
| 8 | 曾佩如 | 多媒体网页设计 |   |   |   |   |
| 9 | 黄雅琪 | 美术创意视觉设计 |   |   |   |   |
| 10 | 杨燕珍 | 创意美术设计 |   |   |   |   |
| 11 | 侯允圣 | 品牌形象设计整合 |   |   |   |   |
| 12 | 姚明惠 | 创意美术设计 |   |   |   |   |
| 13 |   |   |   |   |   |   |
| 14 |   |   |   | 课程费用表 |   |   |
| 15 | 课程名称 | 创意美术设计 | 多媒体网页设计 | 美术创意视觉设计 | 品牌形象设计整合 | 多媒体网页视觉设计 |
| 16 | 专家价 | 15,499 | 13,999 | 19,990 | 21,999 | 14,888 |

**1** 在单元格C3中使用HLOOKUP函数求得课程的专家价，指定要比对的查找值（单元格B3），指定参照范围（单元格范围B15:F16，不包含标题栏），最后指定传回参照范围由上数的第二行的值，并且需要查找完全符合的值，输入公式：=HLOOKUP(B3,$B$15:$F$16,2,0)。

下个步骤要复制这个公式，所以使用绝对参照指定参照范围

|   | A | B | C | D | E | F |
|---|---|---|---|---|---|---|
| 1 |   |   | 台北店 |   |   |   |
| 2 | 学员姓名 | 课程名称 | 专家价 |   |   |   |
| 3 | 林玉芬 | 多媒体网页设计 | 13,999 |   |   |   |
| 4 | 李于真 | 品牌形象设计整合 | 21,999 |   |   |   |
| 5 | 李怡菁 | 多媒体网页视觉设计 | 14,888 |   |   |   |
| 6 | 林馨仪 | 创意美术设计 | 15,499 |   |   |   |
| 7 | 郭碧辉 | 品牌形象设计整合 | 21,999 |   |   |   |
| 8 | 曾佩如 | 多媒体网页设计 | 13,999 |   |   |   |
| 9 | 黄雅琪 | 美术创意视觉设计 | 19,990 |   |   |   |
| 10 | 杨燕珍 | 创意美术设计 | 15,499 |   |   |   |
| 11 | 侯允圣 | 品牌形象设计整合 | 21,999 |   |   |   |
| 12 | 姚明惠 | 创意美术设计 | 15,499 |   |   |   |
| 13 |   |   |   |   |   |   |
| 14 |   |   |   | 课程费用表 |   |   |
| 15 | 课程名称 | 创意美术设计 | 多媒体网页设计 | 美术创意视觉设计 | 品牌形象设计整合 | 多媒体网页视觉设计 |
| 16 | 专家价 | 15,499 | 13,999 | 19,990 | 21,999 | 14,888 |

**2** 在单元格C3中按住右下角的"填充控点"往下拖曳，至最后一位学员放开鼠标左键，可以快速完成所有专家价的显示。

## 51 快速取得其他工作表中的值

多张工作表同时从另一张工作表中取得商品名称和单价

当手头有多个工作表且这些工作表中数据的数量和项目名称均相同时，这时如果需要统一取得另一个工作表中的值，同样使用VLOOKUP函数就对了。

### ▶ 案例分析

在进货表中首先检查"北区分店进货表"和"中区分店进货表"两个工作表内数据的数量和项目名称均相同，接着要先将这两个工作表组合成一个工作群组，再使用VLOOKUP函数同时取得"商品名细"工作表中单元格范围A3:C10中的值。

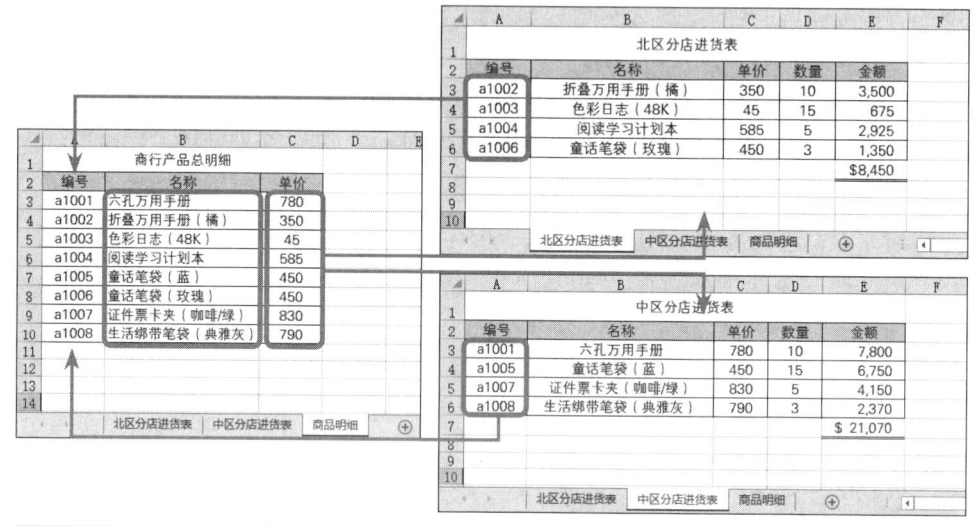

| | A | B | C | D | E | F |
|---|---|---|---|---|---|---|
| 1 | | 北区分店进货表 | | | | |
| 2 | 编号 | 名称 | 单价 | 数量 | 金额 | |
| 3 | a1002 | 折叠万用手册（橘） | 350 | 10 | 3,500 | |
| 4 | a1003 | 色彩日志（48K） | 45 | 15 | 675 | |
| 5 | a1004 | 阅读学习计划本 | 585 | 5 | 2,925 | |
| 6 | a1006 | 童话笔袋（玫瑰） | 450 | 3 | 1,350 | |
| 7 | | | | | $8,450 | |

| | A | B | C | D |
|---|---|---|---|---|
| 1 | | 商行产品总明细 | | |
| 2 | 编号 | 名称 | 单价 | |
| 3 | a1001 | 六孔万用手册 | 780 | |
| 4 | a1002 | 折叠万用手册（橘） | 350 | |
| 5 | a1003 | 色彩日志（48K） | 45 | |
| 6 | a1004 | 阅读学习计划本 | 585 | |
| 7 | a1005 | 童话笔袋（蓝） | 450 | |
| 8 | a1006 | 童话笔袋（玫瑰） | 450 | |
| 9 | a1007 | 证件票卡夹（咖啡/绿） | 830 | |
| 10 | a1008 | 生活绑带笔袋（典雅灰） | 790 | |

| | A | B | C | D | E | F |
|---|---|---|---|---|---|---|
| 1 | | 中区分店进货表 | | | | |
| 2 | 编号 | 名称 | 单价 | 数量 | 金额 | |
| 3 | a1001 | 六孔万用手册 | 780 | 10 | 7,800 | |
| 4 | a1005 | 童话笔袋（蓝） | 450 | 15 | 6,750 | |
| 5 | a1007 | 证件票卡夹（咖啡/绿） | 830 | 5 | 4,150 | |
| 6 | a1008 | 生活绑带笔袋（典雅灰） | 790 | 3 | 2,370 | |
| 7 | | | | | $ 21,070 | |

### VLOOKUP 函数 | 查找和引用函数

说明：从垂直参照表中取得符合条件的数据。

公式：VLOOKUP(查找值,参照范围,列数,查找形式)

参数：**查找值**　　指定查找的单元格位址或数值。

　　　**参照范围**　指定参照表范围（不包含标题栏）。

　　　**列数**　　　数值，指定传回单元格范围由左算起第几列的数据。

　　　**查找形式**　查找的方法有TRUE（1）或FALSE（0）。当值为TRUE或被省略时，会以大约符合的方式查找，如果找不到完全符合的值则传回仅次于查找值的最大值；当值为FALSE时，会查找完全符合的数值，如果找不到则传回错误值#N/A。

## 操作说明

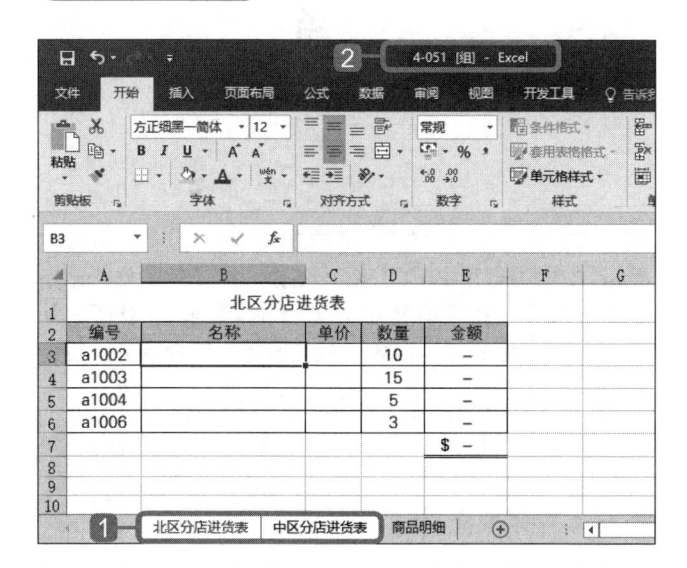

1. 按住 `Ctrl` 键不放，用鼠标左键分别选择"北区分店进货表"和"中区分店进货表"两个工作表标签，这样Excel会将这两个工作表视为一个群组。

2. 当这两个工作表成为群组进行作业时，会发现视窗最上方显示了"[组]"。

3. 在"北区分店进货表"的单元格B3中使用VLOOKUP函数求得产品名称，指定要比对的"编号"数据（单元格A3），指定参照范围（"商品明细"工作表单元格范围A3:C10），最后指定传回参照范围是由左数第二列的值并需要查找完全符合的值，输入公式：=VLOOKUP(A3,商品名细!$A$3:$C$10,2,0)。

输入"!"标注再输入参照表所在的工作表名称，这样即能参照该张工作表的指定范围（"!"需要为半角符号）

下页的步骤要复制这个公式，所以使用绝对参照指定参照范围

|   | A | B | C | D | E |
|---|---|---|---|---|---|
| 1 |   |   | 北区分店进货表 |   |   |
| 2 | 编号 | 名称 | 单价 | 数量 | 金额 |
| 3 | a1002 | 折叠万用手册（橘） | =VLOOKUP(A3,商品明细!$A$3:$C$10,3,0) | 10 | 3,500 |
| 4 | a1003 |   |   | 15 | – |
| 5 | a1004 |   |   | 5 | – |
| 6 | a1006 |   |   | 3 | – |
| 7 |   |   |   |   | $3,500 |

**4** 在"北区分店进货表"的单元格C3中同样使用VLOOKUP函数求得产品的单价，指定要比对的"编号"数据（单元格A3），指定参照范围（"商品明细"工作表单元格范围A3:C10），最后指定传回参照范围是由左数第三列的值并需要查找完全符合的值，输入公式：=VLOOKUP(A3,商品名细!$A$3:$C$10,3,0)。

输入"!"标注再输入参照表所在的工作表名称，这样即能参照该张工作表的指定范围（"!"需要为半角符号）

下个步骤要复制这个公式，所以使用绝对参照指定参照范围

|   | 北区分店进货表 |   |   |   |
|---|---|---|---|---|
| 编号 | 名称 | 单价 | 数量 | 金额 |
| a1002 | 折叠万用手册（橘） | 350 | 10 | 3,500 |
| a1003 | 色彩日志（48K） | 45 | 15 | 675 |
| a1004 | 阅读学习计划本 | 585 | 5 | 2,925 |
| a1006 | 童话笔袋（玫瑰） | 450 | 3 | 1,350 |
|   |   |   |   | $8,450 |

**5** 拖曳选取单元格B3和C3，按住单元格C3右下角的"填充控点"往下拖曳，至最后一项商品项目再放开鼠标左键，可以快速完成所有商品"名称"和"单价"的参照显示。

|   | A | B | C | D | E | F |
|---|---|---|---|---|---|---|
| 1 |   |   | 中区分店进货表 |   |   |   |
| 2 | 编号 | 名称 | 单价 | 数量 | 金额 |   |
| 3 | a1001 | 六孔万用手册 | 780 | 10 | 7,800 |   |
| 4 | a1005 | 童话笔袋（蓝） | 450 | 15 | 6,750 |   |
| 5 | a1007 | 证件票卡夹（咖啡/绿） | 830 | 5 | 4,150 |   |
| 6 | a1008 | 生活绑带笔袋（典雅灰） | 790 | 3 | 2,370 |   |
| 7 |   |   |   |   | $ 21,070 |   |

**6** 切换至"中区分店进货表"工作表，可以看到也同时完成了这个工作表内商品"名称"和"单价"参照数据的获取。

## 52 取得多个表格中的数据

先定义单元格范围名称，再从两类商品中根据指定类别取出对应的值

面对多个表格的数据时，可以更灵活地使用VLOOKUP函数取得正确的数据。

### ▶ 案例分析

在商行产品总明细中有"手册"和"文具"两个类别的商品数据，其编号均是由1001开始的流水号，如果单纯用"编号"中的值来取得数据是不正确的。

在"商品检索"中希望输入"类别"名称会自动判断出要检索哪类商品，再使用"编号"取得该类别中正确的商品名称。如此一来，需要先为这两个类别的数据定义范围名称，再使用VLOOKUP函数搭配INDIRECT函数在正确的数据范围中取得数据。

范围名称：手册

| | A | B | C | D | E | F |
|---|---|---|---|---|---|---|
| 1 | 商行产品总明细——手册 | | | | | |
| 2 | 编号 | 名称 | 单价（元） | | 商品检索 | |
| 3 | 1001 | 六孔万用手册 | 780 | | 类别 | 手册 |
| 4 | 1002 | 折叠万用手册（橘） | 350 | | 编号 | 1003 |
| 5 | 1003 | 色彩日志（48K） | 45 | | 名称 | 色彩日志（48K） |
| 6 | 1004 | 阅读学习计划本 | 585 | | 单价（元） | 45 |
| 7 | | | | | | |
| 8 | 商行产品总明细——文具 | | | | | |
| 9 | 编号 | 名称 | 单价（元） | | | |
| 10 | 1001 | 童话笔袋（蓝） | 450 | | | |
| 11 | 1002 | 童话笔袋（玫瑰） | 450 | | | |
| 12 | 1003 | 证件票卡夹（咖啡/绿） | 830 | | | |
| 13 | 1004 | 生活绑带笔袋（典雅灰） | 790 | | | |
| 14 | | | | | | |

范围名称：文具

### VLOOKUP 函数     ┃ 查找和引用函数

说明： 从垂直参照表中取得符合条件的数据。

公式： VLOOKUP(查找值,参照范围,列数,查找形式)

参数： 查找值　　指定查找的单元格位址或数值。

　　　参照范围　指定参照表的范围（不包含标题栏）。

　　　列数　　　数值，指定传回参照表范围由左算起第几列的数据。

　　　查找形式　查找的方法有TRUE（1）或FALSE（0）。值为TRUE或被省略时，
　　　　　　　　会以大约符合的方式查找；值为FALSE时，会查找完全符合的数值。

## INDIRECT 函数

| 查找和引用函数

说明：传回指定字符串所对应的单元格范围。

公式：INDIRECT(字符串)

参数：字符串 可以是单元格名称或范围名称，通过INDIRECT函数将字符串内容转换为对应的范围。

### 操作说明

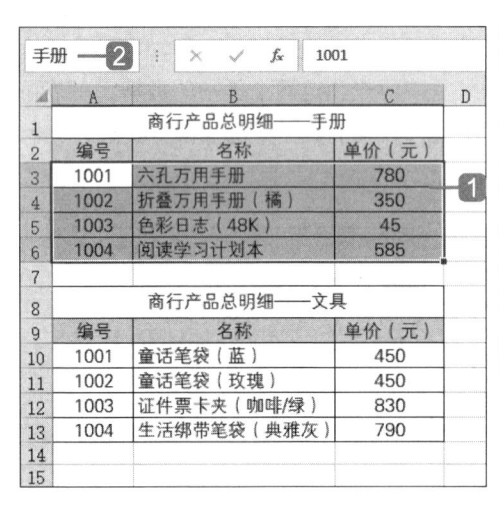

1. 选取"手册"类商品的数据范围单元格A3:C6。
2. 在"名称"输入框中输入"手册"，按 Enter 键完成该数据范围的命名。
3. 同样地，选取"文具"类商品的数据范围单元格A10:C13，在"名称"输入框中输入"文具"，按 Enter 键完成该数据范围的命名。

### Tips

**编辑和删除已命名的单元格范围名称**

数据范围命名后才发现范围选错了或想删除不需要的名称，可以在"公式"工具栏中单击"名称管理器"按钮，在其对话框中可以看到Excel中各个工作表已经命名的项目，并可以进行编辑或删除。

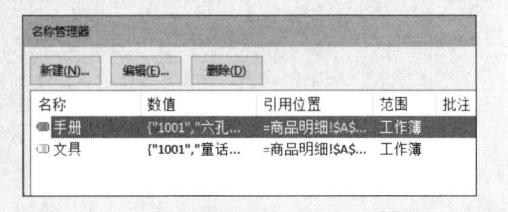

| | A | B | C | D | E | F | G |
|---|---|---|---|---|---|---|---|
| 1 | | 商行产品总明细——手册 | | | | 商品检索 | |
| 2 | 编号 | 名称 | 单价（元） | | | | |
| 3 | 1001 | 六孔万用手册 | 780 | | 类别 | | |
| 4 | 1002 | 折叠万用手册（橘） | 350 | | 编号 | | |
| 5 | 1003 | 色彩日志（48K） | 45 | | 名称 | =VLOOKUP(F4,INDIRECT(F3),2,0) | |
| 6 | 1004 | 阅读学习计划本 | 585 | | 单价（元） | | |
| 7 | | | | | | | |
| 8 | | 商行产品总明细——文具 | | | | | |
| 9 | 编号 | 名称 | 单价（元） | | | | |
| 10 | 1001 | 童话笔袋（蓝） | 450 | | | | |
| 11 | 1002 | 童话笔袋（玫瑰） | 450 | | | | |
| 12 | 1003 | 证件票卡夹（咖啡/绿） | 830 | | | | |
| 13 | 1004 | 生活绑带笔袋（典雅灰） | 790 | | | | |
| 14 | | | | | | | |
| 15 | | | | | | | |

**4** 在单元格F5中检索商品"名称"，使用VLOOKUP函数并搭配INDIRECT函数将单元格F3中的字符串转换为范围名称以找到正确的商品"类别"，输入公式：
=VLOOKUP(F4,INDIRECT(F3),2,0)。

"编号"的值（单元格F4）为查找值

范围的指定使用INDIRECT函数将单元格F3中的字符串转换为范围名称以找到正确的商品"类别"

指定传回参照范围左数的第二列的值

查找完全符合的值

**5** 这时会出现错误信息，别担心，只要在单元格F3和F4中分别输入要检索的"类别"和"编号"，就可以检索出正确的商品"名称"了。

| | A | B | C | D | E | F | G | H |
|---|---|---|---|---|---|---|---|---|
| 1 | 商行产品总明细——手册 | | | | | 商品检索 | | |
| 2 | 编号 | 名称 | 单价（元） | | 类别 | 手册 | | |
| 3 | 1001 | 六孔万用手册 | 780 | | 编号 | 1003 | | |
| 4 | 1002 | 折叠万用手册（橘） | 350 | | 名称 | 色彩日志（48K） | | |
| 5 | 1003 | 色彩日志（48K） | 45 | | 单价（元） | =VLOOKUP(F4,INDIRECT(F3),3,0) | | |
| 6 | 1004 | 阅读学习计划本 | 585 | | | | | |
| 7 | | | | | | | | |
| 8 | 商行产品总明细——文具 | | | | | | | |
| 9 | 编号 | 名称 | 单价（元） | | | | | |
| 10 | 1001 | 童话笔袋（蓝） | 450 | | | | | |
| 11 | 1002 | 童话笔袋（玫瑰） | 450 | | | | | |

6 在单元格F6中检索商品"单价"，同样使用VLOOKUP函数并搭配INDIRECT函数将单元格F3内的字符串转换为范围名称以找到正确的商品"类别"，输入公式：=VLOOKUP(F4,INDIRECT(F3),3,0)。

"编号"的值（单元格F4）为查找值

范围的指定使用INDIRECT函数将单元格F3中的字符串转换为范围名称以找到正确的商品"类别"

指定传回参照范围左数第三列的值

查找完全符合的值

### Tips

**检索数据从清单中选取**

这个案例在检索时需要输入"类别"和"编号"数据，如果输入错误就无法正确地取得需要的内容，可以让使用者在下拉式清单中直接选择要检索的"类别"和"编号"数据项目，这样是不是更方便！

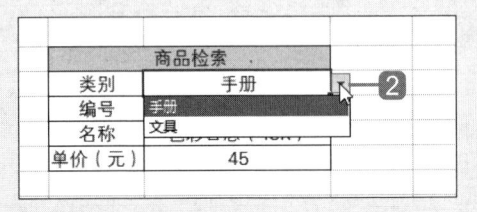

1 选取要设定为清单的单元格F3，在"数据"工具栏中单击"数据验证"按钮。

在"数据验证"对话框的"设置"面板中设定单元格内允许"序列"，在"来源"输入框中输入项目名称（项目名称之间用半角逗号分隔）（若项目是工作表中的值也可以输入单元格范围），最后单击"确定"按钮完成设定。

2 选取单元格F3，再单击右侧出现的按钮，则可以从清单中选择需要的项目。

## 53 取得指定行和列交会的值

先定义单元格范围名称，再根据指定的房型、床位检索房价信息

先给数据的单元格范围命名，再使用INDIRECT函数从多个已命名的行、列单元格范围找出交会点并取出该点的值。

### ● 案例分析

房价表中的三款床位数据是垂直列的单元格范围（B3:B8、C3:C8、D3:D8），而六款房型数据是水平行的单元格范围（B3:D3、B4:D4、B5:D5、B6:D6、B7:D7、B8:D8）。针对以上九个单元格范围先进行命名后，就可以通过INDIRECT函数检索出指定"房型"和"床位"的房间价位。

| | A | B | C | D | E | F | G | H |
|---|---|---|---|---|---|---|---|---|
| 1 | | | | | | | | |
| 2 | 房型 | 一大床2人房 | 二小床2人房 | 二大床4人房 | | 房价信息 | | |
| 3 | 精致客房 | 3,500 | 3,800 | 4,000 | | 房型 | 尊爵客房 | |
| 4 | | | | | | 床位 | 二小床2人房 | |
| 5 | 尊爵客房 | 4,500 | 4,500 | 4,800 | | 价位 | 4500 | |
| 6 | | | | | | | | |
| 7 | 家庭精致客房 | 5,200 | 5,500 | 6,000 | | | | |
| 8 | | | | | | | | |
| 9 | | | | | | | | |
| 10 | | | | | | | | |
| 11 | | | | | | | | |

### INDIRECT 函数

| 查找和引用函数

说明：传回指定字符串所对应的单元格范围。

公式：INDIRECT(字符串)

参数：字符串 可以是单元格名称或范围名称，通过INDIRECT函数将字符串内容转换为对应的范围。

> 操作说明

1. 除了可以一一选取单元格范围再在名称框中进行命名，也可以使用行标题或列标题来快速命名。在此选取包含列标题的单元格范围B2:D8，再在"公式"工具栏中单击"根据所选内容创建定义的名称"按钮。

2. 接着在"根据所选内容创建名称"对话框中勾选"首行"选项，再单击"确定"按钮，就能以列标题建立三组单元格范围名称，分别为"一大床2人房""二小床2人房""二大床4人房"。

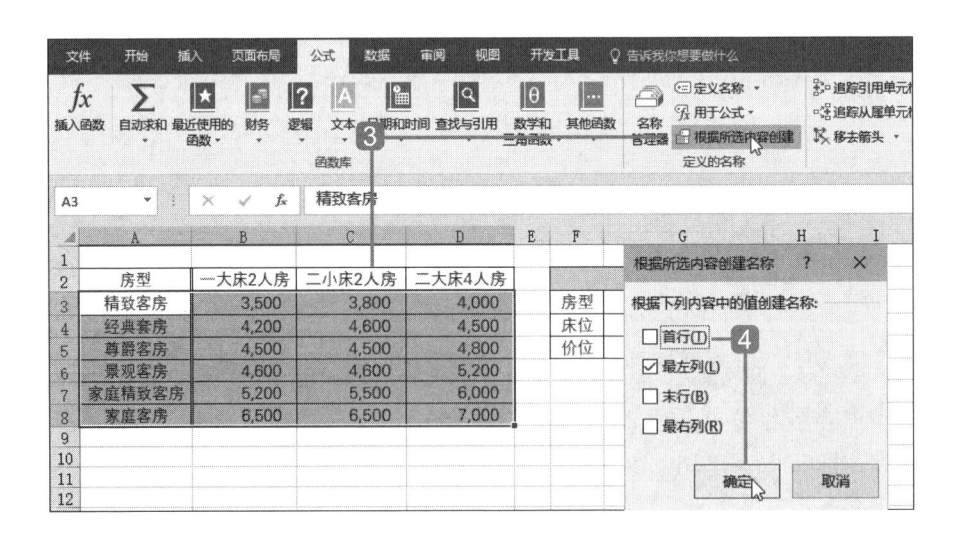

3 同样地，选取包含行标题的单元格范围A3:D8，再在"公式"工具栏中单击"根据所选内容创建定义的名称"按钮。

4 接着在"根据所选内容创建名称"对话框中勾选"最左列"选项，再单击"确定"按钮，就能以行标题建立六组单元格范围名称，分别为"精致客房""经典套房""尊爵客房""景观客房""家庭精致客房""家庭客房"。

| | A | B | C | D | E | F | G | H |
|---|---|---|---|---|---|---|---|---|
| 1 | | | | | | | | |
| 2 | 房型 | 一大床2人房 | 二小床2人房 | 二大床4人房 | | | 房价信息 | |
| 3 | 精致客房 | 3,500 | 3,800 | 4,000 | | 房型 | 尊爵客房 | |
| 4 | 经典套房 | 4,200 | 4,600 | 4,500 | | 床位 | 二小床2人房 | |
| 5 | 尊爵客房 | 4,500 | 4,500 | 4,800 | | 价位 | =INDIRECT(G3) INDIRECT(G4) | |
| 6 | 景观客房 | 4,600 | 4,600 | 5,200 | | | | |
| 7 | 家庭精致客房 | 5,200 | 5,500 | 6,000 | | | | |
| 8 | 家庭客房 | 6,500 | 6,500 | 7,000 | | | | |

5 完成九组的单元格范围命名后，在单元格G5中使用INDIRECT函数来取得行、列交会的值，输入公式：=INDIRECT(G3) INDIRECT(G4)。

以此单元格中的字符串取得相同名称的范围

用半角空格衔接行范围和列范围，取出其交会的值

以此单元格中的字符串取得相同名称的范围

### Tips

**编辑和删除已命名的单元格范围名称**

数据范围命名后才发现范围选错了或想删除不需要的名称，可以在"公式"工具栏中单击"名称管理器"按钮，在其对话框中可以看到Excel中各个工作表已经命名的项目，并可以进行编辑或删除。

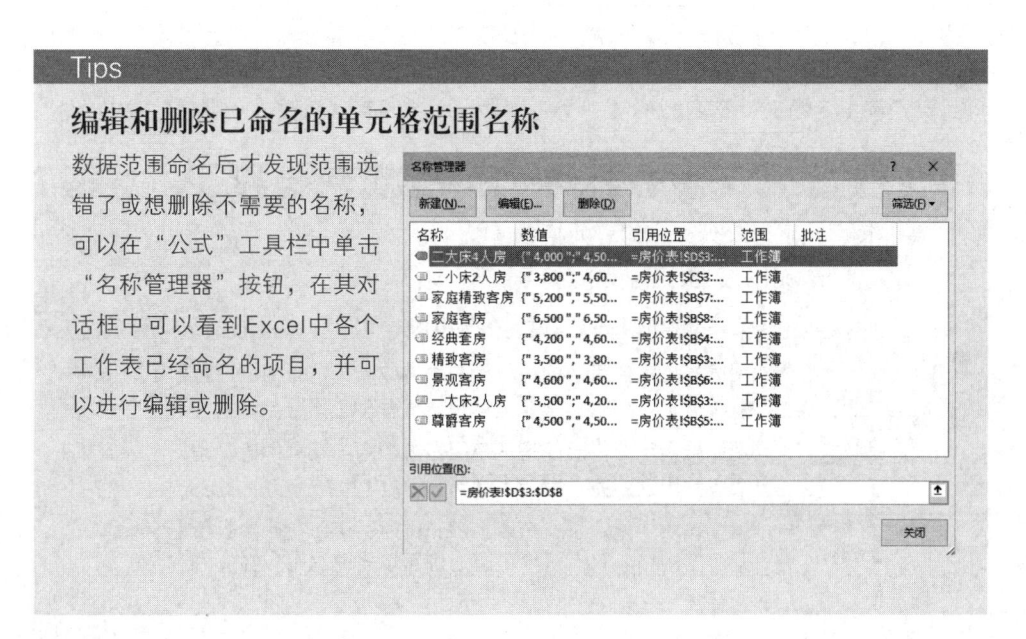

## 54 取得指定行和列交会的值
指定取出数据范围中第二行第三列的值

INDEX函数可以传回指定的行、列交会处的单元格数值，只要轻松指定范围内的行号和列号就能取得需要的数据。

### 案例分析

在美发费用一览表中，首先将费用数据指定给INDEX函数，再将"头发长度编号"的值指定给INDEX函数的行号参数，将"项目编号"的值指定给INDEX函数的列号参数，这样就能得到交会处的值。

参照的范围

|  | A | B | C | D | E | F | G |
|---|---|---|---|---|---|---|---|
| 1 |  | 美发费用一览表 ||||||
| 2 |  | 项目1 | 项目2 | 项目3 | 项目4 | 项目5 | 项目6 |
| 3 |  | 一般烫发 | 发根烫 | 热塑烫 | 陶瓷烫 | 发质调理 | 极致护发 |
| 4 | 长度1（短发） | 2,300 | 2,300 | 3,300 | 3,500 | 600 | 1,200 |
| 5 | 长度2（中长发） | 2,500 | 2,500 | 3,500 | 4,000 | 800 | 1,400 |
| 6 | 长度3（长发） | 2,800 | 2,800 | 3,800 | 4,500 | 1,000 | 1,600 |
| 7 |  |  |  |  |  |  |  |
| 8 | 项目编号 | 3 |  |  |  |  |  |
| 9 | 头发长度编号 | 2 |  |  |  |  |  |
| 10 | 费用 | 3,500 |  |  |  |  |  |
| 11 |  |  |  |  |  |  |  |

"头发长度编号"包括长度1（短发）、长度2（中长发）、长度3（长发）这三行数据，所以将此单元格指定给INDEX函数的"行号"参数

"项目编号"包括项目1到项目6这六列数据，所以将此单元格指定给INDEX函数的"列号"参数

### INDEX 函数
查找和引用函数

说明：传回指定行、列交会的单元格数值。

公式：INDEX(范围,行号,列号,区域编号)

参数：
- 范围　　指定参照的范围，若有多个范围则用逗号（,）分隔。
- 行号　　用编号指定要传回的是从范围上方数来第几行的值，若指定的值超过范围中行的值，则会出现错误值#REF!。
- 列号　　用编号指定要传回的是从范围左方数来第几列的值，若指定的值超过范围中列的值，则会出现错误值#REF!。
- 区域编号　当工作表中指定了一个以上的范围时，可以在此参数指定要参考第几个范围，若只有一个范围时则可以省略这个参数值。

## 操作说明

| | A | B | C | D | E | F | G |
|---|---|---|---|---|---|---|---|
| 1 | | | 美发费用一览表 | | | | |
| 2 | | 项目1 | 项目2 | 项目3 | 项目4 | 项目5 | 项目6 |
| 3 | | 一般烫发 | 发根烫 | 热塑烫 | 陶瓷烫 | 发质调理 | 极致护发 |
| 4 | 长度1（短发） | 2,300 | 2,300 | 3,300 | 3,500 | 600 | 1,200 |
| 5 | 长度2（中长发） | 2,500 | 2,500 | 3,500 | 4,000 | 800 | 1,400 |
| 6 | 长度3（长发） | 2,800 | 2,800 | 3,800 | 4,500 | 1,000 | 1,600 |
| 7 | | | | | | | |
| 8 | 项目编号 | | | | | | |
| 9 | 头发长度编号 | | | | | | |
| 10 | 费用 | =INDEX(B4:G6,B9,B8) | ❶ | | | | |
| 11 | | | | | | | |
| 12 | | | | | | | |

❶ 主要的数据范围为单元格B4:G6，在单元格B10中输入INDEX函数求得由"项目编号"（列号）和"头发长度编号"（行号）交会的值：
=INDEX(B4:G6,B9,B8)。

| | A | B | C | D | E | F | G |
|---|---|---|---|---|---|---|---|
| 1 | | | 美发费用一览表 | | | | |
| 2 | | 项目1 | 项目2 | 项目3 | 项目4 | 项目5 | 项目6 |
| 3 | | 一般烫发 | 发根烫 | 热塑烫 | 陶瓷烫 | 发质调理 | 极致护发 |
| 4 | 长度1（短发） | 2,300 | 2,300 | 3,300 | 3,500 | 600 | 1,200 |
| 5 | 长度2（中长发） | 2,500 | 2,500 | 3,500 | 4,000 | 800 | 1,400 |
| 6 | 长度3（长发） | 2,800 | 2,800 | 3,800 | 4,500 | 1,000 | 1,600 |
| 7 | | | | | | | |
| 8 | 项目编号 | | | | | | |
| 9 | 头发长度编号 | | | | | | |
| 10 | 费用 | #VALUE! | ❷ | | | | |
| 11 | | | | | | | |
| 12 | | | | | | | |

❷ 出现了错误值"#VALUE!"，别担心，这是因为还没输入"项目编号"和"头发长度编号"的值。

| | A | B | C | D | E | F | G |
|---|---|---|---|---|---|---|---|
| 1 | | | 美发费用一览表 | | | | |
| 2 | | 项目1 | 项目2 | 项目3 | 项目4 | 项目5 | 项目6 |
| 3 | | 一般烫发 | 发根烫 | 热塑烫 | 陶瓷烫 | 发质调理 | 极致护发 |
| 4 | 长度1（短发） | 2,300 | 2,300 | 3,300 | 3,500 | 600 | 1,200 |
| 5 | 长度2（中长发） | 2,500 | 2,500 | 3,500 | 4,000 | 800 | 1,400 |
| 6 | 长度3（长发） | 2,800 | 2,800 | 3,800 | 4,500 | 1,000 | 1,600 |
| 7 | | | | | | | |
| 8 | 项目编号 | 3 | | | | | |
| 9 | 头发长度编号 | 2 | ❸ | | | | |
| 10 | 费用 | 3,500 | | | | | |
| 11 | | | | | | | |
| 12 | | | | | | | |

❸ 输入要检索的"项目编号"和"头发长度编号"的数值后，就可以取得正确的"费用"金额。

## 55 取得指定行和列交会的值

输入款式和项目名称自动查出费用

相较于前一个案例只用INDEX函数检索费用表，将INDEX函数搭配上MATCH函数，检索时可以直接输入项目和款式的名称而不是只能用编号查询。

### ● 案例分析

在这个费用一览表中，要通过"项目"和"发长"右侧输入的名称，判断并取得其交会单元格中的"费用"数据。

参照的范围

| | A | B | C | D | E | F | G | H |
|---|---|---|---|---|---|---|---|---|
| 1 | | | | 美发费用一览表 | | | | |
| 2 | 项目 | 一般烫发 | 发根烫 | 热塑烫 | 陶瓷烫 | 发质调理 | 极致护发 | |
| 3 | 短发 | 2,300 | 2,300 | 3,300 | 3,500 | 600 | 1,200 | |
| 4 | 中长发 | 2,500 | 2,500 | 3,500 | 4,000 | 800 | 1,400 | |
| 5 | 长发 | 2,800 | 2,800 | 3,800 | 4,500 | 1,000 | 1,600 | |
| 6 | | | | | | | | |
| 7 | 项目 | 热塑烫 | | | | | | |
| 8 | 发长 | 长发 | | | | | | |
| 9 | 费用 | 3,800 | | | | | | |
| 10 | | | | | | | | |

通过MATCH函数取得在此输入的名称位于单元格范围A3:A5中的第几顺位，再将值传回给INDEX函数的"行号"参数

通过MATCH函数取得在此输入的名称位于单元格范围B2:G2中的第几顺位，再将值传回给INDEX函数的"列号"参数

### INDEX 函数

查找和引用函数

| 说明： | 传回指定行、列交会的单元格数值。 |
|---|---|
| 公式： | INDEX(范围,行号,列号,区域编号) |
| 参数： | 范围　　指定参照的范围，若有多个范围则用逗号（,）分隔。 |
| | 行号　　用编号指定要传回的是从范围上方数来第几行的值，若指定的值超过范围中行的值，则会出现错误值#REF!。 |
| | 列号　　用编号指定要传回的是从范围左方数来第几列的值，若指定的值超过范围中列的值，则会出现错误值#REF!。 |
| | 区域编号　当工作表中指定了一个以上的范围时，可以在此参数指定要参考第几个范围，若只有一个范围时则可以省略这个参数值。 |

## MATCH 函数

**说明**：以数值格式传回搜索值位于搜索范围中的第几顺位。

**公式**：MATCH(搜索值,搜索范围,形态)

**参数**：
- 搜索值　　指定要搜索的值。
- 搜索范围　指定主要数据的单元格范围。
- 形态　　　若省略则为1，是搜索比搜索值小的最大值；为0是搜索与搜索值完全相同的值，若没有则会传回错误值#N/A!；为–1是搜索比搜索值大的最小值。

### 操作说明

| | A | B | C | D | E | F | G |
|---|---|---|---|---|---|---|---|
| 1 | 美发费用一览表 | | | | | | |
| 2 | 项目 | 一般烫发 | 发根烫 | 热塑烫 | 陶瓷烫 | 发质调理 | 极致护发 |
| 3 | 短发 | 2,300 | 2,300 | 3,300 | 3,500 | 600 | 1,200 |
| 4 | 中长发 | 2,500 | 2,500 | 3,500 | 4,000 | 800 | 1,400 |
| 5 | 长发 | 2,800 | 2,800 | 3,800 | 4,500 | 1,000 | 1,600 |
| 6 | | | | | | | |
| 7 | 项目 | | | | | | |
| 8 | 发长 | | | | | | |
| 9 | 费用 | =INDEX(B3:G5, | ← ① | | | | |
| 10 | | INDEX(array, **row_num**, [column_num]) | | | | | |

**①** 在单元格B9中根据单元格B7和B8中的值取得正确的费用，使用INDEX函数先指定数据的参照范围，输入公式：=INDEX(B3:G5,。

| | A | B | C | D | E | F | G |
|---|---|---|---|---|---|---|---|
| 1 | 美发费用一览表 | | | | | | |
| 2 | 项目 | 一般烫发 | 发根烫 | 热塑烫 | 陶瓷烫 | 发质调理 | 极致护发 |
| 3 | 短发 | 2,300 | 2,300 | 3,300 | 3,500 | 600 | 1,200 |
| 4 | 中长发 | 2,500 | 2,500 | 3,500 | 4,000 | 800 | 1,400 |
| 5 | 长发 | 2,800 | 2,800 | 3,800 | 4,500 | 1,000 | 1,600 |
| 6 | | | | | | | |
| 7 | 项目 | ② | | | | | |
| 8 | 发长 | | | | | | |
| 9 | 费用 | =INDEX(B3:G5,MATCH(B8,A3:A5,0) | | | | | |
| 10 | | INDEX(array, **row_num**, [column_num]) | | | | | |
| 11 | | INDEX(reference, **row_num**, [column_num], [area_num]) | | | | | |

**②** 接着在INDEX函数刚刚输入完的数据参照范围后，指定"行号"的参数使用一个MATCH函数，输入公式：MATCH(B8,A3:A5,0)。

| | A | B | C | D | E | F | G |
|---|---|---|---|---|---|---|---|
| 1 | | | 美发费用一览表 | | | | |
| 2 | 项目 | 一般烫发 | 发根烫 | 热塑烫 | 陶瓷烫 | 发质调理 | 极致护发 |
| 3 | 短发 | 2,300 | 2,300 | 3,300 | 3,500 | 600 | 1,200 |
| 4 | 中长发 | 2,500 | 2,500 | 3,500 | 4,000 | 800 | 1,400 |
| 5 | 长发 | 2,800 | 2,800 | 3,800 | 4,500 | 1,000 | 1,600 |
| 6 | | | | | | | |
| 7 | 项目 | | | | | | |
| 8 | 发长 | | | | | | |
| 9 | 费用 | =INDEX(B3:G5,MATCH(B8,A3:A5,0),MATCH(B7,B2:G2,0)) | | | | | |

**3** 最后在指定"列号"的参数同样使用一个MATCH函数，输入公式：MATCH(B7,B2:G2,0)。

如此一来，单元格中完整的INDEX函数公式为：
=INDEX(B3:G5,MATCH(B8,A3:A5,0),MATCH(B7,B2:G2,0))。

| | A | B | C | D | E | F |
|---|---|---|---|---|---|---|
| 1 | | | 美发费用一览表 | | | |
| 2 | 项目 | 一般烫发 | 发根烫 | 热塑烫 | 陶瓷烫 | 发质调理 |
| 3 | 短发 | 2,300 | 2,300 | 3,300 | 3,500 | 600 |
| 4 | 中长发 | 2,500 | 2,500 | 3,500 | 4,000 | 800 |
| 5 | 长发 | 2,800 | 2,800 | 3,800 | 4,500 | 1,000 |
| 6 | | | | | | |
| 7 | 项目 | | | | | |
| 8 | 发长 | | | | | |
| 9 | 费用 | #N/A | | | | |

**4** 公式完整输入后却出现了错误值"#N/A"，别担心，这是因为还没输入"项目"和"发长"的数据。

| | A | B | C | D | E | F |
|---|---|---|---|---|---|---|
| 1 | | | 美发费用一览表 | | | |
| 2 | 项目 | 一般烫发 | 发根烫 | 热塑烫 | 陶瓷烫 | 发质调理 |
| 3 | 短发 | 2,300 | 2,300 | 3,300 | 3,500 | 600 |
| 4 | 中长发 | 2,500 | 2,500 | 3,500 | 4,000 | 800 |
| 5 | 长发 | 2,800 | 2,800 | 3,800 | 4,500 | 1,000 |
| 6 | | | | | | |
| 7 | 项目 | 热塑烫 | | | | |
| 8 | 发长 | 长发 | | | | |
| 9 | 费用 | 3,800 | | | | |

**5** 输入"项目"和"发长"的名称后，就可以取得正确的"费用"金额。

# Part 5

# 掌握日期与时间

日期和时间函数可以在公式中分析处理日期值和时间值,除了可以单纯显示制表日期或时间,像员工年资、工作天数、最后订购日期或付款日期等数据也都可以轻松取得。

## 56 什么是序列值
### 日期和时间序列值

Excel以序列值储存日期和时间，所以它们是可以相加、相减或用于其他运算中的。

### 日期序列值

从1900年1月1日开始到9999年12月31日为止，代表的序列值即为数值1～2958465，每天以数值1进行递增。

当日期转换成序列值后，不但可以进行计算，也可以根据结果进行日期格式的设定。假设要计算2014/3/1到2014/6/25之间的天数，可以使用DATE函数：

DATE(2014,6,25)−DATE(2014,3,1)=116

### 时间序列值

从00:00:00开始到23:59:59为止，代表的序列值即为数值0～0.99998426。

当时间转换成序列值后，不但可以进行计算，也可以根据结果进行时间格式的设定。假设要计算3时10分到9时50分之间的时间，可以使用TIME函数：

TIME(9,50,0)−TIME(3,10,0)=06:40(6时40分)

### 查看日期或时间序列值

原则上在单元格中如果输入含有"/"或"−"的数值时，会自动转换为今年的日期；如果输入含有":"的数值时，则会自动转换为时间。

当想要查看日期或时间的序列值时，可以在该单元格上单击一下鼠标右键，选择"设置单元格格式"选项，在对话框的"数字"面板中选择"常规"选项即可。

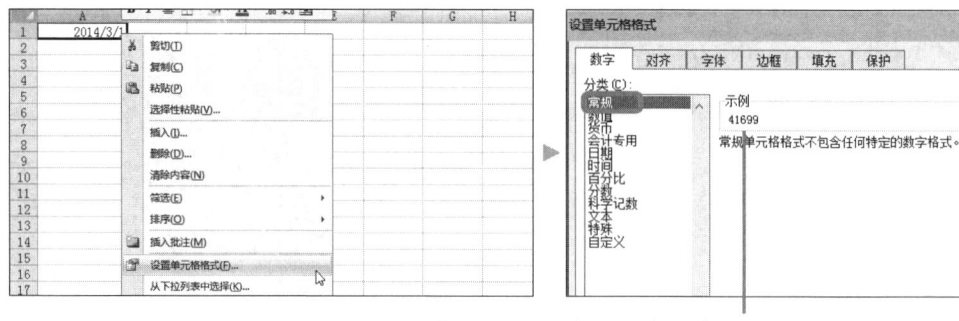

以日期2014/3/1为例，查询出来的序列值为41699

# 57 显示现在的日期和时间
## 统计目前距离应试日期的剩余天数

TODAY函数常出现在各式报表的日期栏中，主要用于显示今天的日期。而NOW函数不仅显示今天的日期，还有当前的时间。两个函数都会在每次打开文件或按 F9 键时自动更新。

### ● 案例分析

在面试流程表中，以当天的日期为准，分别计算出距离这三次应试日期的剩余天数。

使用TODAY函数自动取得计算机系统中今天的日期并进行显示

用NOW函数减去TODAY函数，单独显示当前的时间

| | A | B | C | D | E |
|---|---|---|---|---|---|
| 1 | 日期： | 2014/4/11 | 1:06 PM | | |
| 2 | 流程 | 日期 | 剩余天数 | | |
| 3 | 第一次笔试 | 2014/8/1 | 112 | | |
| 4 | 第二次面试（初试） | 2014/9/1 | 143 | | |
| 5 | 第三次面试（复试） | 2014/9/15 | 157 | | |
| 6 | | | | | |
| 7 | | | | | |

用"日期"减去"今天的日期"，计算出目前距离应试日期的"剩余天数"

---

### TODAY 函数 | 日期和时间函数

说明：显示今天的日期（即当前计算机系统中的日期）。
公式：TODAY()

### NOW 函数 | 日期和时间函数

说明：将当前的日期和时间（即当前计算机系统中的日期和时间）显示在一个单元格中。
公式：NOW()

## 操作说明

| | A | B | C |
|---|---|---|---|
| 1 | 日期: | =TODAY() ① | |
| 2 | 流程 | 日期 | 剩余天数 |
| 3 | 第一次笔试 | 2014/8/1 | |
| 4 | 第二次面试（初试） | 2014/9/1 | |
| 5 | 第三次面试（复试） | 2014/9/15 | |
| 6 | | | |
| 7 | | | |

| | A | B | C |
|---|---|---|---|
| 1 | 日期: | 2014/4/11 | =NOW()–TODAY() ② |
| 2 | 流程 | 日期 | 剩余天数 |
| 3 | 第一次笔试 | 2014/8/1 | |
| 4 | 第二次面试（初试） | 2014/9/1 | |
| 5 | 第三次面试（复试） | 2014/9/15 | |
| 6 | | | |
| 7 | | | |

① 在单元格B1中求得今天的日期，输入公式：=TODAY()。

② 在单元格C1中用NOW函数减去TODAY函数，借此显示当前时间，输入公式：=NOW()–TODAY()。

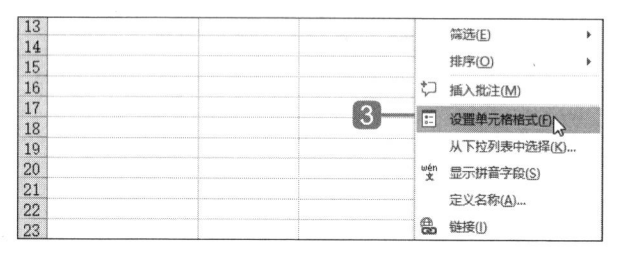

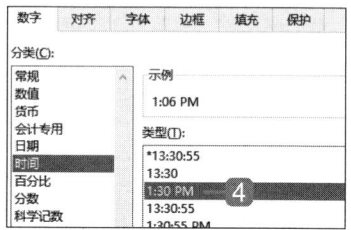

③ 在单元格C1上单击鼠标右键选择"设置单元格格式"选项。

④ 在对话框的"数字"面板中设定"分类"为"时间"，"类型"为"1:30PM"，单击"确定"按钮将代表时间的数值转换为可辨识的格式。

| | A | B | C |
|---|---|---|---|
| 1 | 日期: | 2014/4/11 | 1:06 PM |
| 2 | 流程 | 日期 | 剩余天数 |
| 3 | 第一次笔试 | 2014/8/1 | =B3–$B$1 ⑤ |
| 4 | 第二次面试（初试） | 2014/9/1 | |
| 5 | 第三次面试（复试） | 2014/9/15 | |

| | A | B | C | D |
|---|---|---|---|---|
| 1 | 日期: | 2014/4/11 | 1:06 PM | |
| 2 | 流程 | 日期 | 剩余天数 | |
| 3 | 第一次笔试 | 2014/8/1 | 112 | |
| 4 | 第二次面试（初试） | 2014/9/1 | 143 | ⑥ |
| 5 | 第三次面试（复试） | 2014/9/15 | 157 | |

⑤ 在单元格C3中计算距离应试日期的剩余天数，输入公式：=B3–$B$1。

> 下个步骤要复制这个公式，所以使用绝对参照指定今天日期的单元格

⑥ 在单元格C3中按住右下角的"填充控点"往下拖曳，至最后一个流程项目再放开鼠标左键，完成其他流程剩余天数的计算。

## 58 计算日期期间

计算从入职日期至今为止的服务年资并分别用年、月显示

要计算两个时间差的年数或天数，如年资、年龄，可以使用TODAY函数和DATEDIF函数进行搭配。

### ● 案例分析

在服务年资统计表中，以"入职日期"作为开始日期，打开这份文件的当日作为结束日期，计算每个员工实际的服务年资，并用"年"和"月"分别显示。

| | A | B | C | D | E | F |
|---|---|---|---|---|---|---|
| 1 | | | 服务年资统计表 | | | |
| 2 | | | | 日期： | 2014/3/12 | |
| 3 | 员工姓名 | 性别 | 入职日期 | 年资 | | |
| 4 | | | | 年 | 月 | |
| 5 | Aileen | 女 | 2008/5/1 | 5 | 10 | |
| 6 | Amber | 女 | 2004/1/3 | 10 | 2 | |
| 7 | Eva | 女 | 2002/12/2 | 11 | 3 | |
| 8 | Hazel | 女 | 2007/7/16 | 6 | 7 | |
| 9 | Javier | 男 | 2007/2/5 | 7 | 1 | |
| 10 | Jeff | 男 | 2009/4/1 | 4 | 11 | |
| 11 | Jimmy | 男 | 2012/12/20 | 1 | 2 | |
| 12 | Joan | 女 | 2010/1/20 | 4 | 1 | |
| 13 | | | | | | |

使用TODAY函数自动获取计算机系统当天的日期并进行显示

设定"入职日期"为开始日期，TODAY函数为结束日期，而两个日期间的天数即为年资，让年资用"年"和"月"分别显示

---

### TODAY 函数 | 日期和时间函数

说明：显示今天的日期（即当前计算机系统的日期）。

公式：TODAY()

---

### DATEDIF 函数 | 日期和时间函数

说明：求两个日期之间的天数、月数或年数。

公式：DATEDIF(起始日期,结束日期,单位)

参数：起始日期　代表期间的最初（或开始）日期。

结束日期　代表期间的最后（或结束）日期。

单位　　　显示的数据类型，可以指定Y（完整年数）、M（完整月数）、D（完整天数）、YM（未满一年的月数）、YD（未满一年的天数）、MD（未满一月的天数）。

## ◆ 操作说明

| | A | B | C | D | E |
|---|---|---|---|---|---|
| 1 | | | 服务年资统计表 | | |
| 2 | | | | 日期: | =TODAY() |
| 3 | 员工姓名 | 性别 | 入职日期 | \multicolumn{2}{c|}{年资} |
| 4 | | | | 年 | 月 |
| 5 | Aileen | 女 | 2008/5/1 | | |
| 6 | Amber | 女 | 2004/1/3 | | |
| 7 | Eva | 女 | 2002/12/2 | | |
| 8 | Hazel | 女 | 2007/7/16 | | |

| | A | B | C | D | E |
|---|---|---|---|---|---|
| 1 | | | 服务年资统计表 | | |
| 2 | | | | 日期: | 2014/3/12 |
| 3 | 员工姓名 | 性别 | 入职日期 | \multicolumn{2}{c|}{年资} |
| 4 | | | | 年 | 月 |
| 5 | Aileen | 女 | 2008/5/1 | =DATEDIF(C5,$E$2,"Y") | |
| 6 | Amber | 女 | 2004/1/3 | | |
| 7 | Eva | 女 | 2002/12/2 | | |
| 8 | Hazel | 女 | 2007/7/16 | | |

**1** 在单元格E2中取得今天的日期，输入公式：=TODAY()。

**2** 在单元格D5中使用DATEDIF函数求得日期期间的完整年数，指定开始日期为单元格C5，结束日期为单元格E2，输入公式：
=DATEDIF(C5,$E$2,"Y")。

后面的步骤要复制这个公式，所以使用绝对参照指定今天日期的单元格

| | A | B | C | D | E |
|---|---|---|---|---|---|
| 1 | | | 服务年资统计表 | | |
| 2 | | | | 日期: | 2014/3/12 |
| 3 | 员工姓名 | 性别 | 入职日期 | \multicolumn{2}{c|}{年资} |
| 4 | | | | 年 | 月 |
| 5 | Aileen | 女 | 2008/5/1 | 5 | =DATEDIF(C5,$E$2,"YM") |
| 6 | Amber | 女 | 2004/1/3 | | |
| 7 | Eva | 女 | 2002/12/2 | | |
| 8 | Hazel | 女 | 2007/7/16 | | |
| 9 | Javier | 男 | 2007/2/5 | | |
| 10 | Jeff | 男 | 2009/4/1 | | |

| | A | B | C | D | E |
|---|---|---|---|---|---|
| 1 | | | 服务年资统计表 | | |
| 2 | | | | 日期: | 2014/3/12 |
| 3 | 员工姓名 | 性别 | 入职日期 | \multicolumn{2}{c|}{年资} |
| 4 | | | | 年 | 月 |
| 5 | Aileen | 女 | 2008/5/1 | 5 | 10 |
| 6 | Amber | 女 | 2004/1/3 | | |
| 7 | Eva | 女 | 2002/12/2 | | |
| 8 | Hazel | 女 | 2007/7/16 | | |
| 9 | Javier | 男 | 2007/2/5 | | |
| 10 | Jeff | 男 | 2009/4/1 | | |

**3** 在单元格E5中使用DATEDIF函数求得日期期间未满一年的月数，指定开始日期为单元格C5，结束日期为单元格E2，输入公式：
=DATEDIF(C5,$E$2,"YM")。

后面的步骤要复制这个公式，所以使用绝对参照指定今天日期的单元格

| | A | B | C | D | E |
|---|---|---|---|---|---|
| 1 | | | 服务年资统计表 | | |
| 2 | | | | 日期: | 2014/3/12 |
| 3 | 员工姓名 | 性别 | 入职日期 | \multicolumn{2}{c|}{年资} |
| 4 | | | | 年 | 月 |
| 5 | Aileen | 女 | 2008/5/1 | 5 | 10 |
| 6 | Amber | 女 | 2004/1/3 | 10 | 2 |
| 7 | Eva | 女 | 2002/12/2 | 11 | 3 |
| 8 | Hazel | 女 | 2007/7/16 | 6 | 7 |
| 9 | Javier | 男 | 2007/2/5 | 7 | 1 |
| 10 | Jeff | 男 | 2009/4/1 | 4 | 11 |
| 11 | Jimmy | 男 | 2012/12/20 | 1 | 2 |
| 12 | Joan | 女 | 2010/1/20 | 4 | 1 |

**4** 最后拖曳选取已计算好的单元格D5:E5，按住单元格E5右下角的"填充控点"往下拖曳，至最后一个员工再放开鼠标左键，可以快速完成其他员工服务年资的计算。

## 59 由年月日的数值数据转换为日期

将个别的年、月、日数值整合为日期，用"YYYY/MM/DD"格式显示

报表中单独的年、月、日数值，可以通过DATE函数将其整合为Excel可以辨识的日期序列值。

### 案例分析

在新进员工入职表中，将员工开始进入公司的年、月、日数据，整合为完整的入职日期，并用"YYYY/MM/DD"格式显示。

| 序号 | 姓名 | 入职日 |||入职日期|
|---|---|---|---|---|---|
| | |年|月|日| |
| 101 | George | 2013 | 5 | 28 | 2013/5/28 |
| 102 | Eric | 2013 | 9 | 20 | 2013/9/20 |
| 103 | Jessie | 2013 | 12 | 15 | 2013/12/15 |
| 104 | Sally | 2014 | 1 | 8 | 2014/1/8 |
| 105 | Robert | 2014 | 2 | 1 | 2014/2/1 |
| 106 | Monica | 2014 | 3 | 5 | 2014/3/5 |

将"年""月""日"栏中的数值通过DATE函数算出"入职日期"的序列值，并自动用"日期"格式进行显示

### DATE 函数　　　　　　　　　　　　　　日期和时间函数

**说明**：将指定的年、月、日数值转换成代表日期的序列值。

**公式**：DATE(年,月,日)

**参数**：

**年**　　代表年的数值，可以是1～4个数值，不过建议使用四位数，避免产生不合需要的结果。例如，DATE(2014,3,2)会传回2014年3月2日的序列值。

**月**　　代表一年中1月到12月的正、负数值。如果大于12，会将多出来的月数加到下个年份。例如，DATE(2013,14,2)会传回代表2014年2月2日的序列值；相反地，如果小于1，则是在减去相关月数后，用上个年份显示，如DATE(2014,-3,2)会传回代表2013年9月2日的序列值。

**日**　　代表一个月中1～31日的正、负数值。如果大于指定月份的天数，会将多出来的天数加到下个月份。例如，DATE(2013,1,35)会传回代表2014年2月4日的序列值；相反地，如果小于1，则会推算回前一个月份，并将该天数加1，如DATE(2014,1,-15)会传回代表2013年12月16日的序列值。

## 操作说明

|   | A | B | C | D | E | F | G |
|---|---|---|---|---|---|---|---|
| 1 |   |   | 新进员工入职表 |||||
| 2 | 序号 | 姓名 | 入职日 ||| 入职日期 |   |
| 3 |   |   | 年 | 月 | 日 |   |   |
| 4 | 101 | George | 2013 | 5 | 28 | =DATE(C4,D4,E4) |   |
| 5 | 102 | Eric | 2013 | 9 | 20 |   |   |
| 6 | 103 | Jessie | 2013 | 12 | 15 |   |   |
| 7 | 104 | Sally | 2014 | 1 | 8 |   |   |
| 8 | 105 | Robert | 2014 | 2 | 1 |   |   |
| 9 | 106 | Monica | 2014 | 3 | 5 |   |   |

| D | E | F | G |
|---|---|---|---|
| 进员工入职表 ||||
| 入职日 || 入职日期 |   |
| 月 | 日 |   |   |
| 5 | 28 | 2013/5/28 |   |
| 9 | 20 |   |   |
| 12 | 15 |   |   |
| 1 | 8 |   |   |
| 2 | 1 |   |   |
| 3 | 5 |   |   |

**1** 在单元格F4中使用DATE函数将单元格C4、D4、E4中的"年""月""日"数值转换为"入职日期"的序列值,输入公式:=DATE(C4,D4,E4)。

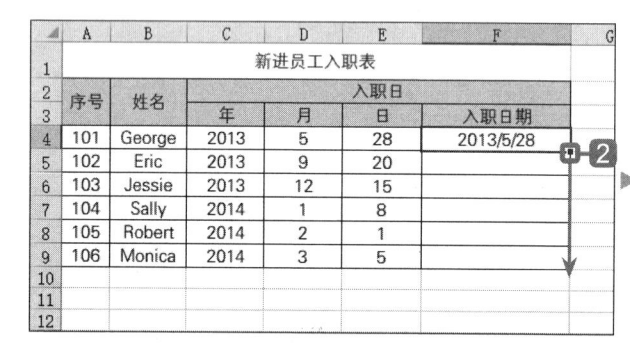

|   | A | B | C | D | E | F | G |
|---|---|---|---|---|---|---|---|
| 1 |   |   | 新进员工入职表 |||||
| 2 | 序号 | 姓名 | 入职日 ||| 入职日期 |   |
| 3 |   |   | 年 | 月 | 日 |   |   |
| 4 | 101 | George | 2013 | 5 | 28 | 2013/5/28 |   |
| 5 | 102 | Eric | 2013 | 9 | 20 |   |   |
| 6 | 103 | Jessie | 2013 | 12 | 15 |   |   |
| 7 | 104 | Sally | 2014 | 1 | 8 |   |   |
| 8 | 105 | Robert | 2014 | 2 | 1 |   |   |
| 9 | 106 | Monica | 2014 | 3 | 5 |   |   |

| D | E | F | G |
|---|---|---|---|
| 进员工入职表 ||||
| 入职日 || 入职日期 |   |
| 月 | 日 |   |   |
| 5 | 28 | 2013/5/28 |   |
| 9 | 20 | 2013/9/20 |   |
| 12 | 15 | 2013/12/15 |   |
| 1 | 8 | 2014/1/8 |   |
| 2 | 1 | 2014/2/1 |   |
| 3 | 5 | 2014/3/5 |   |

**2** 在单元格F4中按住右下角的"填充控点"往下拖曳,至最后一个员工再放开鼠标左键,快速求得其他员工入职日期的序列值。

### Tips

**日期格式的显示与改变**

输入DATE函数时,单元格的格式预设会自动从原本的"常规"格式自动转换为"日期"格式,所以结果会以"YYYY/MM/DD"显示,而不是以序列值。

如果想要调整格式,可以在要调整的单元格上单击一下鼠标右键,选择"设置单元格格式"选项打开对话框,再在"数字"面板中设定。

## 60 由日期取得对应的星期值

显示房价表中日期对应的星期以及标准客房平日和周末的房价

日期数据可以通过WEEKDAY函数传回数值1～7或0～6，判断出星期值。

### 案例分析

在房价一览表中，计算出日期相对应的星期值，并根据平日（星期日～星期四）和周末（星期五、星期六）的定义，列出房价金额为2999或3999。

| | A | B | C |
|---|---|---|---|
| 1 | 2014年标准客房房价一览表 | | |
| 2 | 日期 | 星期 | 参考房价 |
| 3 | 9月5日 | 星期五 | 3999 |
| 4 | 9月6日 | 星期六 | 3999 |
| 5 | 9月7日 | 星期日 | 2999 |
| 6 | 9月8日 | 星期一 | 2999 |
| 7 | 9月9日 | 星期二 | 2999 |
| 8 | 9月10日 | 星期三 | 2999 |
| 9 | 9月11日 | 星期四 | 2999 |
| 10 | 9月12日 | 星期五 | 3999 |
| 11 | 9月13日 | 星期六 | 3999 |
| 12 | 9月14日 | 星期日 | 2999 |

用WEEKDAY函数计算出"日期"相对应的"星期"，并根据预设传回1（星期日）至7（星期六）整数，然后再设定为"日期"格式

用IF函数判断，如果是平日时段（星期日～星期四），客房房价为2999；如果是周末时段（星期五、星期六），客房房价为3999

### WEEKDAY 函数 | 日期和时间函数

说明：从日期的序列值中求得对应的星期。

公式：WEEKDAY(序列值,类型)

参数：**序列值**　要寻找星期数值的日期。

**类型**　决定传回值的类型，预设星期日会传回1，星期六会传回7……其中类型1和Microsoft Excel旧版的性质相同，而Excel 2010以后的版本才可以指定类型11～17。

| 类型 | 传回值 | 类型 | 传回值 |
|---|---|---|---|
| 1或省略 | 数值1（星期日）到7（星期六） | 13 | 数值1（星期三）到7（星期二） |
| 2 | 数值1（星期一）到7（星期日） | 14 | 数值1（星期四）到7（星期三） |
| 3 | 数值0（星期一）到6（星期六） | 15 | 数值1（星期五）到7（星期四） |
| 11 | 数值1（星期一）到7（星期日） | 16 | 数值1（星期六）到7（星期五） |
| 12 | 数值1（星期二）到7（星期一） | 17 | 数值1（星期日）到7（星期六） |

## IF 函数
| 逻辑函数

说明：IF函数是一个判断式，可以根据条件判断的结果分别处理，假设单元格的值检验为TRUE（真）时，执行条件成立时的命令；反之，检验为FALSE（假）时，则执行条件不成立时的命令。

公式：IF(条件,条件成立,条件不成立)

### ◉ 操作说明

① 在单元格B3中使用WEEKDAY函数求得对应的星期并指定类型"1"，代表传回的值为1（星期日）到7（星期六），输入公式：=WEEKDAY(A3,1)。

② 在单元格B3上单击一下鼠标右键选择"设置单元格格式"选项。

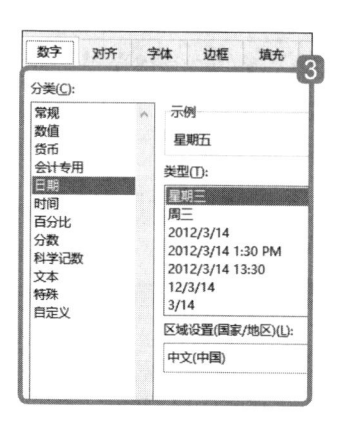

③ 在对话框的"数字"面板中设定"分类"为"日期"，"类型"为"星期三"，"区域设置"为"中文（中国）"，单击"确定"按钮将代表星期的数值转换为可以轻松辨识的格式。

④ 在单元格B3中按住右下角的"填充控点"往下拖曳，至最后一个日期再放开鼠标左键，完成其他日期星期值的取得。

| | A | B | C | D | E |
|---|---|---|---|---|---|
| 1 | 2014年标准客房房价一览表 | | | | |
| 2 | 日期 | 星期 | 参考房价 | | |
| 3 | 9月5日 | 星期五 | =IF(B3>5,3999,2999) | | |
| 4 | 9月6日 | 星期六 | | | |
| 5 | 9月7日 | 星期日 | | | |
| 6 | 9月8日 | 星期一 | | | |
| 7 | 9月9日 | 星期二 | | | |
| 8 | 9月10日 | 星期三 | | | |
| 9 | 9月11日 | 星期四 | | | |
| 10 | 9月12日 | 星期五 | | | |
| 11 | 9月13日 | 星期六 | | | |
| 12 | 9月14日 | 星期日 | | | |

| | A | B | C |
|---|---|---|---|
| 1 | 2014年标准客房房价一览表 | | |
| 2 | 日期 | 星期 | 参考房价 |
| 3 | 9月5日 | 星期五 | 3999 |
| 4 | 9月6日 | 星期六 | |
| 5 | 9月7日 | 星期日 | |
| 6 | 9月8日 | 星期一 | |
| 7 | 9月9日 | 星期二 | |
| 8 | 9月10日 | 星期三 | |
| 9 | 9月11日 | 星期四 | |
| 10 | 9月12日 | 星期五 | |
| 11 | 9月13日 | 星期六 | |
| 12 | 9月14日 | 星期日 | |

**5** 因为前面WEEKDAY函数中"类型"参数指定为"1",因此传回值为数字1(星期日)到7(星期六)。在单元格C3中输入判断式,判断当传回的星期值>5(大于星期四)时,显示周末(星期五、星期六)的房价为3999,否则显示平日(星期日至星期四)的房价为2999,输入公式:=IF(B3>5,3999,2999)。

| | A | B | C | D | E |
|---|---|---|---|---|---|
| 1 | 2014年标准客房房价一览表 | | | | |
| 2 | 日期 | 星期 | 参考房价 | | |
| 3 | 9月5日 | 星期五 | 3999 | | |
| 4 | 9月6日 | 星期六 | | | |
| 5 | 9月7日 | 星期日 | | | |
| 6 | 9月8日 | 星期一 | | | |
| 7 | 9月9日 | 星期二 | | | |
| 8 | 9月10日 | 星期三 | | | |
| 9 | 9月11日 | 星期四 | | | |
| 10 | 9月12日 | 星期五 | | | |
| 11 | 9月13日 | 星期六 | | | |
| 12 | 9月14日 | 星期日 | | | |

| | A | B | C |
|---|---|---|---|
| 1 | 2014年标准客房房价一览表 | | |
| 2 | 日期 | 星期 | 参考房价 |
| 3 | 9月5日 | 星期五 | 3999 |
| 4 | 9月6日 | 星期六 | 3999 |
| 5 | 9月7日 | 星期日 | 2999 |
| 6 | 9月8日 | 星期一 | 2999 |
| 7 | 9月9日 | 星期二 | 2999 |
| 8 | 9月10日 | 星期三 | 2999 |
| 9 | 9月11日 | 星期四 | 2999 |
| 10 | 9月12日 | 星期五 | 3999 |
| 11 | 9月13日 | 星期六 | 3999 |
| 12 | 9月14日 | 星期日 | 2999 |

**6** 在单元格C3中按住右下角的"填充控点"往下拖曳,至最后一个日期再放开鼠标左键,快速求得所有标准客房平日和周末的参考房价。

## 61 求实际工作天数
**不含法定假日和周末的实际工作天数**

NETWORKDAYS.INTL函数可以排除周末两日和法定假日，计算出实际的工作天数。

### 案例分析

在工程管理表中，计算出各项工程从开工日到完工日之间（不包含周末和法定假日）的实际工作天数。

使用NETWORKDAYS.INTL函数，扣除"开工日"到"完工日"中间的周末和指定的法定假日，计算出实际的工作天数

|   | A | B | C | D | E | F | G | H |
|---|---|---|---|---|---|---|---|---|
| 1 |   |   | 工程管理表 |   |   |   |   |   |
| 2 | 工程内容 | 开工日 | 完工日 | 工作天数 | 付款日 |   | 法定假日 |   |
| 3 | 水电 | 5月1日 | 5月15日 | 10 |   |   | 1月1日 | 元旦节 |
| 4 | 油漆 | 6月1日 | 6月15日 | 10 |   |   | 2月18日 | 除夕 |
| 5 | 厨房 | 8月10日 | 8月23日 | 10 |   |   | 5月1日 | 劳动节 |
| 6 | 卫浴 | 9月10日 | 9月20日 | 9 |   |   | 6月2日 | 端午节 |
| 7 | 太阳能 | 10月20日 | 10月25日 | 5 |   |   | 9月8日 | 中秋节 |
| 8 | ★付款日：完工日的下个月月底付款 |   |   |   |   |   | 10月1日 | 国庆节 |
| 9 | ★工作天数：扣除星期六、星期日和法定假日 |   |   |   |   |   |   |   |

### NETWORKDAYS.INTL 函数  |  日期和时间函数

**说明**：Excel2007之后有的函数和NETWORKDAYS函数的不同之处是增加了"周末"参数，此函数会传回两个日期之间完整的工作天数，并且不包含周末和指定为法定假日的所有天数。

**公式**：NETWORKDAYS.INTL(起始日期,结束日期,周末,法定假日)

**参数**：起始日期　代表期间的最初（或开始）日期。

　　　　结束日期　代表期间的最后（或结束）日期。

　　　　周末　　　以类型编号指定星期几为周末，省略时就以星期六、日为周末。

| 类型 | 星期 | 类型 | 星期 | 类型 | 星期 | 类型 | 星期 |
|---|---|---|---|---|---|---|---|
| 1 | 星期六、日 | 5 | 星期三、四 | 12 | 星期一 | 16 | 星期五 |
| 2 | 星期日、一 | 6 | 星期四、五 | 13 | 星期二 | 17 | 星期六 |
| 3 | 星期一、二 | 7 | 星期五、六 | 14 | 星期三 |   |   |
| 4 | 星期二、三 | 11 | 星期日 | 15 | 星期四 |   |   |

　　　　法定假日　包含一个或多个法定假日或指定假日，会是日期的单元格范围，或是代表这些日期序列值的数组常数。

## 操作说明

| | A | B | C | D | E | F | G | H |
|---|---|---|---|---|---|---|---|---|
| 1 | | | | 工程管理表 | | | | |
| 2 | 工程内容 | 开工日 | 完工日 | 工作天数 | | 付款日 | 法定假日 | |
| 3 | 水电 | 5月1日 | 5月15日 | =NETWORKDAYS.INTL(B3,C3,2,$G$3:$G$8) | | | 1月1日 | 元旦节 |
| 4 | 油漆 | 6月1日 | 6月15日 | | | | 2月18日 | 除夕 |
| 5 | 厨房 | 8月10日 | 8月23日 | ① | | | 5月1日 | 劳动节 |
| 6 | 卫浴 | 9月10日 | 9月20日 | | | | 6月2日 | 端午节 |
| 7 | 太阳能 | 10月20日 | 10月25日 | | | | 9月8日 | 中秋节 |
| 8 | ★付款日：完工日的下个月月底付款 | | | | | | 10月1日 | 国庆节 |
| 9 | ★工作天数：扣除星期六、星期日和法定假日 | | | | | | | |

**1** 在单元格D3中使用NETWORKDAYS.INTL函数，计算从"开工日"到"完工日"中间的实际工作天数，其中指定"周末"参数为2（排除星期日和星期一），并指定"法定假日"中的日期数据，输入公式：

=NETWORKDAYS.INTL(B3,C3,2,$G$3:$G$8)。

下个步骤要复制这个公式，所以使用绝对参照指定"法定假日"的日期数据

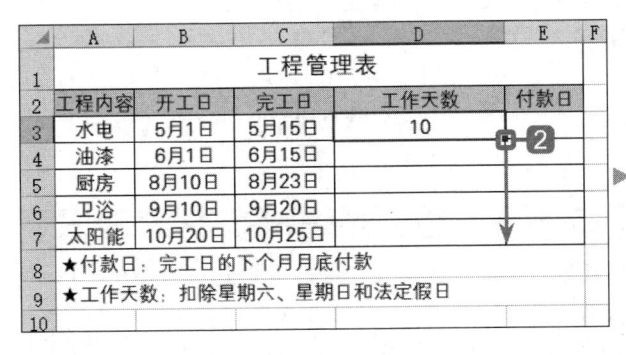

| | A | B | C | D | E | F |
|---|---|---|---|---|---|---|
| 1 | | | 工程管理表 | | | |
| 2 | 工程内容 | 开工日 | 完工日 | 工作天数 | 付款日 | |
| 3 | 水电 | 5月1日 | 5月15日 | 10 | | ② |
| 4 | 油漆 | 6月1日 | 6月15日 | | | |
| 5 | 厨房 | 8月10日 | 8月23日 | | | |
| 6 | 卫浴 | 9月10日 | 9月20日 | | | |
| 7 | 太阳能 | 10月20日 | 10月25日 | | | |
| 8 | ★付款日：完工日的下个月月底付款 | | | | | |
| 9 | ★工作天数：扣除星期六、星期日和法定假日 | | | | | |

▶

| | B | C | D |
|---|---|---|---|
| 1 | | 工程管理表 | |
| 2 | 开工日 | 完工日 | 工作天数 |
| 3 | 5月1日 | 5月15日 | 10 |
| 4 | 6月1日 | 6月15日 | 10 |
| 5 | 8月10日 | 8月23日 | 10 |
| 6 | 9月10日 | 9月20日 | 9 |
| 7 | 10月20日 | 10月25日 | 5 |
| 8 | ：完工日的下个月月底付款 | | |
| 9 | 数：扣除星期六、星期日和法定假日 | | |

**2** 在单元格D3中按住右下角的"填充控点"往下拖曳，至最后一个工程项目再放开鼠标左键，完成其他工程实际工作天数的计算。

### Tips

**想指定的周末没有对应的类型编号**

NETWORKDAYS.INTL函数的"周末"参数除了用类型编号指定，还可以使用0（工作日）和1（非工作日）的字符串排列来指定星期一到星期日（共7天）。例如，指定周末为星期五、六、日时，"周末"参数可以输入""0000111""。

## 62 由开始日起计算几个月后的月底日期

根据完工日计算出一个月之后的月底付款日

EOMONTH函数常用来计算落在该月最后一天的到期日或截止日。

### ● 案例分析

在工程管理表中，以一个月为期限，根据完工日计算出下个月底的付款日。

根据"完工日"列中的日期，使用EOMONTH函数计算出下个月最后一天"付款日"的日期，并自动用"日期"格式进行显示

|  | A | B | C | D | E | F | G | H | I |
|---|---|---|---|---|---|---|---|---|---|
| 1 |  |  | 工程管理表 |  |  |  |  |  |  |
| 2 | 工程内容 | 开工日 | 完工日 | 工作天数（天） | 付款日 |  | 法定假日 |  |  |
| 3 | 水电 | 5月1日 | 5月15日 | 10 | 2014/6/30 |  | 1月1日 | 元旦节 |  |
| 4 | 油漆 | 6月1日 | 6月15日 | 10 | 2014/7/31 |  | 2月28日 | 除夕 |  |
| 5 | 厨房 | 8月10日 | 8月23日 | 10 | 2014/9/30 |  | 5月1日 | 劳动节 |  |
| 6 | 卫浴 | 9月10日 | 9月20日 | 9 | 2014/10/31 |  | 6月2日 | 端午节 |  |
| 7 | 太阳能 | 10月20日 | 10月25日 | 5 | 2014/11/30 |  | 9月8日 | 中秋节 |  |
| 8 | ★付款日：完工日的下个月月底付款 |  |  |  |  |  | 10月1日 | 国庆节 |  |
| 9 | ★工作天数：扣除星期六、星期日和法定假日 |  |  |  |  |  |  |  |  |

### EOMONTH 函数     | 日期和时间函数

说明：由起始日期开始，求出几个月之前（后）该月的最后一天。

公式：EOMONTH(起始日期,月)

参数：起始日期　　代表期间的最初（或开始）日期。

　　　月　　　　　起始日期前或后的月数。如果"月"参数输入正数，会计算出几个月之后的月底日期；如果"月"参数输入0，会计算当月月底的日期；如果"月"参数输入负数，会计算出过去几个月的月底日期。

### Tips

**EOMONTH函数和EDATE函数的差异**

EOMONTH函数用于计算几个月后的"月底"日期，但如果想计算几个月前（后）的日期时，则可以使用EDATE函数，公式为"EDATE(起始日期,月)"，其中"起始日期"代表期间的最初（或开始）日期，"月"代表起始日期前（后）的月数。

## 操作说明

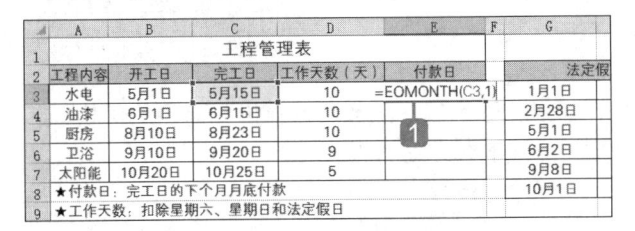

1️⃣ 在单元格E3中计算完工日后一个月的月底付款日，输入公式：

=EOMONTH(C3,1)。

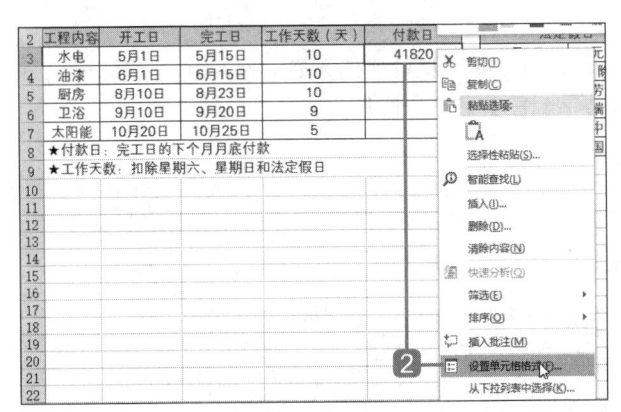

2️⃣ 在单元格E3上单击一下鼠标右键选择"设置单元格格式"选项。

3️⃣ 在对话框的"数字"面板中设定"分类"为"日期"，"类型"为"2012/3/14"，"区域设置"为"中文（中国）"，单击"确定"按钮将代表日期的数值转换成可以轻松辨识的格式。

4️⃣ 在单元格E3中按住右下角的"填充控点"往下拖曳，至最后一项工程再放开鼠标左键，完成其他工程付款日的计算。

## 63 由开始日起计算几天之前（后）的日期
### 不含周末和法定假日的实际订购终止日

我们常需要避开周末或法定假日，通过实际的工作天数，计算出如商品的付款日、出货日等日期，这时可以借由WORKDAY.INTL函数求得。

### ◉ 案例分析

在羊乳订购单中，通过客户最后订购的日期以及订购的天数，统计出订购结束的日期，其中必须扣除周末（星期六、星期日）和法定假日。

使用WORKDAY.INTL函数，由"最后订购日期"开始，根据实际天数计算出每个客户的"订购终止日期"（其中需要扣除星期六、星期日和指定的法定假日）

|   | A | B | C | D | E | F | G | H |
|---|---|---|---|---|---|---|---|---|
| 1 |  |  | 羊乳订购单 |  |  |  |  |  |
| 2 | 客户姓名 | 最后订购日期 | 天数（天） | 订购终止日期 |  | 法定假日 |  |  |
| 3 | 陈嘉洋 | 3月5日 | 30 | 2014/4/16 |  | 1月1日 | 元旦节 |  |
| 4 | 黄俊霖 | 4月10日 | 45 | 2014/6/16 |  | 2月28日 | 除夕 |  |
| 5 | 杨子芸 | 6月9日 | 60 | 2014/9/1 |  | 5月1日 | 劳动节 |  |
| 6 | 罗书佩 | 8月1日 | 85 | 2014/12/2 |  | 6月2日 | 端午节 |  |
| 7 | 李怡洁 | 10月5日 | 120 | 2015/3/23 |  | 9月8日 | 中秋节 |  |
| 8 | 杨佩玲 | 11月20日 | 90 | 2015/3/26 |  | 10月1日 | 国庆节 |  |
| 9 | ★天数：不包含星期六、星期日与法定假日 |  |  |  |  |  |  |  |
| 10 |  |  |  |  |  |  |  |  |

### WORKDAY.INTL 函数 | 日期和时间函数

**说明：** Excel 2007之后有的函数，和WORKDAY函数的不同之处是增加了"周末"参数。此函数会从起始日期算起，计算经过指定的工作天数前（后）的日期，若含有周末和法定假日需要加以扣除。

**公式：** WORKDAY.INTL(起始日期,天数,周末,法定假日)

**参数：**
- 起始日期　　代表期间的最初（或开始）日期。
- 天数　　　　起始日期之前或之后的非周末和非法定假日的天数。如果是正数，会生成未来的日期；如果是负数，则会生成过去的日期。
- 周末　　　　以类型编号指定星期几为周末，省略时就以星期六和星期日为周末（关于类型编号可以参考P136NETWORKDAYS.INTL的函数说明）。
- 法定假日　　包含一个或多个法定假日或指定假日，可以是日期的单元格范围，也可以是代表这些日期序列值的数组常数。

## 操作说明

|   | A | B | C | D | E | F | G | H |
|---|---|---|---|---|---|---|---|---|
| 1 |   |   | 羊乳订购单 |   |   |   |   |   |
| 2 | 客户姓名 | 最后订购日期 | 天数（天） | 订购终止日期 |   | 法定假日 |   |   |
| 3 | 陈嘉洋 | 3月5日 | 30 | =WORKDAY.INTL(B3,C3,,$F$3:$F$8) |   | 1月1日 | 元旦节 |   |
| 4 | 黄俊霖 | 4月10日 | 45 |   |   | 2月28日 | 除夕 |   |
| 5 | 杨子芸 | 6月9日 | 60 |   |   | 5月1日 | 劳动节 |   |
| 6 | 罗书佩 | 8月1日 | 85 |   |   | 6月2日 | 端午节 |   |
| 7 | 李怡洁 | 10月5日 | 120 |   |   | 9月8日 | 中秋节 |   |
| 8 | 杨佩玲 | 11月20日 | 90 |   |   | 10月1日 | 国庆节 |   |
| 9 | ★天数：不包含星期六、星期日与法定假日 |   |   |   |   |   |   |   |

**1** 在单元格D3中使用WORKDAY.INTL函数计算出"订购终止日期"，从"最后订购日期"开始，根据订购天数并排除周末和法定假日（单元格范围F3:F8），输入公式：=WORKDAY.INTL(B3,C3,$F$3:$F$8)

下个步骤要复制这个公式，所以使用绝对参照指定"法定假日"的日期数据范围

**2** 在单元格D3上单击一下鼠标右键选择"设置单元格格式"选项。

**3** 在对话框的"数字"面板中设定"分类"为"日期"，"类型"为"2012/3/14"，单击"确定"按钮将代表日期的数值转换成可以辨识的格式。

|   | A | B | C | D | E | F | G | H |
|---|---|---|---|---|---|---|---|---|
| 1 |   |   | 羊乳订购单 |   |   |   |   |   |
| 2 | 客户姓名 | 最后订购日期 | 天数（天） | 订购终止日期 |   | 法定假日 |   |   |
| 3 | 陈嘉洋 | 3月5日 | 30 | 2014/6/16 |   | 1月1日 | 元旦节 |   |
| 4 | 黄俊霖 | 4月10日 | 45 | 2014/6/16 |   | 2月28日 | 除夕 |   |
| 5 | 杨子芸 | 6月9日 | 60 | 2014/9/1 |   | 5月1日 | 劳动节 |   |
| 6 | 罗书佩 | 8月1日 | 85 | 2014/12/2 |   | 6月2日 | 端午节 |   |
| 7 | 李怡洁 | 10月5日 | 120 | 2015/3/23 |   | 9月8日 | 中秋节 |   |
| 8 | 杨佩玲 | 11月20日 | 90 | 2015/3/26 |   | 10月1日 | 国庆节 |   |
| 9 | ★天数：不包含星期六、星期日与法定假日 |   |   |   |   |   |   |   |

**4** 在单元格D3中按住右下角的"填充控点"往下拖曳，至最后一个客户再放开鼠标左键，快速求得其他客户的订购终止日期。

## 64 由开始日起计算几个月后（前）的日期

计算新进员工试用期满的日期

EDATE函数可以借由指定的开始日期计算出几个月之后（之前）的日期，常见用在有效期限、月底付款日期、截止日期等应用中。

### ● 案例分析

在新进员工试用期统计表中，根据新进员工的入职日期，以三个月作为试用期，计算出试用期满的日期。

| 序号 | 姓名 | 入职日期 年 | 入职日期 月 | 入职日期 日 | 日期 | 试用期满日期 |
|---|---|---|---|---|---|---|
| 101 | George | 2013 | 5 | 28 | 2013/5/28 | 2013/8/27 |
| 102 | Eric | 2013 | 9 | 20 | 2013/9/20 | 2013/12/19 |
| 103 | Jessie | 2013 | 12 | 15 | 2013/12/15 | 2014/3/14 |
| 104 | Sally | 2014 | 1 | 8 | 2014/1/8 | 2014/4/7 |
| 105 | Robert | 2014 | 2 | 1 | 2014/2/1 | 2014/4/30 |
| 106 | Monica | 2014 | 3 | 5 | 2014/3/5 | 2014/6/4 |

★ 试用期以三个月为限，试用期间内员工一样享有一般员工的权利

将"入职日期"中的日期使用EDATE函数计算出三个月试用期满的日期

### EDATE 函数 | 日期和时间函数

说明：由起始日期开始，求出几个月前（后）的日期序列值。

公式：EDATE(起始日期,月)

参数：起始日期　代表期间的最初（或开始）日期。

　　　月　　　　起始日期前或后的月数。月数为正值，生成未来日期；月数为负值，生成过去的日期（输入的值必须为整数，如果输入了有小数点的数值如3.2时，会忽略小数点右边的数值）。

## 操作说明

| | A | B | C | D | E | F | G | H | I |
|---|---|---|---|---|---|---|---|---|---|
| 1 | | | 新进员工试用期统计表 | | | | | | |
| 2 | 序号 | 姓名 | 入职日期 | | | | 试用期满日期 | | |
| 3 | | | 年 | 月 | 日 | 日期 | | | |
| 4 | 101 | George | 2013 | 5 | 28 | 2013/5/28 | =EDATE(F4,3)-1 | | |
| 5 | 102 | Eric | 2013 | 9 | 20 | 2013/9/20 | | | |
| 6 | 103 | Jessie | 2013 | 12 | 15 | 2013/12/15 | | | |
| 7 | 104 | Sally | 2014 | 1 | 8 | 2014/1/8 | | | |
| 8 | 105 | Robert | 2014 | 2 | 1 | 2014/2/1 | | | |
| 9 | 106 | Monica | 2014 | 3 | 5 | 2014/3/5 | | | |
| 10 | ★试用期以三个月为限，试用期间内员工一样享有一般员工的权利 | | | | | | | | |
| 11 | | | | | | | | | |

**1** 在单元格G4中根据员工的入职日期计算出试用期满三个月的日期，"试用期满日期"应为试用期三个月后的前一天，因此输入计算新进员工"试用期满日期"的公式：=EDATE(F4,3)-1。

| | A | B | C | D | E | F | G |
|---|---|---|---|---|---|---|---|
| 1 | | | 新进员工试用期统计表 | | | | |
| 2 | 序号 | 姓名 | 入职日期 | | | | 试用期满日期 |
| 3 | | | 年 | 月 | 日 | 日期 | |
| 4 | 101 | George | 2013 | 5 | 28 | 2013/5/28 | 2013/8/27 |
| 5 | 102 | Eric | 2013 | 9 | 20 | 2013/9/20 | |
| 6 | 103 | Jessie | 2013 | 12 | 15 | 2013/12/15 | |
| 7 | 104 | Sally | 2014 | 1 | 8 | 2014/1/8 | |
| 8 | 105 | Robert | 2014 | 2 | 1 | 2014/2/1 | |
| 9 | 106 | Monica | 2014 | 3 | 5 | 2014/3/5 | |
| 10 | ★试用期以三个月为限，试用期间内员工一样享有一般员工的权利 | | | | | | |

| E | F | G |
|---|---|---|
| 日 | 日期 | 试用期满日期 |
| 28 | 2013/5/28 | 2013/8/27 |
| 20 | 2013/9/20 | 2013/12/19 |
| 15 | 2013/12/15 | 2014/3/14 |
| 8 | 2014/1/8 | 2014/4/7 |
| 1 | 2014/2/1 | 2014/4/30 |
| 5 | 2014/3/5 | 2014/6/4 |

**2** 在单元格G4中按住右下角的"填充控点"往下拖曳，至最后一位员工再放开鼠标左键，完成其他新进员工"试用期满日期"的计算。

### Tips

使用EDATE函数时，当"月"参数输入正数时，会计算出未来的日期；当"月"参数输入负数时，则会计算出过去的日期。其中"月"参数的值如果大于12，日期的年份会自动加1。例如，单元格F6的日期为2013/12/15，加上三个月后的EDATE函数公式为"=EDATE(F6,14)"，计算出来的结果为2014/3/14。

143

## 65 从日期中取出个别的年份

从书籍入库日期求得入库年份并统计年度入库本数

面对多笔日期数据时，常需要单独取得年份数据以及通过年份数据进行计算，这时使用YEAR函数就可以很快抽出个别年份的数据。

### ● 案例分析

在书籍入库信息统计表中，根据"入库日期"给每本书整理出了"入库年份"，并统计了2013年和2014年图书的发印数量。

使用YEAR函数根据"入库日期"取得"入库年份"，接着通过拖曳的方式复制单元格D3的公式取得其他书籍的入库年份

| | A | B | C | D | E | F | G | H |
|---|---|---|---|---|---|---|---|---|
| 1 | 书籍入库信息统计表 | | | | | | | |
| 2 | 书名 | 入库日期 | 发印数量 | 入库年份 | | 入库年份 | 发印数量 | |
| 3 | 中老年人学Facebook（脸书） | 2014/1/15 | 2200 | 2014 | | 2013 | 3 | |
| 4 | Dreamweaver CS6网页制作 | 2014/2/11 | 1079 | 2014 | | 2014 | 4 | |
| 5 | 手机应用程序设计超简单 | 2014/1/27 | 1000 | 2014 | | | | |
| 6 | 超强互动网站特训班 | 2014/1/23 | 1000 | 2014 | | | | |
| 7 | 网络拍卖王 | 2013/12/13 | 1000 | 2013 | | | | |
| 8 | 快快乐乐学Access 2013 | 2013/11/28 | 2200 | 2013 | | | | |
| 9 | MOS Powerpoint 2010认证教材 | 2013/11/13 | 2200 | 2013 | | | | |
| 10 | | | | | | | | |
| 11 | | | | | | | | |

使用COUNTIF函数指定"入库年份"中的数据作为参考范围，接着指定"2013"为搜索条件，可以计算出2013年书籍入库的数量

### YEAR 函数    | 日期和时间函数

说明：从日期数据中单独取得年份的值。

公式：YEAR(序列值)

参数：序列值　指定要查找年份的日期。

### COUNTIF 函数    | 统计函数

说明：在指定的单元格范围内，计算符合搜索条件的数据个数。

公式：COUNTIF(范围,搜索条件)

## 操作说明

| | A | B | C | D | E |
|---|---|---|---|---|---|
| 1 | | 书籍入库信息统计表 | | | |
| 2 | 书名 | 入库日期 | 发印数量 | 入库年份 | |
| 3 | 中老年人学Facebook（脸书） | 2014/1/15 | 2200 | =YEAR(B3) | |
| 4 | Dreamweaver CS6网页制作 | 2014/2/11 | 1079 | | |
| 5 | 手机应用程序设计超简单 | 2014/1/27 | 1000 | | |
| 6 | 超强互动网站特训班 | 2014/1/23 | 1000 | | |
| 7 | 网络拍卖王 | 2013/12/13 | 1000 | | |
| 8 | 快快乐乐学Access 2013 | 2013/11/28 | 2200 | | |
| 9 | MOS Powerpoint 2010认证教材 | 2013/11/13 | 2200 | | |

| B | C | D | E | F |
|---|---|---|---|---|
| 统计表 | | | | |
| 日期 | 发印数量 | 入库年份 | | 入库年份 |
| 1/15 | 2200 | 2014 | | 2013 |
| 2/11 | 1079 | | | 2014 |
| 1/27 | 1000 | | | |
| 1/23 | 1000 | | | |
| 12/13 | 1000 | | | |
| 11/28 | 2200 | | | |
| 11/13 | 2200 | | | |

**1** 在单元格D3中输入计算单元格B3"入库日期"年份的公式：=YEAR(B3)。

| | A | B | C | D | E |
|---|---|---|---|---|---|
| 1 | | 书籍入库信息统计表 | | | |
| 2 | 书名 | 入库日期 | 发印数量 | 入库年份 | |
| 3 | 中老年人学Facebook（脸书） | 2014/1/15 | 2200 | 2014 | |
| 4 | Dreamweaver CS6网页制作 | 2014/2/11 | 1079 | | |
| 5 | 手机应用程序设计超简单 | 2014/1/27 | 1000 | | |
| 6 | 超强互动网站特训班 | 2014/1/23 | 1000 | | |
| 7 | 网络拍卖王 | 2013/12/13 | 1000 | | |
| 8 | 快快乐乐学Access 2013 | 2013/11/28 | 2200 | | |
| 9 | MOS Powerpoint 2010认证教材 | 2013/11/13 | 2200 | | |

| C | D | E | F |
|---|---|---|---|
| 发印数量 | 入库年份 | | 入库年份 |
| 2200 | 2014 | | 2013 |
| 1079 | 2014 | | 2014 |
| 1000 | 2014 | | |
| 1000 | 2014 | | |
| 1000 | 2013 | | |
| 2200 | 2013 | | |
| 2200 | 2013 | | |

**2** 在单元格D3中按住右下角的"填充控点"往下拖曳，至最后一本书籍再放开鼠标左键，完成其他书籍"入库年份"的取得。

| B | C | D | E | F | G |
|---|---|---|---|---|---|
| 信息统计表 | | | | | |
| 入库日期 | 发印数量 | 入库年份 | | 入库年份 | 发印数量 |
| 2014/1/15 | 2200 | 2014 | | 2013 | =COUNTIF($D$3:$D$9,F3) |
| 2014/2/11 | 1079 | 2014 | | 2014 | 4 |
| 2014/1/27 | 1000 | 2014 | | | |
| 2014/1/23 | 1000 | 2014 | | | |
| 2013/12/13 | 1000 | 2013 | | | |
| 2013/11/28 | 2200 | 2013 | | | |
| 2013/11/13 | 2200 | 2013 | | | |

| F | G | H |
|---|---|---|
| 入库年份 | 发印数量 | |
| 2013 | 3 | |
| 2014 | 4 | |

**3** 在单元格G3中使用COUNTIF函数统计2013年书籍的发印数量，以"入库年份"作为整体数据范围（单元格范围D3:D9），再指定搜索条件为单元格F3，输入公式：=COUNTIF($D$3:$D$9,F3)。

下个步骤要复制这个公式，所以使用绝对参照指定"入库年份"单元格范围

**4** 在单元格G3中按住右下角的"填充控点"往下拖曳，至单元格G4放开鼠标左键，完成2014年书籍发印数量的计算。

## 66 从日期中取出个别的月份
### 从书籍入库日期求得入库月份并统计各月的发印数量

面对多笔日期数据时，常需要单独取得月份数据并且通过月份数据进行计算，这时使用MONTH函数就可以很快抽出个别的月份数据。

### ◎ 案例分析

在书籍入库数据统计表中，根据"入库日期"给每本书整理出了"入库月份"，并分别统计1月、2月、3月发印的数量。

使用MONTH函数根据"入库日期"取得"入库月份"，接着通过拖曳的方式分别复制单元格E3的公式，取得其他书籍的入库月份

|   | A | B | C | D | E | F | G | H | I |
|---|---|---|---|---|---|---|---|---|---|
| 1 | 2013年书籍入库数据统计表 |||||||||
| 2 | 书名 | 印次 | 入库日期 | 发印数量 | 入库月份 |  | 入库月份 | 发印数量 |  |
| 3 | 会声会影X5 | 3 | 2013/1/4 | 550 | 1 |  | 1 | 1650 |  |
| 4 | 中老年人快乐学计算机 | 4 | 2013/1/30 | 1100 | 1 |  | 2 | 0 |  |
| 5 | Office 2010高效实用 | 9 | 2013/3/6 | 1100 | 3 |  | 3 | 1980 |  |
| 6 | 会声会影11 | 9 | 2013/3/10 | 330 | 3 |  |  |  |  |
| 7 | 开开心心学Office 2007 | 4 | 2013/3/25 | 550 | 3 |  |  |  |  |
| 8 |   |   |   |   |   |   |   |   |   |

使用SUMIF函数指定"入库月份"中的数据作为参考范围，接着指定月份"1"为搜索条件，计算出该月书籍的发印数量

### MONTH 函数 | 日期和时间函数

说明：从日期中单独取得月份的值，是介于1（1月）到12（12月）间的整数。

公式：MONTH(序列值)

参数：序列值　指定要查找月份的日期。

### SUMIF 函数 | 数学和三角函数

说明：加总符合单一条件的单元格数值。

公式：SUMIF(搜索范围,搜索条件,加总范围)

## 操作说明

1 在单元格E3中输入计算单元格C3中"入库日期"月份的公式：=MONTH(C3)。

2 在单元格E3中按住右下角的"填充控点"往下拖曳，至最后一本书籍再放开鼠标左键，完成其他书籍"入库月份"的取得。

3 在单元格H3中使用SUMIF函数统计1月的发印数量，先以"入库月份"作为第一组整体数据范围（单元格范围E3:E7）、指定搜索条件为单元格G3，接着再以"发印数量"作为第二组整体数据范围（单元格范围D3:D7），输入公式：=SUMIF($E$3:$E$7,G3,$D$3:$D$7)。

下个步骤要复制这个公式，所以使用绝对参照指定"入库月份"和"发印数量"两个单元格的范围

4 在单元格H3中按住右下角的"填充控点"往下拖曳，至最后一本书籍再放开鼠标左键，完成2~3月书籍发印数量的统计。

## 67 从日期中取出个别的日数

求得会员生日折扣日和优惠有效期限

如果要从日期当中独自取出日数时，可以使用DAY函数，天数必须指定为整数，范围是1~31。

### ◯ 案例分析

在会员资料中，"折扣日"是该会员的生日日数，而"有效期限"则是以会员生日当天作为起点，享有为期一个月的八折购物优惠。

使用DAY函数根据"生日"日期取得"折扣日"

| | A | B | C | D | E | F |
|---|---|---|---|---|---|---|
| 1 | 会员生日折扣日与有效期限 | | | | | |
| 2 | 会员姓名 | 性别 | 生日 | 折扣日 | 有效期限 | |
| 3 | 杨艾心 | 女 | 1975/11/12 | 12日 | 1975/12/12 | |
| 4 | 黄坤 | 男 | 1973/5/16 | 16日 | 1973/6/16 | |
| 5 | 刘信宏 | 男 | 1965/4/1 | 1日 | 1965/5/1 | |
| 6 | 连佳蓉 | 女 | 1979/8/8 | 8日 | 1979/9/8 | |
| 7 | 陈文伸 | 男 | 1960/1/20 | 20日 | 1960/2/20 | |
| 8 | ★本店会员享有生日当日开始为期一个月的八折购物优惠 | | | | | |

根据"生日"的数据，使用DATE函数计算出一个月后的"有效期限"

---

**DAY 函数** | 日期和时间函数

说明：从日期中单独取得日数的值。

公式：DAY(序列值)

参数：序列值　指定要查找日数的日期。

---

**DATE 函数** | 日期和时间函数

说明：将指定的年、月、日数值转换成代表日期的序列值。

公式：DATE(年,月,日)

148

## 操作说明

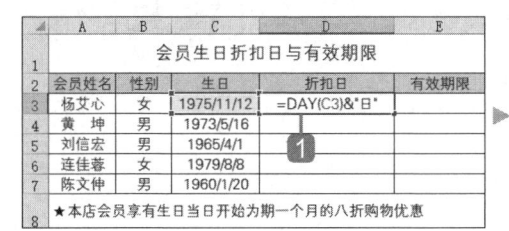

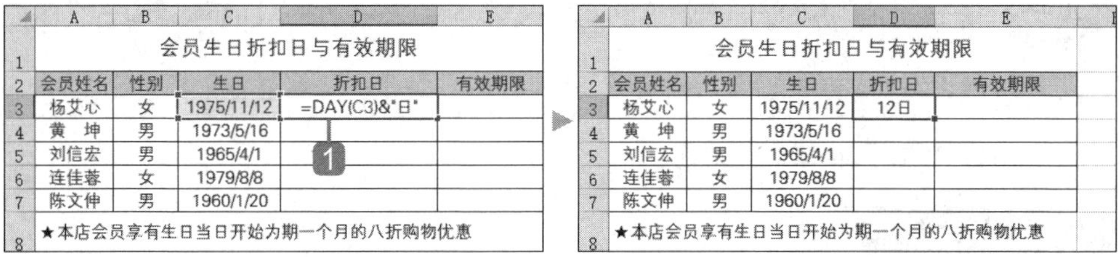

| | A | B | C | D | E |
|---|---|---|---|---|---|
| 1 | | | 会员生日折扣日与有效期限 | | |
| 2 | 会员姓名 | 性别 | 生日 | 折扣日 | 有效期限 |
| 3 | 杨艾心 | 女 | 1975/11/12 | =DAY(C3)&"日" | |
| 4 | 黄坤 | 男 | 1973/5/16 | | |
| 5 | 刘信宏 | 男 | 1965/4/1 | | |
| 6 | 连佳蓉 | 女 | 1979/8/8 | | |
| 7 | 陈文伸 | 男 | 1960/1/20 | | |
| 8 | ★本店会员享有生日当日开始为期一个月的八折购物优惠 | | | | |

▶

| | A | B | C | D | E |
|---|---|---|---|---|---|
| 1 | | | 会员生日折扣日与有效期限 | | |
| 2 | 会员姓名 | 性别 | 生日 | 折扣日 | 有效期限 |
| 3 | 杨艾心 | 女 | 1975/11/12 | 12日 | |
| 4 | 黄坤 | 男 | 1973/5/16 | | |
| 5 | 刘信宏 | 男 | 1965/4/1 | | |
| 6 | 连佳蓉 | 女 | 1979/8/8 | | |
| 7 | 陈文伸 | 男 | 1960/1/20 | | |
| 8 | ★本店会员享有生日当日开始为期一个月的八折购物优惠 | | | | |

**1** 在单元格D3中用单元格C3的日期取得"日"的值并显示文字"日",输入公式:=DAY(C3)&"日"。

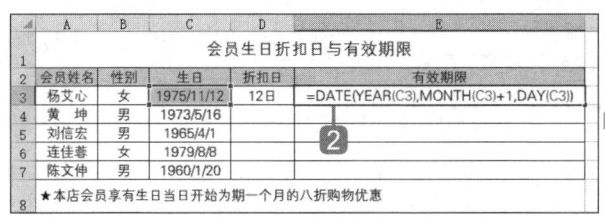

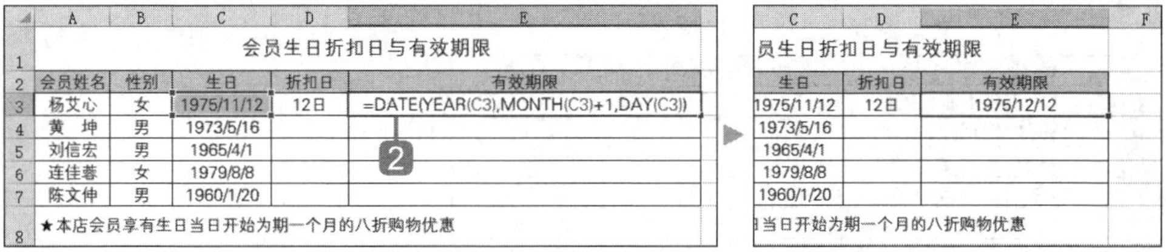

| | A | B | C | D | E |
|---|---|---|---|---|---|
| 1 | | | 会员生日折扣日与有效期限 | | |
| 2 | 会员姓名 | 性别 | 生日 | 折扣日 | 有效期限 |
| 3 | 杨艾心 | 女 | 1975/11/12 | 12日 | =DATE(YEAR(C3),MONTH(C3)+1,DAY(C3)) |
| 4 | 黄坤 | 男 | 1973/5/16 | | |
| 5 | 刘信宏 | 男 | 1965/4/1 | | |
| 6 | 连佳蓉 | 女 | 1979/8/8 | | |
| 7 | 陈文伸 | 男 | 1960/1/20 | | |
| 8 | ★本店会员享有生日当日开始为期一个月的八折购物优惠 | | | | |

▶

| C | D | E |
|---|---|---|
| 员生日折扣日与有效期限 | | |
| 生日 | 折扣日 | 有效期限 |
| 1975/11/12 | 12日 | 1975/12/12 |
| 1973/5/16 | | |
| 1965/4/1 | | |
| 1979/8/8 | | |
| 1960/1/20 | | |
| 当日开始为期一个月的八折购物优惠 | | |

**2** 在单元格E3中用DATE函数求得生日日期后一个月的生日优惠有效期限,输入公式:=DATE(YEAR(C3),MONTH(C3)+1,DAY(C3))。

| | A | B | C | D | E |
|---|---|---|---|---|---|
| 1 | | | 会员生日折扣日与有效期限 | | |
| 2 | 会员姓名 | 性别 | 生日 | 折扣日 | 有效期限 |
| 3 | 杨艾心 | 女 | 1975/11/12 | 12日 | 1975/12/12 |
| 4 | 黄坤 | 男 | 1973/5/16 | 16日 | 1973/6/16 |
| 5 | 刘信宏 | 男 | 1965/4/1 | 1日 | 1965/5/1 |
| 6 | 连佳蓉 | 女 | 1979/8/8 | 8日 | 1979/9/8 |
| 7 | 陈文伸 | 男 | 1960/1/20 | 20日 | 1960/2/20 |
| 8 | ★本店会员享有生日当日开始为期一个月的八折购物优惠 | | | | |
| 9 | | | | | |

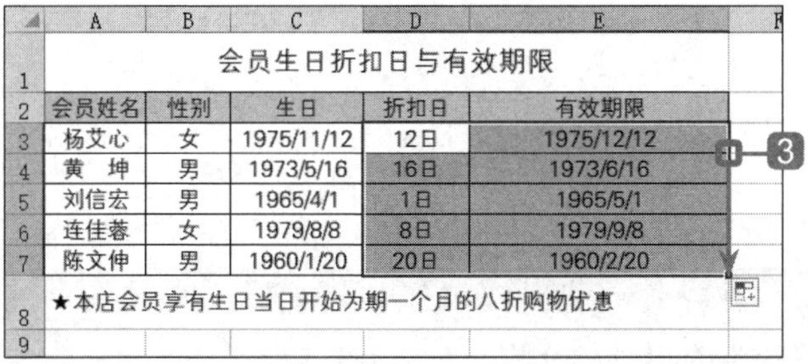

**3** 拖曳选取单元格范围D3:E3,按住单元格E3右下角的"填充控点"往下拖曳,至最后一位会员再放开鼠标左键,快速取得其他会员的生日折扣日和优惠有效期限。

## 68 将时、分、秒的数值转换为时间

将个别的时、分、秒数值整合为时间，用"hh:mm:ss"格式显示

TIME函数可以将个别代表小时、分钟或秒的数值转换为时间序列值，并以预设的"hh:mm AM/PM"格式进行显示。

### ● 案例分析

在教学影片录制时数记录表中，每个章节录制几小时、几分钟和几秒的数值，可以通过TIME函数得到时间的序列值。

| | A | B | C | D | E | F |
|---|---|---|---|---|---|---|
| 1 | | 教学影片录制时数记录表 | | | | |
| 2 | 章节 | 名称 | 小时 | 分钟 | 秒 | 影片长度 |
| 3 | ch01 | 踏入Facebook第一步 | 1 | 24 | 10 | 1:24:10 |
| 4 | ch02 | 开始使用Facebook | | 44 | 6 | 0:44:06 |
| 5 | ch03 | 相片与相簿管理 | | 24 | 26 | 0:24:26 |
| 6 | ch04 | 掌握生活大小事 | 1 | 30 | 40 | 1:30:40 |
| 7 | ch05 | 分类管理朋友名单 | 1 | 21 | 55 | 1:21:55 |
| 8 | ch06 | 在手机上使用Facebook | | 40 | 0 | 0:40:00 |
| 9 | ch07 | 邀约好友建立社团 | 1 | 44 | 31 | 1:44:31 |
| 10 | ch08 | Facebook的信息安全 | | 18 | 22 | 0:18:22 |
| 11 | | | | | | |
| 12 | | | | | | |
| 13 | | | | | | |

将"小时""分钟""秒"中的数值使用TIME函数转换为[h:mm:ss]格式

### TIME 函数 | 日期和时间函数

**说明：** 将指定的小时、分钟、秒钟的数值转换成代表时间的序列值。

**公式：** TIME(小时,分钟,秒钟)

**参数：**

小时　代表小时的数值，0～23的小时数。当值大于23将会除以24，再将余数视为小时值（例如，TIME(30:10:5)会传回6:10:5的序列值）。

分钟　代表分钟的数值，0～59的分钟数。当值大于59将会转换成小时和分钟（例如，TIME(1:65:10)会传回2:5:10的序列值）。

秒钟　代表秒钟的数值，0～59的秒数。当值大于59将会转换成小时、分钟和秒（例如，TIME(1:50:70)会传回1:51:10的序列值）。

## 操作说明

| | A | B | C | D | E | F | G | H |
|---|---|---|---|---|---|---|---|---|
| 1 | | 教学影片录制时数记录表 | | | | | | |
| 2 | 章节 | 名称 | 小时 | 分钟 | 秒 | 影片长度 | | |
| 3 | ch01 | 踏入Facebook第一步 | 1 | 24 | 10 | =TIME(C3,D3,E3) | | |
| 4 | ch02 | 开始使用Facebook | | 44 | 6 | | | |
| 5 | ch03 | 相片与相簿管理 | | 24 | 26 | | | |
| 6 | ch04 | 掌握生活大小事 | 1 | 30 | 40 | | | |
| 7 | ch05 | 分类管理朋友名单 | 1 | 21 | 55 | | | |

**1** 在单元格F3中用TIME函数将单元格C3、D3、E3里的"小时""分钟""秒"的数值转换成影片录制时间的序列值,输入公式:=TIME(C3,D3,E3)。

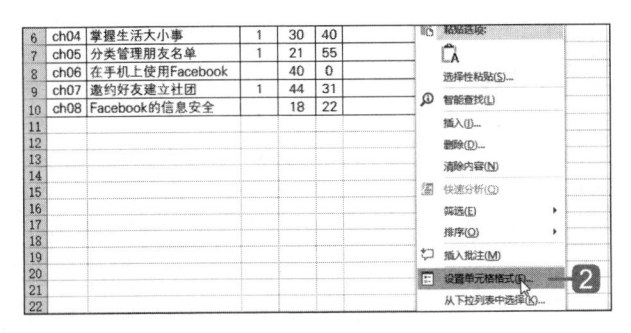

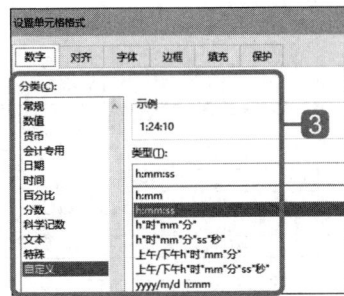

**2** 在单元格F3上单击一下鼠标右键选择"设置单元格格式"选项。

**3** 在对话框的"数字"面板中设定"分类"为"自定义","类型"为"hh:mm:ss",单击"确定"按钮将代表时间的数值转换成可以辨识的格式。

**4** 在单元格F3中按住右下角的"填充控点"往下拖曳,至最后一项再放开鼠标左键,快速求得其他章节的影片长度。

## 69 时间加总与时数转换
计算上班工作时数和薪资

时间的计算，就如同数值一样可以使用SUM函数进行加总，除了调整格式以显示正确的数值外，涉及薪资时还必须将工作时数转换成实际时数，才可以计算。

### ● 案例分析

在工时与薪资统计表中，由每天的"工作时数"计算出五天的"工作时数总和"。另外，通过时数的转换，在时薪120元的条件下，统计出五天的薪资总和。

工作时数：下班−上班

| | A | B | C | D | E | F |
|---|---|---|---|---|---|---|
| 1 | | 工时与薪资统计表 | | | | |
| 2 | 星期 | 上班时间 | 下班时间 | 工作时数（小时） | | |
| 3 | 一 | 11:30 | 17:30 | 6:00 | | |
| 4 | 二 | 11:30 | 17:30 | 6:00 | | |
| 5 | 三 | 8:30 | 19:30 | 11:00 | | |
| 6 | 四 | 9:30 | 20:00 | 10:30 | | |
| 7 | 五 | 9:00 | 17:00 | 8:00 | | |
| 8 | | 工作时数总和： | | 41:30 | | |
| 9 | | 实际工作时数： | | 41.5 | | |
| 10 | | 薪资（120元/小时） | | 4980 | | |
| 11 | | | | | | |

使用SUM函数将五天的工作时数进行加总，如果超过24小时，必须通过自定义[h]:mm格式才能正确地显示时数

薪资：实际工作时数×120

加总出来的时数总和"41:30"在Excel中的时间序列值为"1.73"，但此值无法直接和时薪进行相乘，必须乘上24（一天为24小时）转换成实际工作时数才能计算

### SUM 函数
| 数学和三角函数

说明： 求得指定单元格范围内所有数值的总和。

公式： SUM(范围1,范围2,...)

参数： 范围　若为加总连续单元格，可以用冒号（:）指定起始和结束单元格；若为加总不相邻单元格内的数值，则可以用逗号（,）分隔。

## 操作说明

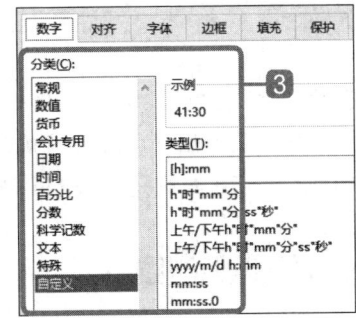

1. 在单元格D8中输入加总单元格范围D3:D7的公式：=SUM(D3:D7)。

2. 接着要让单元格D8算出的时数总和显示为超过24小时的格式，在单元格D8上单击一下鼠标右键选择"设置单元格格式"选项。

3. 在对话框的"数字"面板中设定"分类"为"自定义"，"类型"为"[h]:mm"，单击"确定"按钮。

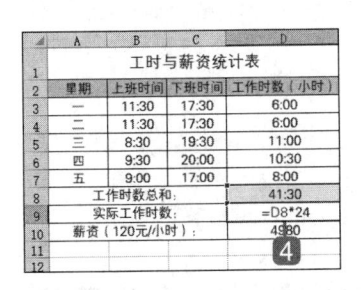

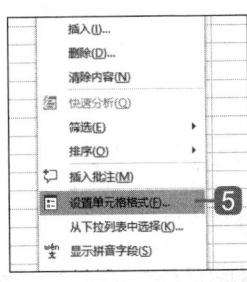

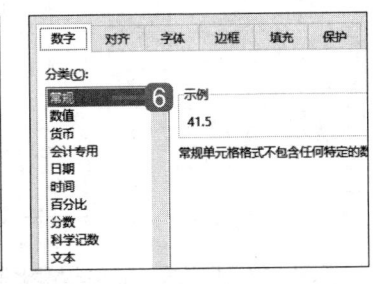

4. 在单元格D9中输入将"工作时数总和"转换为数值的公式：=D8*24。

5. 在单元格D9上单击一下鼠标右键选择"设置单元格格式"选项。

6. 在对话框的"数字"面板中设定"分类"为"常规"，其他保持预设，单击"确定"按钮。

7. 在单元格D10中使用刚才求出的"实际工作时数"乘上时薪120，输入计算薪资的公式：=D9*120。

## 70 将时间转换成秒数并无条件进位
### 计算移动电话全部的通话秒数和通话费用

使用TEXT函数可以将数值转换成指定格式的文字，所以会发现单元格的内容为左对齐，传回的值虽然可以在运算式中作为数值进行计算，但却无法用于函数的参数。而ROUNDUP函数则是用来求小数位数无条件进位后的数值。

### ● 案例分析

在移动电话通话明细表中，计算出每次通话的秒数，并根据网内或网外所提供的费率计算出每一次通话的费用，然后无条件进位求得整数的金额。

使用TEXT函数将"结束通话时刻"减去"开始通话时刻"，算出"通话秒数"并用"ss"秒数显示

| | A | B | C | D | E | F | G |
|---|---|---|---|---|---|---|---|
| 1 | | | 移动电话通话明细表 | | | | |
| 2 | 通话种类 | 开始通话时刻 | 结束通话时刻 | 通话秒数 | 金额 | 金额（整数） | |
| 3 | 网外 | 17:27:49 | 17:28:10 | 21 | 2.7384 | 3 | |
| 4 | 网外 | 15:08:33 | 15:16:44 | 491 | 64.0264 | 65 | |
| 5 | 网外 | 19:51:40 | 19:52:02 | 22 | 2.8688 | 3 | |
| 6 | 网内 | 20:26:34 | 20:26:44 | 10 | 0.7 | 1 | |
| 7 | 网内 | 16:58:27 | 16:59:17 | 50 | 3.5 | 4 | |
| 8 | | | | | | | |
| 9 | 网内费率 | 0.07 | | | | | |
| 10 | 网外费率 | 0.1304 | | | | | |

当"通话种类"为"网内"时，金额为费率0.07×通话秒数；当"通话种类"为"网外"时，金额为费率0.1304×通话秒数

使用ROUNDUP函数将"金额"中小数点后面的数值无条件进位，求得整数金额

---

### TEXT 函数　　　　　　　　　　　　　　　　　　　｜文本函数

说明：按照特定的格式将值转换成文字字符串。

公式：TEXT(值,显示格式)

参数：值　　　　数值或含有数值的单元格。

　　　显示格式　前后用引号（"）括住指定值的显示格式，显示格式请参考P199。

---

### IF 函数　　　　　　　　　　　　　　　　　　　　｜逻辑函数

说明：IF函数是一个判断式，可以根据条件判断的结果分别处理。假设单元格的值检验为TRUE（真）时，执行条件成立时的命令；反之，检验为FALSE（假）时，则执行条件不成立时的命令。

公式：IF(条件,条件成立,条件不成立)

## ROUNDUP 函数

**说明**：将数值无条件进位到指定位数。

**公式**：ROUNDUP(数值,位数)

### 操作说明

1. 在单元格D3中输入计算每次通话秒数的公式：=TEXT(C3-B3,"[ss]")。

2. 在单元格D3中按住右下角的"填充控点"往下拖曳，至最后一项再放开鼠标左键，快速求得全部的通话秒数。

3. 在单元格E3中使用IF函数先判断"通话种类"为"网内"还是"网外"，然后用网内和网外费率作为整体的数据范围（单元格范围B9:B10）统计出所属费率，再乘以"通话秒数"计算出每次通话所花费的金额，输入公式：

=IF(A3="网内",$B$9,$B$10)*D3。

下个步骤要复制这个公式，所以使用绝对参照指定"网内费率"和"网外费率"单元格范围

| | A | B | C | D | E |
|---|---|---|---|---|---|
| 1 | | | 移动电话通话明细表 | | |
| 2 | 通话种类 | 开始通话时刻 | 结束通话时刻 | 通话秒数 | 金额 |
| 3 | 网外 | 17:27:49 | 17:28:10 | 21 | 2.7384 |
| 4 | 网外 | 15:08:33 | 15:16:44 | 491 | |
| 5 | 网外 | 19:51:40 | 19:52:02 | 22 | |
| 6 | 网内 | 20:26:34 | 20:26:44 | 10 | |
| 7 | 网内 | 16:58:27 | 16:59:17 | 50 | |

| C | D | E |
|---|---|---|
| 移动电话通话明细表 | | |
| 结束通话时刻 | 通话秒数 | 金额 |
| 17:28:10 | 21 | 2.7384 |
| 15:16:44 | 491 | 64.0264 |
| 19:52:02 | 22 | 2.8688 |
| 20:26:44 | 10 | 0.7 |
| 16:59:17 | 50 | 3.5 |

**4** 在单元格E3中按住右下角的"填充控点"往下拖曳，至最后一项再放开鼠标左键，快速求得全部的通话金额。

| | A | B | C | D | E | F |
|---|---|---|---|---|---|---|
| 1 | | | 移动电话通话明细表 | | | |
| 2 | 通话种类 | 开始通话时刻 | 结束通话时刻 | 通话秒数 | 金额 | 金额（整数） |
| 3 | 网外 | 17:27:49 | 17:28:10 | 21 | 2.7384 | =ROUNDUP(E3,0) |
| 4 | 网外 | 15:08:33 | 15:16:44 | 491 | 64.0264 | |
| 5 | 网外 | 19:51:40 | 19:52:02 | 22 | 2.8688 | |
| 6 | 网内 | 20:26:34 | 20:26:44 | 10 | 0.7 | |
| 7 | 网内 | 16:58:27 | 16:59:17 | 50 | 3.5 | |

| | A | B | C | D | E | F |
|---|---|---|---|---|---|---|
| 1 | | | 移动电话通话明细表 | | | |
| 2 | 通话种类 | 开始通话时刻 | 结束通话时刻 | 通话秒数 | 金额 | 金额（整数） |
| 3 | 网外 | 17:27:49 | 17:28:10 | 21 | 2.7384 | 3 |
| 4 | 网外 | 15:08:33 | 15:16:44 | 491 | 64.0264 | 65 |
| 5 | 网外 | 19:51:40 | 19:52:02 | 22 | 2.8688 | 3 |
| 6 | 网内 | 20:26:34 | 20:26:44 | 10 | 0.7 | 1 |
| 7 | 网内 | 16:58:27 | 16:59:17 | 50 | 3.5 | 4 |

**5** 在单元格F3中无条件进位计算出整数金额，输入公式：=ROUNDUP(E3,0)。

**6** 在单元格F3中按住右下角的"填充控点"往下拖曳，至最后一项再放开鼠标左键，快速求得全部通话的整数金额。

### Tips

ROUNDUP函数和ROUND函数类似，但ROUND函数是将数值四舍五入进位到指定位数，ROUNDUP函数则是无条件进位到指定位数。以下为这两个函数"位数"的参数说明：

. 输入"-2"取到百位数（例如，123.456取得100）。
. 输入"-1"取到十位数（例如，123.456取得120）。
. 输入"0"取到个位正整数（例如，123.456取得123）。
. 输入"1"取到小数点以下第一位（例如，123.456取得123.5）。
. 输入"2"取到小数点以下第二位（例如，123.456取得123.46）。

# 71 时间以5分钟为计算单位无条件进位

5分钟为基准单位，将"8:23"转换为"8:25"并计算上班时数

CEILING函数可以计算根据指定倍数无条件进位的值，常用于需要用特定的区间单位处理的状况，如工作时数、产品装箱、出租车里程数等。

## 案例分析

上班时刻表除了记录员工上下班的时间，也是了解工作时数的一份数据。在此以5分钟为基准单位，将多出来的时间无条件进位来计算时间表中上下班的时数。

时数：调整后的"上班时间"-"下班时间"

|   | A | B | C | D | E | F | G | H | I |
|---|---|---|---|---|---|---|---|---|---|
| 1 |   | 上班时刻表 |   |   |   |   |   |   |   |
| 2 |   |   |   |   |   |   |   |   |   |
| 3 | 日期 | 姓名 | 实际上下班时间 |   |   | 薪时数（以5分钟为单位无条件进位 |   |   |   |
| 4 |   |   | 上班时间 | 下班时间 |   | 上班时间 | 下班时间 | 总时数 |   |
| 5 | 2014/5/1 | 王怡如 | 8:23 | 18:12 |   | 8:25 | 18:15 | 9:50 |   |
| 6 |   | 李玫嘉 | 8:58 | 18:35 |   | 9:00 | 18:35 | 9:35 |   |
| 7 |   | 张雅贞 | 9:11 | 18:48 |   | 9:15 | 18:50 | 9:35 |   |
| 8 |   | 王毓佐 | 8:18 | 17:49 |   | 8:20 | 17:50 | 9:30 |   |
| 9 |   | 徐哲嘉 | 8:40 | 18:12 |   | 8:40 | 18:15 | 9:35 |   |

给薪时数的上班时间：实际上下班时间的"上班时间"值，以5的倍数无条件进位计算

给薪时数的下班时间：实际上下班时间的"下班时间"值，以5的倍数无条件进位计算

---

### CEILING 函数 | 数学和三角函数

说明：求得根据基准值的倍数无条件进位后的值。

公式：CEILING(数值,基准值)

参数：**数值** 无条件进位的值或单元格位址（不能指定范围）。

**基准值** 遵循的基准值倍数，可以是值或单元格位址。

## ◯ 操作说明

| | A | B | C | D | E | F | G | H | I |
|---|---|---|---|---|---|---|---|---|---|
| 1 | | | 上班时刻表 | | | | | | |
| 2 | | | | | | | | | |
| 3 | 日期 | 姓名 | 实际上下班时间 | | | 给薪时数（以5分钟为单位无条件进位） | | | |
| 4 | | | 上班时间 | 下班时间 | | 上班时间 | 下班时间 | 总时数 | |
| 5 | 2014/5/1 | 王怡如 | 8:23 | 18:12 | | =CEILING(C5,"0:05") | | | |
| 6 | | 李玫嘉 | 8:58 | 18:35 | | | | | |
| 7 | | 张雅贞 | 9:11 | 18:48 | | | | | |
| 8 | | 王毓佐 | 8:18 | 17:49 | | | | | |
| 9 | | 徐哲嘉 | 8:40 | 18:12 | | | | | |

**1** 在单元格F5中求得给薪时数"上班时间"的值，输入以实际"上班时间"为原数值并以5分钟为基准值倍数无条件进位的计算公式：=CEILING(C5,"0:05")。

**2** 在单元格F5中按住右下角的"填充控点"往下拖曳，至最后一位员工（单元格F9）再放开鼠标左键，可以快速完成其他员工给薪时数"上班时间"的计算。

| | A | B | C | D | E | F | G | H | I |
|---|---|---|---|---|---|---|---|---|---|
| 1 | | | 上班时刻表 | | | | | | |
| 2 | | | | | | | | | |
| 3 | 日期 | 姓名 | 实际上下班时间 | | | 给薪时数（以5分钟为单位无条件进位） | | | |
| 4 | | | 上班时间 | 下班时间 | | 上班时间 | 下班时间 | 总时数 | |
| 5 | 2014/5/1 | 王怡如 | 8:23 | 18:12 | | 8:25 | =CEILING(D5,"0:05") | | |
| 6 | | 李玫嘉 | 8:58 | 18:35 | | 9:00 | | | |
| 7 | | 张雅贞 | 9:11 | 18:48 | | 9:15 | | | |
| 8 | | 王毓佐 | 8:18 | 17:49 | | 8:20 | | | |
| 9 | | 徐哲嘉 | 8:40 | 18:12 | | 8:40 | | | |

**3** 在单元格G5中求得给薪时数"下班时间"的值，输入以实际"下班时间"为原数值并以5分钟为基准值倍数无条件进位的计算公式：=CEILING(D5,"0:05")。

**4** 在单元格G5中按住右下角的"填充控点"往下拖曳，至最后一位员工（单元格G9）再放开鼠标左键，可以快速完成其他员工给薪时数"下班时间"的计算。

| | A | B | C | D | E | F | G | H |
|---|---|---|---|---|---|---|---|---|
| 1 | | | 上班时刻表 | | | | | |
| 2 | | | | | | | | |
| 3 | 日期 | 姓名 | 实际上下班时间 | | | 给薪时数（以5分钟为单位无条件进位 | | |
| 4 | | | 上班时间 | 下班时间 | | 上班时间 | 下班时间 | 总时数 |
| 5 | 2014/5/1 | 王怡如 | 8:23 | 18:12 | | 8:25 | 18:15 | =G5-F5 |
| 6 | | 李玫嘉 | 8:58 | 18:35 | | 9:00 | 18:35 | |
| 7 | | 张雅贞 | 9:11 | 18:48 | | 9:15 | 18:50 | |
| 8 | | 王毓佐 | 8:18 | 17:49 | | 8:20 | 17:50 | |
| 9 | | 徐哲嘉 | 8:40 | 18:12 | | 8:40 | 18:15 | |

**5** 在单元格H5中求得"总时数"的值，输入用"上班时间"减"下班时间"的公式：=G5-F5。

**6** 最后同样复制公式至单元格H9。

## 72 时间以5分钟为计算单位无条件舍去

5分钟为基准单位,将"8:23"转换为"8:20"并计算上班时数

FLOOR函数是求原数值根据指定的"基准值"舍去后的数值,无论原数值是多少,舍去后得到的值一定会小于原数值(例如,原数值为57,基准值为10,传回的值即为50)。

FLOOR函数是CEILING函数的对应函数,差别在于CEILING函数是以无条件进位法计算,而FLOOR函数则是以无条件舍去法计算。

### ● 案例分析

上班时刻表除了记录员工上下班的时间,也是了解工作时数的一份数据。在此以5分钟为基准单位,将多出来的时间无条件舍去来计算时间表中上下班的时数。

时数:调整后的"上班时间"-"下班时间"

| | A | B | C | D | E | F | G | H | I |
|---|---|---|---|---|---|---|---|---|---|
| 1 | | 上班时刻表 | | | | | | | |
| 2 | | | | | | | | | |
| 3 | 日期 | 姓名 | 实际上下班时间 | | | 给薪时数(以5分钟为单位无条件进位) | | | |
| 4 | | | 上班时间 | 下班时间 | | 上班时间 | 下班时间 | 总时数 | |
| 5 | 2014/5/1 | 王怡如 | 8:23 | 18:12 | | 8:20 | 18:10 | 9:50 | |
| 6 | | 李玫嘉 | 8:58 | 18:35 | | 8:55 | 18:35 | 9:40 | |
| 7 | | 张雅贞 | 9:11 | 18:48 | | 9:10 | 18:45 | 9:35 | |
| 8 | | 王毓佐 | 8:18 | 17:49 | | 8:15 | 17:45 | 9:30 | |
| 9 | | 徐哲嘉 | 8:40 | 18:12 | | 8:40 | 18:10 | 9:30 | |
| 10 | | | | | | | | | |
| 11 | | | | | | | | | |
| 12 | | | | | | | | | |
| 13 | | | | | | | | | |

给薪时数的上班时间:实际上下班时间的"上班时间"值,以5的倍数无条件舍去计算

给薪时数的下班时间:实际上下班时间的"下班时间"值,以5的倍数无条件舍去计算

### FLOOR 函数 ┃ 数学和三角函数

说明: 求得根据基准值的倍数无条件舍去后的值。

公式: FLOOR(数值,基准值)

参数: 数值   无条件舍去的值或单元格位址(不能指定范围)。

基准值   遵循的基准值倍数,可以是值或单元格位址。

## 操作说明

| | A | B | C | D | E | F | G | H | I |
|---|---|---|---|---|---|---|---|---|---|
| 1 | | | 上班时刻表 | | | | | | |
| 2 | | | | | | | | | |
| 3 | 日期 | 姓名 | 实际上下班时间 | | | 给薪时数（以5分钟为单位无条件进位） | | | |
| 4 | | | 上班时间 | 下班时间 | | 上班时间 | 下班时间 | 总时数 | |
| 5 | 2014/5/1 | 王怡如 | 8:23 | 18:12 | | =FLOOR(C5,"0:05") | | | |
| 6 | | 李玫嘉 | 8:58 | 18:35 | | | | | |
| 7 | | 张雅贞 | 9:11 | 18:48 | | | | | |
| 8 | | 王毓佐 | 8:18 | 17:49 | | | | | |
| 9 | | 徐哲嘉 | 8:40 | 18:12 | | | | | |

**1** 在单元格F5中求得给薪时数的"上班时间"的值，输入以实际"上班时间"为原数值并以5分钟为基准值的倍数无条件舍去的计算公式：
=FLOOR(C5,"0:05")。

**2** 在单元格F5中按住右下角的"填充控点"往下拖曳，至最后一位员工（单元格F9）再放开鼠标左键，可以快速完成其他员工给薪时数"上班时间"的计算。

| | A | B | C | D | E | F | G | H | I |
|---|---|---|---|---|---|---|---|---|---|
| 1 | | | 上班时刻表 | | | | | | |
| 2 | | | | | | | | | |
| 3 | 日期 | 姓名 | 实际上下班时间 | | | 给薪时数（以5分钟为单位无条件进位） | | | |
| 4 | | | 上班时间 | 下班时间 | | 上班时间 | 下班时间 | 总时数 | |
| 5 | 2014/5/1 | 王怡如 | 8:23 | 18:12 | | 8:20 | =FLOOR(D5,"0:05") | | |
| 6 | | 李玫嘉 | 8:58 | 18:35 | | 8:55 | | | |
| 7 | | 张雅贞 | 9:11 | 18:48 | | 9:10 | | | |
| 8 | | 王毓佐 | 8:18 | 17:49 | | 8:15 | | | |
| 9 | | 徐哲嘉 | 8:40 | 18:12 | | 8:40 | | | |

**3** 在单元格G5中求得给薪时数的"下班时间"的值，输入以实际"下班时间"为原数值并以5分钟为基准值的倍数无条件舍去的计算公式：
=FLOOR(D5,"0:05")。

**4** 在单元格G5中按住右下角的"填充控点"往下拖曳，至最后一位员工（单元格G9）再放开鼠标左键，可以快速完成其他员工给薪时数"下班时间"的计算。

| | A | B | C | D | E | F | G | H | I |
|---|---|---|---|---|---|---|---|---|---|
| 1 | | | 上班时刻表 | | | | | | |
| 2 | | | | | | | | | |
| 3 | 日期 | 姓名 | 实际上下班时间 | | | 给薪时数（以5分钟为单位无条件进位） | | | |
| 4 | | | 上班时间 | 下班时间 | | 上班时间 | 下班时间 | 总时数 | |
| 5 | 2014/5/1 | 王怡如 | 8:23 | 18:12 | | 8:20 | 18:10 | =G5-F5 | |
| 6 | | 李玫嘉 | 8:58 | 18:35 | | 8:55 | 18:35 | 9:40 | |
| 7 | | 张雅贞 | 9:11 | 18:48 | | 9:10 | 18:45 | | |
| 8 | | 王毓佐 | 8:18 | 17:49 | | 8:15 | 17:45 | 9:30 | |
| 9 | | 徐哲嘉 | 8:40 | 18:12 | | 8:40 | 18:10 | 9:30 | |

**5** 在单元格H5中求得"总时数"的值，输入用"上班时间"减"下班时间"的公式：
=G5-F5。

**6** 最后同样复制公式至单元格H9。

# Part 6
# 数据验证与颜色标示

函数的应用是十分有趣的，除了直接在单元格中输入单一或巢状函数公式，还可以通过Excel的"数据验证"与"条件格式"功能让数据表中的内容更有变化，当数据内容的数量过多时，用颜色进行标示更方便浏览。

# 73 用提示文字取代单元格的错误信息

隐藏公式运算常见的错误信息#VALUE!、#NUM!

公式运算范围内的数据，如果遇到"没有输入数据"或"没有输入正确的值"或"该是数值而输入文字"等问题时就会出现#VALUE!、#NUM!等错误值，如果在数据表中希望以文字说明来取代错误值，可以通过IFERROR函数来指定。

## 案例分析

在员工名册中已经加入了DGET函数，让使用者可以通过输入员工"姓名"检索其所在"部门"的数据，但常发生以下三种状况，这时就要加入IFERROR函数让提示文字取代错误值。

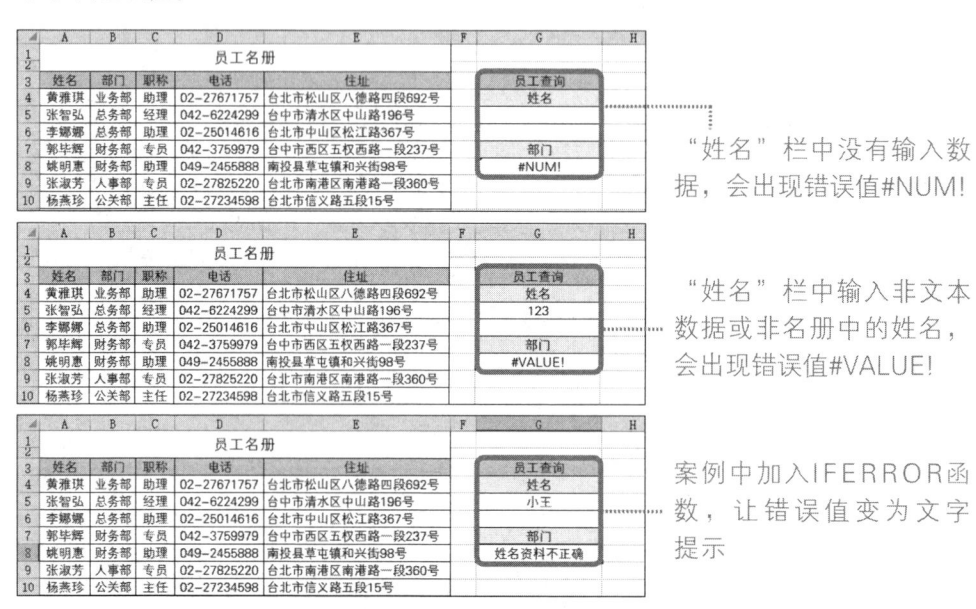

"姓名"栏中没有输入数据，会出现错误值#NUM!

"姓名"栏中输入非文本数据或非名册中的姓名，会出现错误值#VALUE!

案例中加入IFERROR函数，让错误值变为文字提示

### IFERROR 函数 | 逻辑函数

**说明：** 如果公式产生错误值，进行文字提示或其他处理；如果没有错误，则传回公式本身的值。

**公式：** IFERROR(验证值,产生错误时的值)

**参数：** 验证值　　　公式或参照单元格。

产生错误时的值　当"验证值"参数的公式产生了错误值时，会显示"产生错误时的值"参数内的值。

## 操作说明

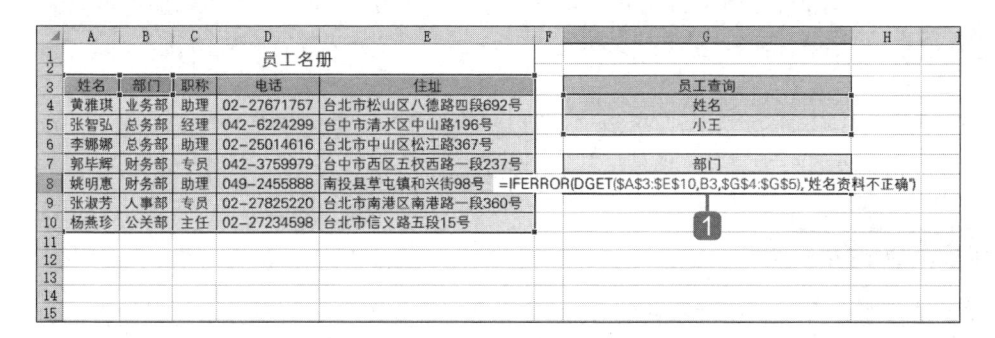

| | A | B | C | D | E | F | G | H |
|---|---|---|---|---|---|---|---|---|
| 1 | | | | | 员工名册 | | | |
| 2 | | | | | | | | |
| 3 | 姓名 | 部门 | 职称 | 电话 | 住址 | | 员工查询 | |
| 4 | 黄雅琪 | 业务部 | 助理 | 02-27671757 | 台北市松山区八德路四段692号 | | 姓名 | |
| 5 | 张智弘 | 总务部 | 经理 | 042-6224299 | 台中市清水区中山路196号 | | 小王 | |
| 6 | 李娜娜 | 总务部 | 助理 | 02-25014616 | 台北市中山区松江路367号 | | | |
| 7 | 郭毕辉 | 财务部 | 专员 | 042-3759979 | 台中市西区五权西路一段237号 | | 部门 | |
| 8 | 姚明惠 | 财务部 | 助理 | 049-2455888 | 南投县草屯镇和兴街98号 | =IFERROR(DGET($A$3:$E$10,B3,$G$4:$G$5),"姓名资料不正确") | | |
| 9 | 张淑芳 | 人事部 | 专员 | 02-27825220 | 台北市南港区南港路一段360号 | | | |
| 10 | 杨燕珍 | 公关部 | 主任 | 02-27234598 | 台北市信义路五段15号 | | | |
| 11 | | | | | | | ① | |
| 12 | | | | | | | | |
| 13 | | | | | | | | |
| 14 | | | | | | | | |
| 15 | | | | | | | | |

① 在单元格G8中有原本用来检索符合条件数据的DGET函数（此公式的用法可以参考P100的说明），这时将原来的公式加上IFERROR函数调整为：<u>=IFERROR</u><u>(DGET($A$3:$E$10,B3,$G$4:$G$5)</u>,<u>"姓名资料不正确"</u>)。

　　　　　　　　　　　　　　　　　原有的公式　　　　　原有的公式后输入","姓　　"="后方输入
　　　　　　　　　　　　　　　　　　　　　　　　　　名资料不正确")"　　　　"IFERROR("

| E | F | G | H |
|---|---|---|---|
| 册 | | | |
| 住址 | | 员工查询 | |
| 台北市松山区八德路四段692号 | | 姓名 | |
| 台中市清水区中山路196号 | | 小王 | |
| 台北市中山区松江路367号 | | | |
| 台中市西区五权西路一段237号 | | 部门 | |
| 南投县草屯镇和兴街98号 | ② | 姓名资料不正确 | |
| 台北市南港区南港路一段360号 | | | |
| 台北市信义路五段15号 | | | |

| E | F | G | H |
|---|---|---|---|
| 名册 | | | |
| 住址 | | 员工查询 | |
| 57 台北市松山区八德路四段692号 | | 姓名 | |
| 99 台中市清水区中山路196号 | ③ | 张智弘 | |
| 16 台北市中山区松江路367号 | | | |
| 79 台中市西区五权西路一段237号 | | 部门 | |
| 88 南投县草屯镇和兴街98号 | | 总务部 | |
| 20 台北市南港区南港路一段360号 | | | |
| 98 台北市信义路五段15号 | | | |

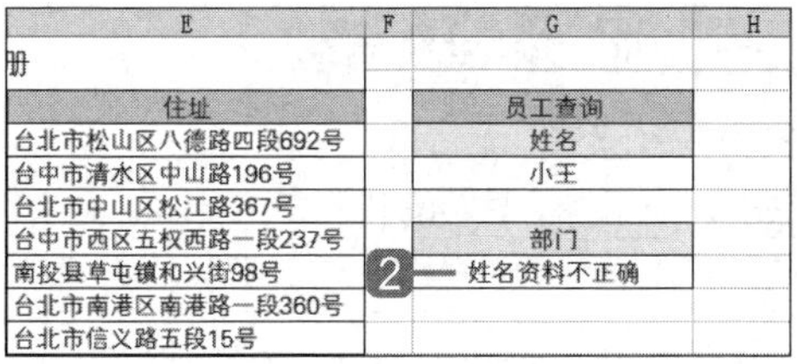

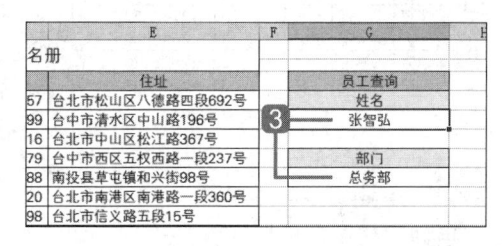

② 完成添加IFERROR函数的操作后，不再出现令人看不懂的#VALUE!、#NUM!等错误值，会直接出现文字信息"姓名资料不正确"。

③ 一旦输入了正确的"姓名"，就可以检索出正确的值。

### Tips

**Excel 2007之后的版本提供了IFERROR函数**

隐藏公式错误值可以使用的函数有IFERROR和ISERROR函数，在Excel 2003中使用的是ISERROR函数，然而IFERROR函数用起来更简单方便。这个案例中如果要使用ISERROR函数，其公式为"=ISERROR(验证值)"，需要在单元格G8中输入"=IF(ISERROR(DGET($A$3:$E$10,B3,$G$4:$G$5)),"姓名资料不正确",DGET($A$3:$E$10,B3,$G$4:$G$5))"。

163

## 74 限定只能输入半角字符

电话号码的数据验证只能输入半角字符，不然会出现警告信息

ASC函数和BIG5函数相反，ASC函数可以将全角文字或数字转换成半角，常用于统一数据表中的电话、编号、地址等数据的格式。

### 案例分析

在员工名册中将ASC函数搭配Excel的"数据验证"功能，在输入数据时就自动检查是否输入了半角字符的数据，如果不是则会出现警告信息并说明到底出了什么问题，这样一来数据表中的数据就不会出现全角字符的奇怪格式了。

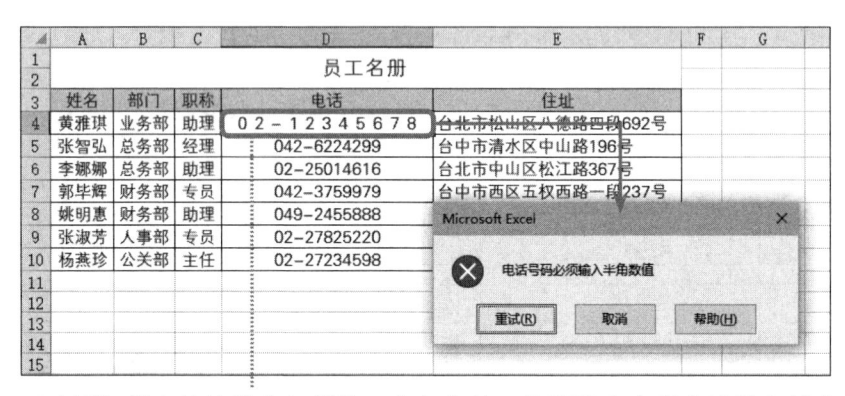

|   | A | B | C | D | E |
|---|---|---|---|---|---|
| 1 |   |   |   | 员工名册 |   |
| 2 |   |   |   |   |   |
| 3 | 姓名 | 部门 | 职称 | 电话 | 住址 |
| 4 | 黄雅琪 | 业务部 | 助理 | ０２－１２３４５６７８ | 台北市松山区八德路四段692号 |
| 5 | 张智弘 | 总务部 | 经理 | 042-6224299 | 台中市清水区中山路196号 |
| 6 | 李娜娜 | 总务部 | 助理 | 02-25014616 | 台北市中山区松江路367号 |
| 7 | 郭毕辉 | 财务部 | 专员 | 042-3759979 | 台中市西区五权西路一段237号 |
| 8 | 姚明惠 | 财务部 | 助理 | 049-2455888 |   |
| 9 | 张淑芳 | 人事部 | 专员 | 02-27825220 |   |
| 10 | 杨燕珍 | 公关部 | 主任 | 02-27234598 |   |

Microsoft Excel 警告：电话号码必须输入半角数值（重试(R)／取消／帮助(H)）

"电话"栏中的值限定必须输入半角字符，若不是会出现出错警告并告知问题，单击警告信息对话框中的"重试"按钮可以再次输入

### ASC 函数 | 文本函数

**说明：** 将全角字符转换成半角字符。

**公式：** ASC(字符串)

**参数：** 字符串 可以是文字、数值或指定的单元格位址（不可以指定单元格范围），若是直接指定文字或数值时，要用半角双引号（"）将其括住。

## 操作说明

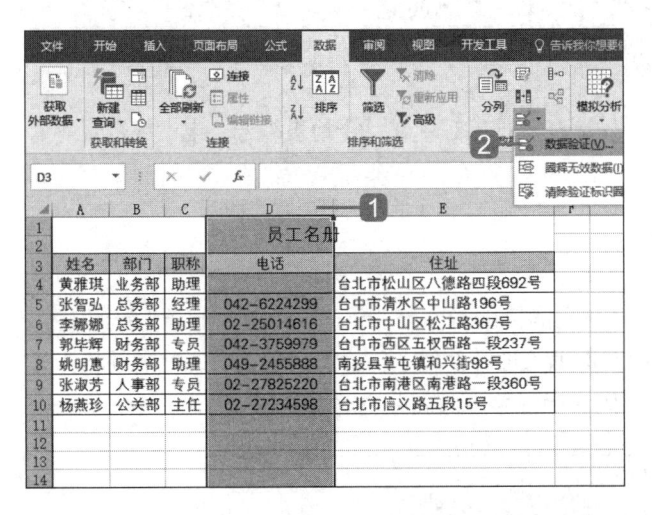

1. 单击D列，选取要设定数据验证的范围。

2. 在"数据"工具栏中单击"数据验证"按钮。

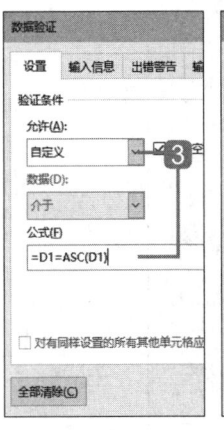

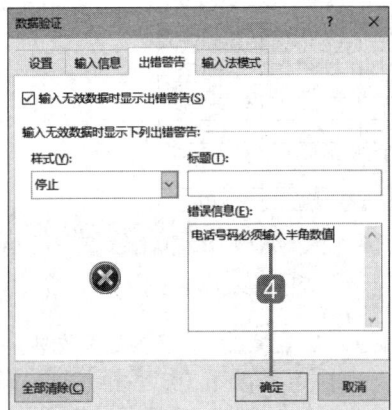

3. 在"数据验证"对话框的"设置"面板中，"允许"设置为"自定义"选项，并在公式栏中输入：

   =D1=ASC(D1)。

4. 接着在"出错警告"面板的"错误信息"输入框中输入"电话号码必须输入半角数值"，再单击"确定"按钮。

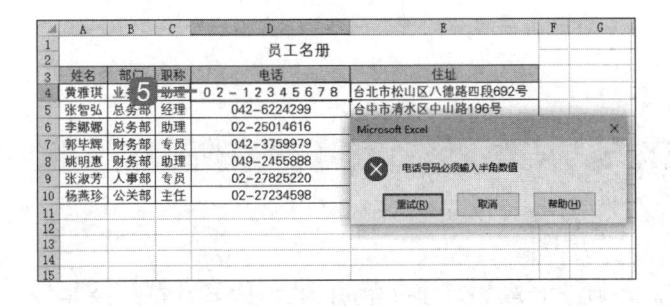

5. 这样一来，"电话"栏内仅允许输入半角的数据，如果不是则会出现出错警告。

## 75 限定单元格中至少输入三个字符
**团体订单数量的数据验证，不能少于100份**

LEN函数可以求得字符的个数，因此在数据验证中常用于检查编号、电话或数量等有固定字符数的数据。

### ● 案例分析

在团体订货估价单中，规定每个商品的订购数量至少达到100份才给予七折的优惠价，将LEN函数搭配上Excel的"数据验证"功能，在输入"数量"时就自动检查是否满足三位数的要求，如果不是则会出现警告信息并说明规则。

"数量"中的值限定字符必须大于等于三位数（百位数），如果不是会出现警告信息并说明规则，单击警告信息对话框中的"重试"按钮可以再次输入

---

### LEN 函数　　　　　　　　　　　　　　　｜文本函数

说明：　求得字符的个数。

公式：　LEN(字符串)

参数：　字符串　可以是文字、数值或指定的单元格位址（不可以指定单元格范围），若是直接指定文字或数值时，要用半角双引号（"）将其括住。

## 操作说明

1. 选取要设定数据验证的单元格范围C6:C9。

2. 在"数据"工具栏中单击"数据验证"按钮。

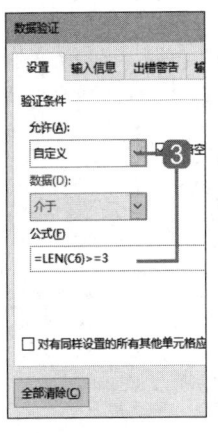

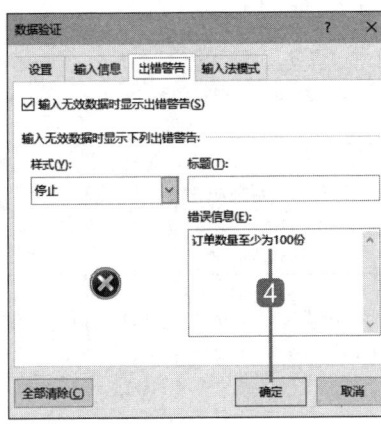

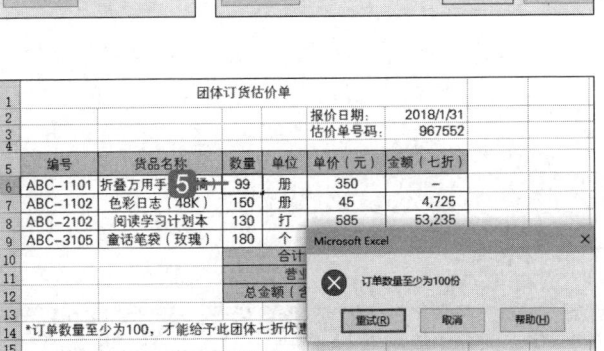

3. 在"数据验证"对话框的"设置"面板中,"允许"设置为"自定义"选项,并在公式栏中输入:
=LEN(C6)>=3。

4. 接着在"出错警告"面板的"错误信息"输入框中输入"订单数量至少为100份",再单击"确定"按钮。

5. 这样一来,在"数量"栏中必须输入三位数的值,如果不是则会出现出错警告。

## 76 限定不能输入当天之后的日期

新生儿资料统计表中出生日期的数据验证，不能出现未来日期

TODAY函数不但可以显示今天的日期，还会在每次打开文件时自动更新，验证数据时运用这个函数可以检查日期数据是否不小心输入了未来日期。

### ◉ 案例分析

在新生儿资料统计表中，"出生日期"中的数据必须限定是登记数据当天或之前的日期，在输入时就自动检查，如果是当天之后的日期则会出现错误警告信息。

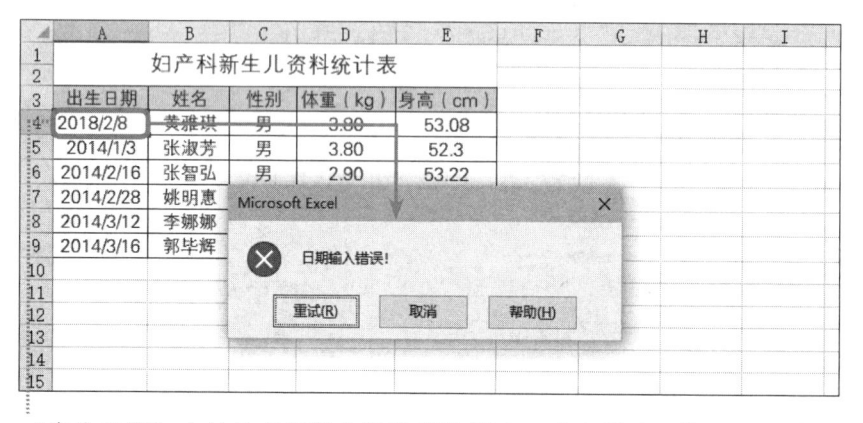

| | A | B | C | D | E |
|---|---|---|---|---|---|
| 1 | | | 妇产科新生儿资料统计表 | | |
| 2 | | | | | |
| 3 | 出生日期 | 姓名 | 性别 | 体重（kg） | 身高（cm） |
| 4 | 2018/2/8 | 姜雅琪 | 男 | 3.00 | 53.08 |
| 5 | 2014/1/3 | 张淑芳 | 男 | 3.80 | 52.3 |
| 6 | 2014/2/16 | 张智弘 | 男 | 2.90 | 53.22 |
| 7 | 2014/2/28 | 姚明惠 | | | |
| 8 | 2014/3/12 | 李娜娜 | | | |
| 9 | 2014/3/16 | 郭毕辉 | | | |

Microsoft Excel：日期输入错误！　重试(R)　取消　帮助(H)

"出生日期"中的值必须限定是登记数据当天或之前的日期，如果出现警告信息，单击警告信息对话框中的"重试"按钮可以再次输入

### TODAY 函数　　　　　　　　　　　　　　　　｜日期和时间函数

说明：显示今天的日期。

公式：TODAY()

## 操作说明

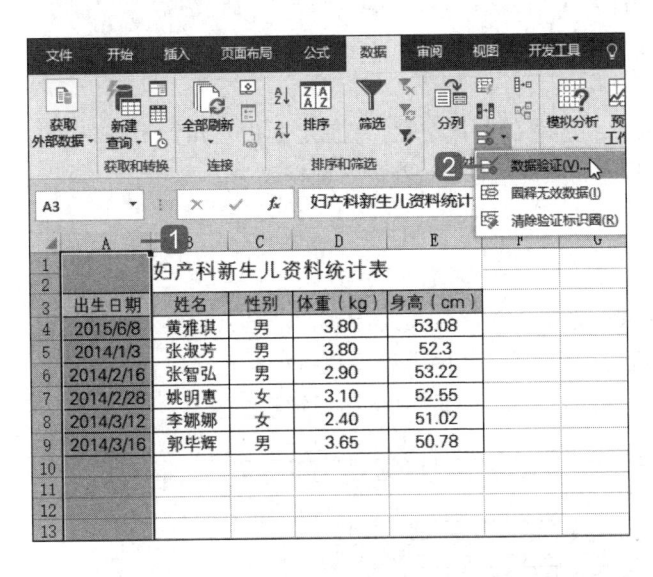

1. 单击A列，选取要设定数据验证的范围。

2. 在"数据"工具栏中单击"数据验证"按钮。

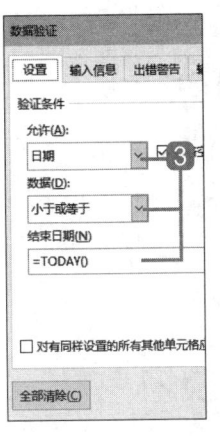

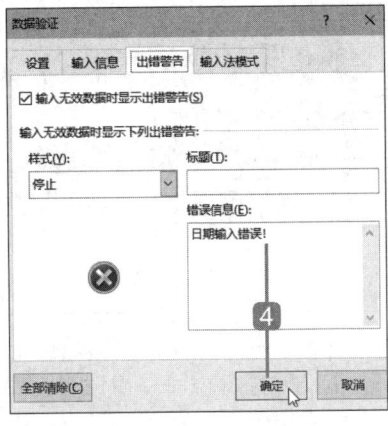

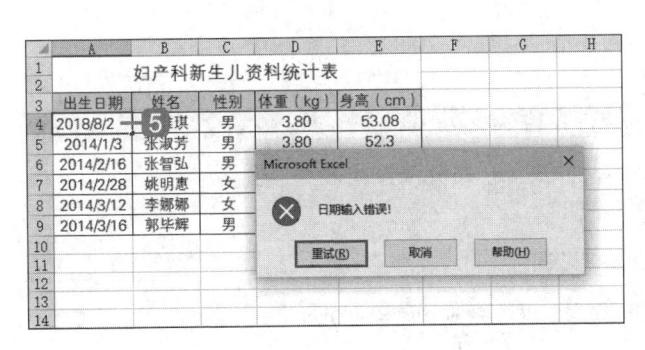

3. 在"数据验证"对话框的"设置"面板中，"允许"设置为"日期"选项，"数据"设置为"小于或等于"选项，"结束日期"公式栏中输入：=TODAY()。

4. 接着在"出错警告"面板中的"错误信息"输入框中输入"日期输入错误！"，再单击"确定"按钮。

5. 这样一来，在"出生日期"栏中输入日期数据时，仅允许输入小于或等于当天日期的日期数据，如果不是则会出现出错警告。

## 77 限定不能输入重复的数据

名册中员工编号的数据验证，不能出现重复的数据

COUNTIF函数用于统计符合某一个条件的数据个数，验证数据时运用这个函数可以检查特定数据的数量，是否有相同的数据内容出现在同一数据表中。

### ◉ 案例分析

在员工名册中，不能出现的错误就是输入重复的员工编号，"员工编号"的特性是独立的、排他的、唯一的（身份证号、学号和图书编号也是如此）。在输入时进行自动检查，如果输入了当前数据表中已有的编号，则会出现错误警告。

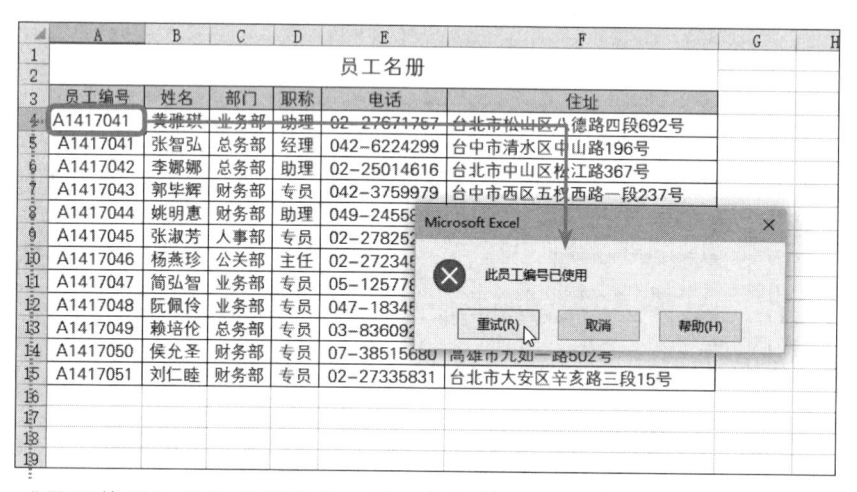

| | A | B | C | D | E | F | G | H |
|---|---|---|---|---|---|---|---|---|
| 1 | | | | | 员工名册 | | | |
| 2 | | | | | | | | |
| 3 | 员工编号 | 姓名 | 部门 | 职称 | 电话 | 住址 | | |
| 4 | A1417041 | 龚雅琪 | 业务部 | 助理 | 02-27671767 | 台北市松山区八德路四段692号 | | |
| 5 | A1417041 | 张智弘 | 总务部 | 经理 | 042-6224299 | 台中市清水区中山路196号 | | |
| 6 | A1417042 | 李娜娜 | 总务部 | 助理 | 02-25014616 | 台北市中山区松江路367号 | | |
| 7 | A1417043 | 郭毕辉 | 财务部 | 专员 | 042-3759979 | 台中市西区五权西路一段237号 | | |
| 8 | A1417044 | 姚明惠 | 财务部 | 助理 | 049-24558 | | | |
| 9 | A1417045 | 张淑芳 | 人事部 | 专员 | 02-278252 | 此员工编号已使用 | | |
| 10 | A1417046 | 杨燕珍 | 公关部 | 主任 | 02-272345 | | | |
| 11 | A1417047 | 简弘智 | 业务部 | 专员 | 05-125778 | | | |
| 12 | A1417048 | 阮佩伶 | 业务部 | 专员 | 047-18345 | 重试(R) 取消 帮助(H) | | |
| 13 | A1417049 | 赖培伦 | 总务部 | 专员 | 03-836092 | | | |
| 14 | A1417050 | 侯允圣 | 财务部 | 专员 | 07-38515680 | 高雄市九如一路502号 | | |
| 15 | A1417051 | 刘仁睦 | 财务部 | 专员 | 02-27335831 | 台北市大安区辛亥路三段15号 | | |

"员工编号"的值必须是唯一的，如果输入了当前数据表中已有的编号，则会出现错误警告，单击警告信息对话框中的"重试"按钮可以再次输入

---

### COUNTIF 函数
统计函数

说明： 在指定的单元格范围内，计算符合搜索条件的数据个数。

公式： COUNTIF(范围,搜索条件)

参数： 范围　　　想要搜索的参考范围。

　　　搜索条件　可以指定数值、条件式、单元格参照或字符串。

## 操作说明

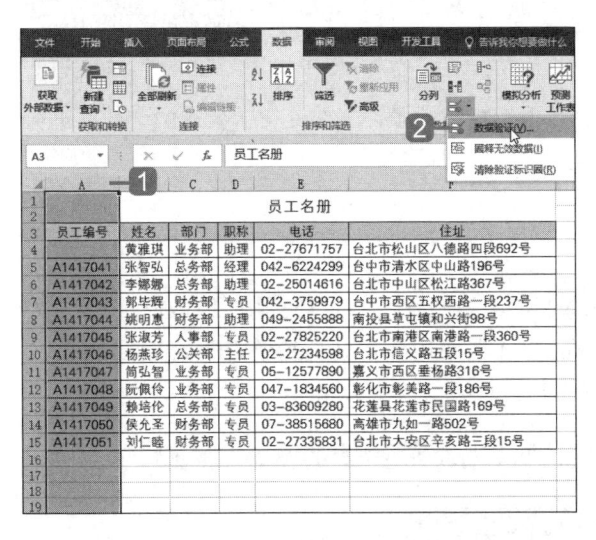

1. 单击A列，选取要设定数据验证的范围。

2. 在"数据"工具栏中单击"数据验证"按钮。

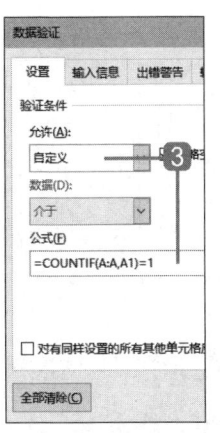

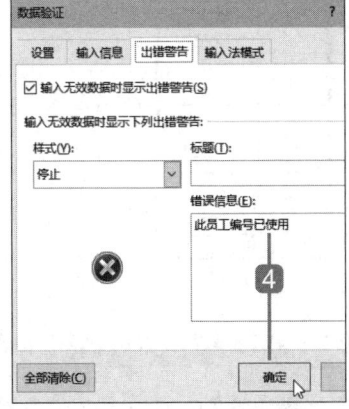

3. 在"数据验证"对话框的"设置"面板中，"允许"设置为"自定义"选项，并在公式栏中输入：
=COUNTIF(A:A,A1)=1。

4. 接着在"出错警告"面板中的"错误信息"输入框中输入"此员工编号已使用"，再单击"确定"按钮。

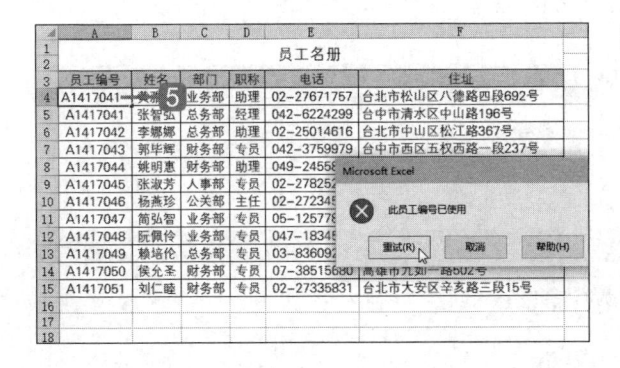

5. 这样一来，在"员工编号"栏中输入编号数据时，仅允许输入当前数据表中没有的编号，如果不是则会出现出错警告。

## 78 检查重复的数据项目并标示

标示有两个以上选课记录的学员，课程费给予折扣

IF函数搭配COUNTIF函数，可以让数据在特定的条件下统计符合要求的个数并进行标示，这样一来即可找出重复的项目。

### ● 案例分析

选课单中的"学员姓名"使用COUNTIF函数统计个数，再使用IF函数进行判断。如果学员的姓名出现了一次以上，则在"VIP"栏中标示✔并给予VIP价；如果学员的姓名只出现了一次，则在"VIP"栏中标示"–"。

| | A | B | C | D | E |
|---|---|---|---|---|---|
| 1 | | | 台北店 | | |
| 2 | 学员姓名 | 课程名称 | 专家价 | VIP | VIP价 |
| 3 | 林玉芬 | 多媒体网页设计 | 13999 | ✔ | 11899 |
| 4 | 李于真 | 品牌形象设计整合应用 | 21999 | ✔ | 18699 |
| 5 | 李于真 | 美术创意视觉设计 | 14888 | ✔ | 12654 |
| 6 | 林馨仪 | 创意美术设计 | 15499 | – | – |
| 7 | 郭碧辉 | MOS认证 | 11990 | – | – |
| 8 | 曾佩如 | 国家技师认证 | 8999 | – | – |
| 9 | 林玉芬 | 美术创意视觉设计 | 19990 | ✔ | 16991 |
| 10 | 杨燕珍 | TQC专业认证 | 12345 | – | – |
| 11 | 侯允圣 | 行动装置UI设计 | 12888 | – | – |
| 12 | 林玉芬 | 国家技师认证 | 8999 | ✔ | 7649 |

### IF 函数 | 逻辑函数

说明：IF函数是一个判断式，可以根据条件判断的结果分别处理。

公式：IF(条件,条件成立,条件不成立)

### COUNTIF 函数 | 统计函数

说明：在指定的单元格范围内，计算符合搜索条件的数据个数。

公式：COUNTIF(范围,搜索条件)

### INT 函数 | 数学和三角函数

说明：求整数，小数点以下位数均舍去。

公式：INT(数值)

## 操作说明

| | A | B | C | D | E | F |
|---|---|---|---|---|---|---|
| 1 | | | | 台北店 | | |
| 2 | 学员姓名 | 课程名称 | 专家价 | VIP | VIP价 | |
| 3 | 林玉芬 | 多媒体网页设计 | 13999 | =IF(COUNTIF($A$3:$A$12,A3)>1,"√","−") | | |
| 4 | 李于真 | 品牌形象设计整合应用 | 21999 | | | |
| 5 | 李于真 | 美术创意视觉设计 | 14888 | | | |
| 6 | 林馨仪 | 创意美术设计 | 15499 | | | |
| 7 | 郭碧辉 | MOS认证 | 11990 | | | |

**1** 在单元格D3中用嵌套式公式统计学员姓名出现的个数，再判断是否大于1，如果大于1则标示✔，如果没有大于1则标示"−"。IF函数搭配上COUNTIF函数所组成的公式：=IF(COUNTIF($A$3:$A$12,A3)>1,"✔","−")。

下个步骤要复制这个公式，所以使用绝对参照指定参照范围

✔是用输入法产生的符号，也可以用其他符号代替

| | A | B | C | D | E | F |
|---|---|---|---|---|---|---|
| 1 | | | | 台北店 | | |
| 2 | 学员姓名 | 课程名称 | 专家价 | VIP | VIP价 | |
| 3 | 林玉芬 | 多媒体网页设计 | 13999 | √ | =IF(D3="√",INT(C3*0.85),"−") | |
| 4 | 李于真 | 品牌形象设计整合应用 | 21999 | | | |
| 5 | 李于真 | 美术创意视觉设计 | 14888 | | | |
| 6 | 林馨仪 | 创意美术设计 | 15499 | | | |
| 7 | 郭碧辉 | MOS认证 | 11990 | | | |
| 8 | 曾佩如 | 国家技师认证 | 8999 | | | |

**2** 在单元格E3中用IF函数搭配INT函数，计算出选课一次以上的学员给予85折的优惠并取整数金额，输入公式：=IF(D3="✔",INT(C3*0.85),"−")。

| | A | B | C | D | E | F | G | H |
|---|---|---|---|---|---|---|---|---|
| 1 | | | | 台北店 | | | | |
| 2 | 学员姓名 | 课程名称 | 专家价 | VIP | VIP价 | | | |
| 3 | 林玉芬 | 多媒体网页设计 | 13999 | √ | 11899 | | | |
| 4 | 李于真 | 品牌形象设计整合应用 | 21999 | √ | 18699 | | | |
| 5 | 李于真 | 美术创意视觉设计 | 14888 | √ | 12654 | | | |
| 6 | 林馨仪 | 创意美术设计 | 15499 | − | | | | |
| 7 | 郭碧辉 | MOS认证 | 11990 | − | | | | |
| 8 | 曾佩如 | 国家技师认证 | 8999 | − | | | | |
| 9 | 林玉芬 | 美术创意视觉设计 | 19990 | √ | 16991 | | | |
| 10 | 杨燕珍 | TQC专业认证 | 12345 | − | | | | |
| 11 | 侯允圣 | 行动装置UI设计 | 12888 | − | | | | |
| 12 | 林玉芬 | 国家技师认证 | 8999 | √ | 7649 | | | |

**3** 最后，用鼠标拖曳选取计算好的单元格D3:E3，按住单元格E3右下角的"填充控点"往下拖曳，至最后一个学员再放开鼠标左键，可以快速完成其他学员课程费的计算。

## 79 用颜色标示重复的数据项目

将两个以上选课记录的学员数据填入蓝色

面对数据众多的数据表，如何快速找到重复的数据项目？同样使用COUNTIF函数统计符合条件的数量，再搭配Excel的"条件格式"功能，即可给数据表中重复的数据加上底色。

### ◉ 案例分析

选课单中根据"学员姓名"判断该名学员的选课数量，选课两个或两个以上的学员整行数据会加上蓝色的底色。

| | A | B | C | D | E | F | G |
|---|---|---|---|---|---|---|---|
| 1 | | | 台北店 | | | | |
| 2 | 学员姓名 | 课程名称 | 专家价 | VIP | VIP价 | | |
| 3 | 林玉芬 | 多媒体网页设计 | 13999 | ✓ | 11899 | | |
| 4 | 李于真 | 品牌形象设计整合应用 | 21999 | ✓ | 18699 | | |
| 5 | 李于真 | 美术创意视觉设计 | 14888 | ✓ | 12654 | | |
| 6 | 林馨仪 | 创意美术设计 | 15499 | - | - | | |
| 7 | 郭碧辉 | MOS认证 | 11990 | - | - | | |
| 8 | 曾佩如 | 国家技师认证 | 8999 | - | - | | |
| 9 | 林玉芬 | 美术创意视觉设计 | 19990 | ✓ | 16991 | | |
| 10 | 杨燕珍 | TQC专业认证 | 12345 | - | - | | |
| 11 | 侯允圣 | 行动装置UI设计 | 12888 | - | - | | |
| 12 | 林玉芬 | 国家技师认证 | 8999 | ✓ | 7649 | | |
| 13 | | | | | | | |
| 14 | | | | | | | |

根据"学员姓名"判断该名学员是否选了一节以上的课程（本书为单色印刷，所以指定底色的部分会呈现灰色，可以打开文件看到正确的颜色标示）

---

**COUNTIF 函数** | 统计函数

说明：在指定的单元格范围内，计算符合搜索条件的数据个数。

公式：COUNTIF(范围,搜索条件)

参数：范围　　想要搜索的参考范围。

　　　搜索条件　可以指定数值、条件式、单元格参照或字符串。

## 操作说明

1. 这个案例要以"学员姓名"判断是否有重复的数据项目，如果有，则将重复数据整行均加上底色，因此按住A列不放拖曳至E列，选取A～E列。

2. 在"开始"工具栏中单击"条件格式"按钮，在下拉菜单中选择"新建规则"选项。

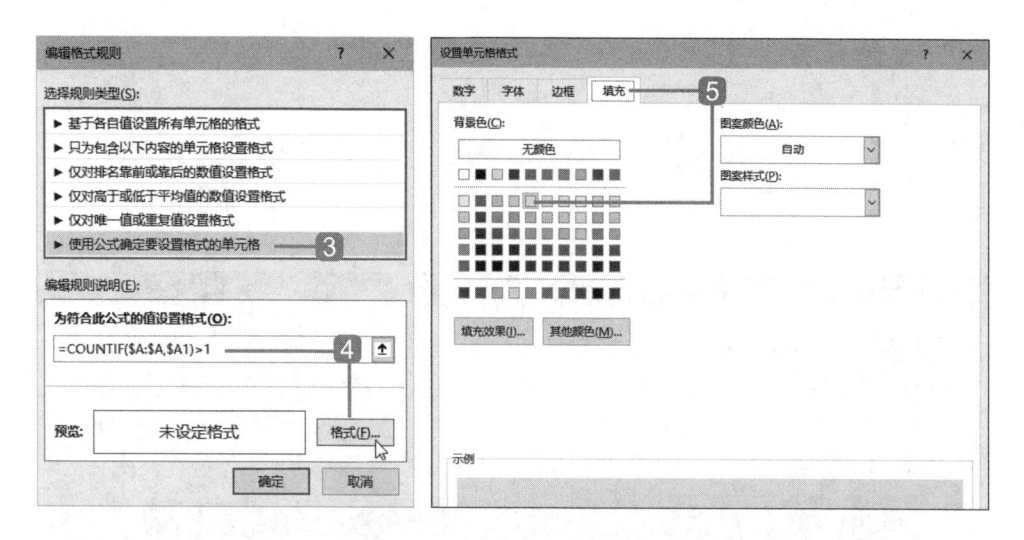

3. 在"编辑格式规则"对话框中选择"使用公式确定要设置格式的单元格"选项。

4. 使用COUNTIF函数判断A列中的数据项目的个数是否大于1项，如果是则为重复的数据项目，输入公式：=COUNTIF($A:$A,$A1)>1，再单击"格式"按钮。

5. 在"填充"面板中选择一个合适的颜色填入指定单元格，再单击"确定"按钮。

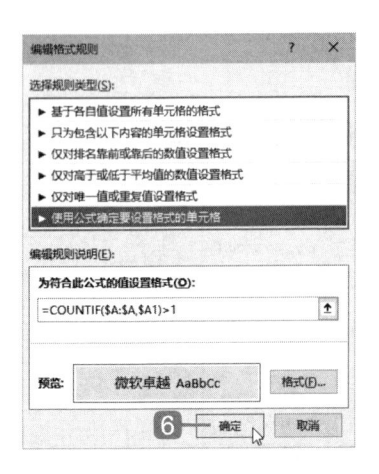

| | A | B | C | D | E |
|---|---|---|---|---|---|
| 1 | | | 台北店 | | |
| 2 | 学员姓名 | 课程名称 | 专家价 | VIP | VIP价 |
| 3 | 林玉芬 | 多媒体网页设计 | 13999 | ✓ | 11899 |
| 4 | 李于真 | 品牌形象设计整合应用 | 21999 | ✓ | 18699 |
| 5 | 李于真 | 美术创意视觉设计 | 14888 | ✓ | 12654 |
| 6 | 林馨仪 | 创意美术设计 | 15499 | - | - |
| 7 | 郭碧辉 | MOS认证 | 11990 | - | - |
| 8 | 曾佩如 | 国家技师认证 | 8999 | - | - |
| 9 | 林玉芬 | 美术创意视觉设计 | 19990 | ✓ | 16991 |
| 10 | 杨燕珍 | TQC专业认证 | 12345 | - | - |
| 11 | 侯允圣 | 行动装置UI设计 | 12888 | - | - |
| 12 | 林玉芬 | 国家技师认证 | 8999 | ✓ | 7649 |

公式：=COUNTIF($A:$A,$A1)>1

**6** 这样一来，当A列有数据项目的个数大于1即数据项目有重复时，即会在该单元格填入指定的颜色，再单击"确定"按钮完成设定。

**7** 回到工作表中，可以看到选了一门课以上的学员，其整行数据都填入了指定的颜色作为标示。

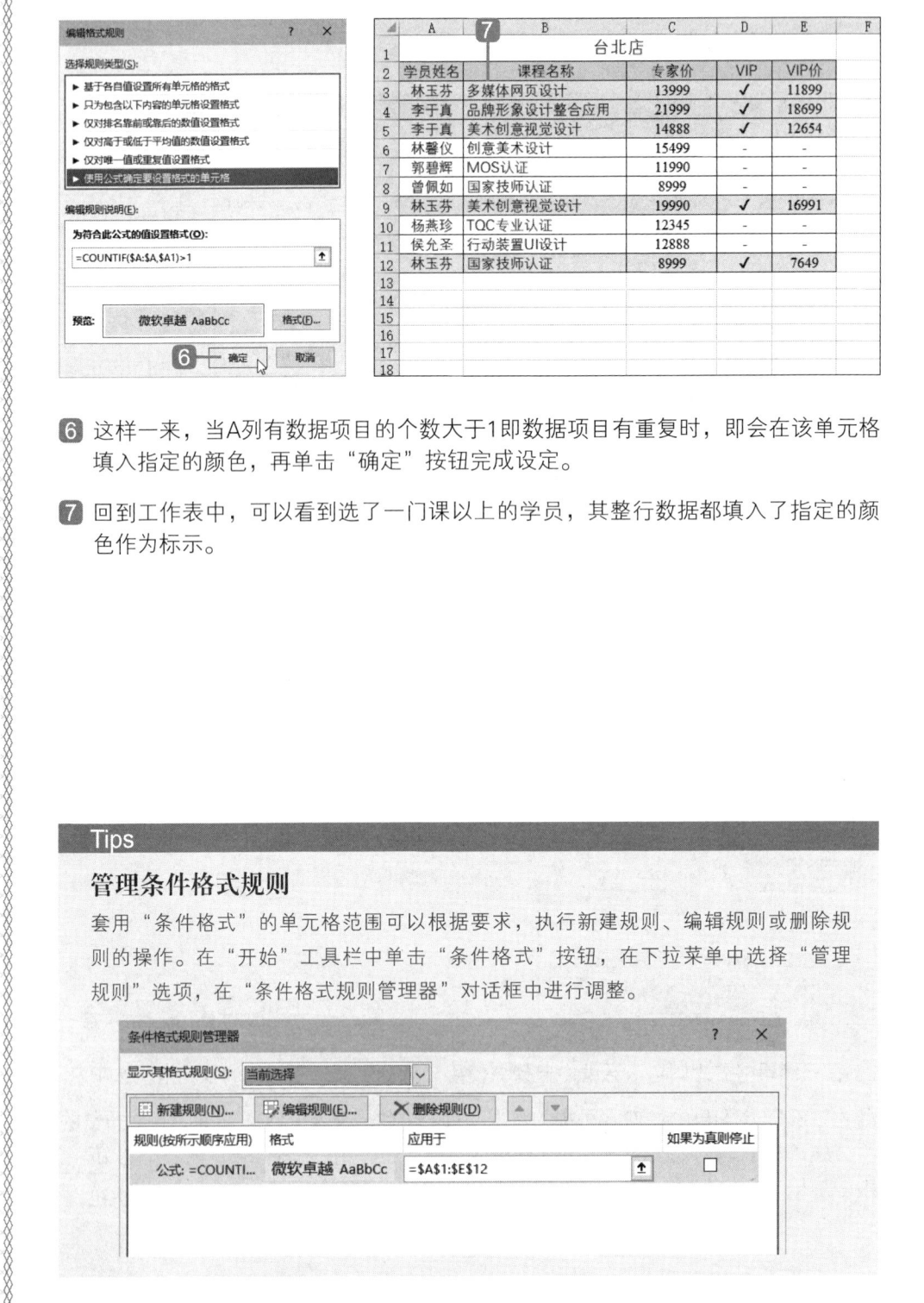

### Tips

## 管理条件格式规则

套用"条件格式"的单元格范围可以根据要求，执行新建规则、编辑规则或删除规则的操作。在"开始"工具栏中单击"条件格式"按钮，在下拉菜单中选择"管理规则"选项，在"条件格式规则管理器"对话框中进行调整。

# 80 用颜色标示周末和法定假日
### 分别用绿色和红色标示星期六、星期日，用浅橘色标示法定假日

颜色标示在工时薪资表、房价表、家庭账簿等与日期相关的数据表中常会用到，搭配Excel的"条件格式"功能，用不同的颜色强调星期六、星期日和法定假日，可以让日期数据为主的数据表更容易浏览。

## 案例分析

房价表中的日期和房价息息相关，因此是否为周末（星期六、日）和法定假日是十分重要的，使用WEEKDAY函数从日期的序列值中取得对应的星期再填入指定的颜色，再使用COUNTIF函数判断是否为法定假日即可。

| | A | B | C | D | E | F |
|---|---|---|---|---|---|---|
| 1 | 2014年标准客房房价一览表 | | | | | |
| 2 | 日期 | 星期 | 参考房价 | | 法定假日 | |
| 3 | 4月1日 | 星期二 | 2500 | | 1月1日 | 元旦节 |
| 4 | 4月2日 | 星期三 | 2500 | | 2月28日 | 除夕 |
| 5 | 4月3日 | 星期四 | 2500 | | 4月5日 | 清明节 |
| 6 | 4月4日 | 星期五 | 3888 | | 5月1日 | 劳动节 |
| 7 | 4月5日 | 星期六 | 3888 | | 6月1日 | 儿童节 |
| 8 | 4月6日 | 星期日 | 2500 | | 6月2日 | 端午节 |
| 9 | 4月7日 | 星期一 | 2500 | | 9月8日 | 中秋节 |
| 10 | 4月8日 | 星期二 | 2500 | | 10月1日 | 国庆节 |
| 11 | 4月9日 | 星期三 | 2500 | | | |
| 12 | 4月10日 | 星期四 | 2500 | | | |
| 13 | 4月11日 | 星期五 | 3888 | | | |
| 14 | 4月12日 | 星期六 | 3888 | | | |
| 15 | 4月13日 | 星期日 | 2500 | | | |
| 16 | 4月14日 | 星期一 | 2500 | | | |
| 17 | | | | | | |
| 18 | *法定假日请用橘色标示 | | | | | |

分别用绿色和红色标示星期六、星期日，用浅橘色标示法定假日（本书为单色印刷，所以指定上色的部分会呈现灰色，可以开启文件看到正确的颜色标示）

### COUNTIF 函数 | 统计函数

**说明：** 在指定的单元格范围内，计算符合搜索条件的数据个数。

**公式：** COUNTIF(范围,搜索条件)

**参数：** 范围　　　想要搜索的参考范围。

搜索条件　可以指定数值、条件式、单元格参照或字符串。

## WEEKDAY 函数

| 日期和时间函数

说明：从日期的序列值中求得对应的星期值。

公式：WEEKDAY(序列值,类型)

参数：序列值　要查找星期值的日期。

　　　类型　　决定传回类型的数字，星期日会传回1，星期六会传回7。

### 操作说明

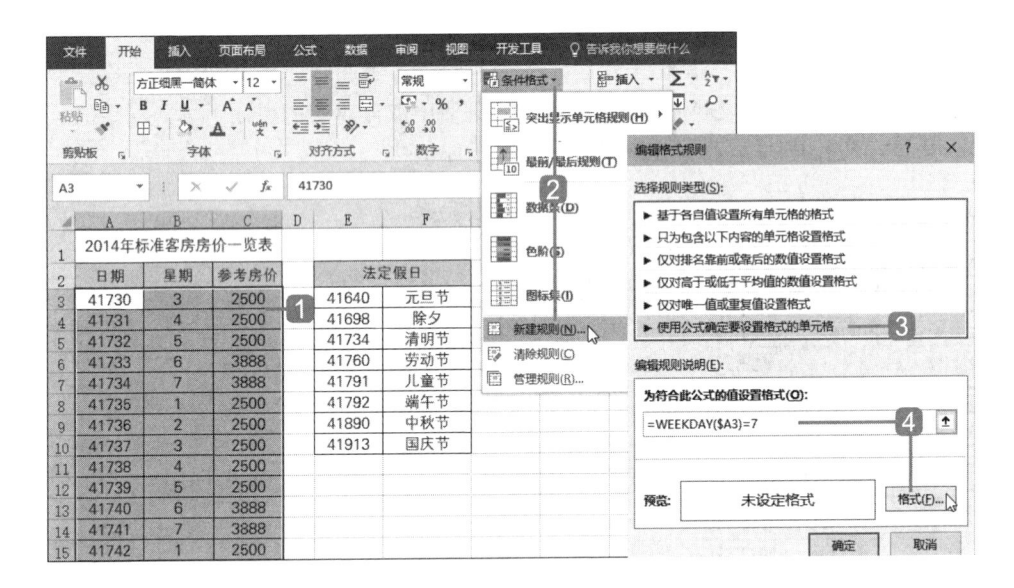

1. 选取单元格范围A3:C16。

2. 在"开始"工具栏中单击"条件格式"按钮，在下拉菜单中选择"新建规则"选项。

3. 在"编辑格式规则"对话框中选择"使用公式确定要设置格式的单元格"选项。

4. 使用WEEKDAY函数判断A列中的数据项目是否为星期六（=7），输入公式：=WEEKDAY($A3)=7，再单击"格式"按钮。

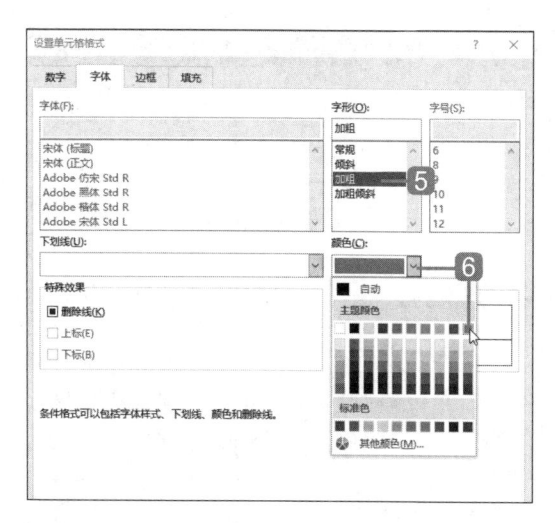

5 在"字体"面板中设定"字形"为"加粗"。

6 再单击"颜色"按钮,在下拉菜单中选择一个合适的绿色指定为文字的颜色,再单击"确定"按钮。

7 设定完成后单击"确定"按钮完成格式的设定。

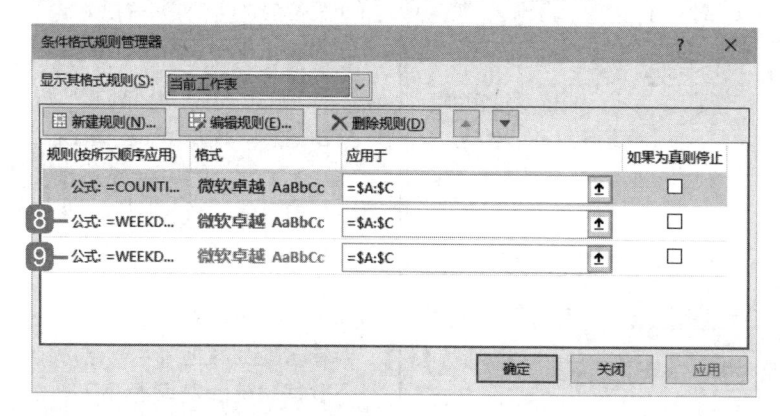

8 在同样的单元格范围中新建第二个条件格式规则,使用WEEKDAY函数判断A列中的数据项目是否为星期日(=1),输入公式:=WEEKDAY($A3)=1,设定文字格式为"加粗"并套用红色。

9 在同样的单元格范围中新建第三个条件格式规则,使用COUNTIF函数判断"日期"列中的数据是否含有法定假日,输入公式:

=COUNTIF($E$3:$E$10,$A3)=1,并设定单元格填充浅橘色。

法定假日一览表的单元格范围　"日期"数据的单元格

Tips

## 新增的数据也能纳入格式化范围中

案例中一开始设定的条件格式范围是以当前有数据的单元格为目标，然而如果后续又再新增几项数据进去时，新增的数据就无法自动套用之前设定的条件格式给单元格上色，这时可以进入"条件格式规则管理器"对话框调整规则套用的范围。

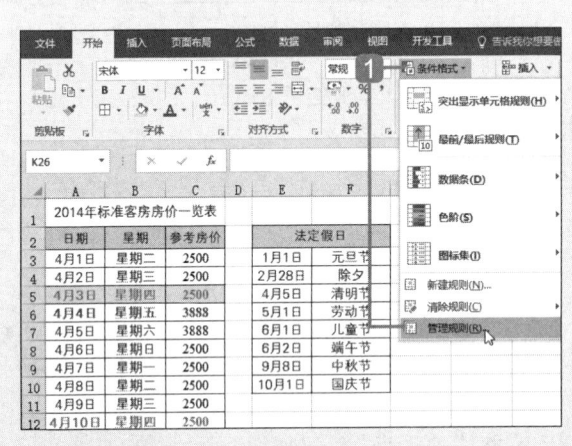

1. 单元格放在该工作表任一单元格中，在"开始"工具栏中单击"条件格式"按钮，在下拉菜单中选择"管理规则"选项。

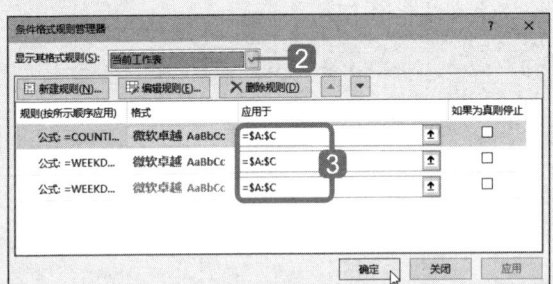

2. 先设定"显示其格式规则"为"当前工作表"。

3. 将规则的"应用于"由原本的单元格范围"=$A$3:$C$16"调整为列的范围"=$A:$C"，调整后单击"确定"按钮。

4. 这样一来回到工作表中，在当前的数据表中再新增数据时就会发现不再只是某个范围有套用条件格式，而是刚才指定的A列、B列、C列均套用了。

## 81 用颜色标示每隔一行的底色

数据数量众多时，每隔一行填充颜色便于浏览

数据量众多的数据表搭配Excel的"条件格式"功能和奇、偶数的判断，每隔一行用颜色分隔即可让数据更容易浏览。

### 案例分析

订购清单中从第4行开始是产品项目，先使用ROW函数取得行编号，再使用MOD函数取得除以2的行编号。如果余数为0，代表"行编号"为偶数；如果余数为1，代表"行编号"为奇数，这样一来即可指定给奇数行或偶数行上色了。

| | | 生鲜、杂货订购清单 | | | |
|---|---|---|---|---|---|
| 项目 | 单价 | 数量 | 折扣 | 折扣价 | 实际售价 |
| 柳橙 | 33 | 20 | 0.85 | 561.00 | 560.00 |
| 苹果 | 87 | 10 | 0.7 | 609.00 | 610.00 |
| 澳洲牛小排 | 785 | 3 | 0.92 | 2,166.60 | 2,170.00 |
| 嫩肩菲力牛排 | 320 | 3 | 0.92 | 883.20 | 880.00 |
| 野生鲑鱼 | 260 | 3 | 0.9 | 702.00 | 700.00 |
| 台湾鲷鱼 | 88 | 6 | 0.86 | 454.08 | 450.00 |
| 波士顿螯龙虾 | 990 | 2 | 0.7 | 1,386.00 | 1,390.00 |
| | | | | | |
| | | 平均折扣 | 0.84 | | |

（本书为单色印刷，所以指定上色的部分会呈现灰色，可以打开文件看到正确的颜色标示）

---

**MOD 函数** | 数学和三角函数

说明：求"被除数"除以"除数"的余数。

公式：MOD(被除数,除数)

---

**ROW 函数** | 查找和引用函数

说明：取得指定单元格的行编号。

公式：ROW(单元格)

参数：单元格　指定要取得行号的单元格，若是省略输入ROW()时，则会传回ROW函数当前所在单元格的行编号。

> 操作说明

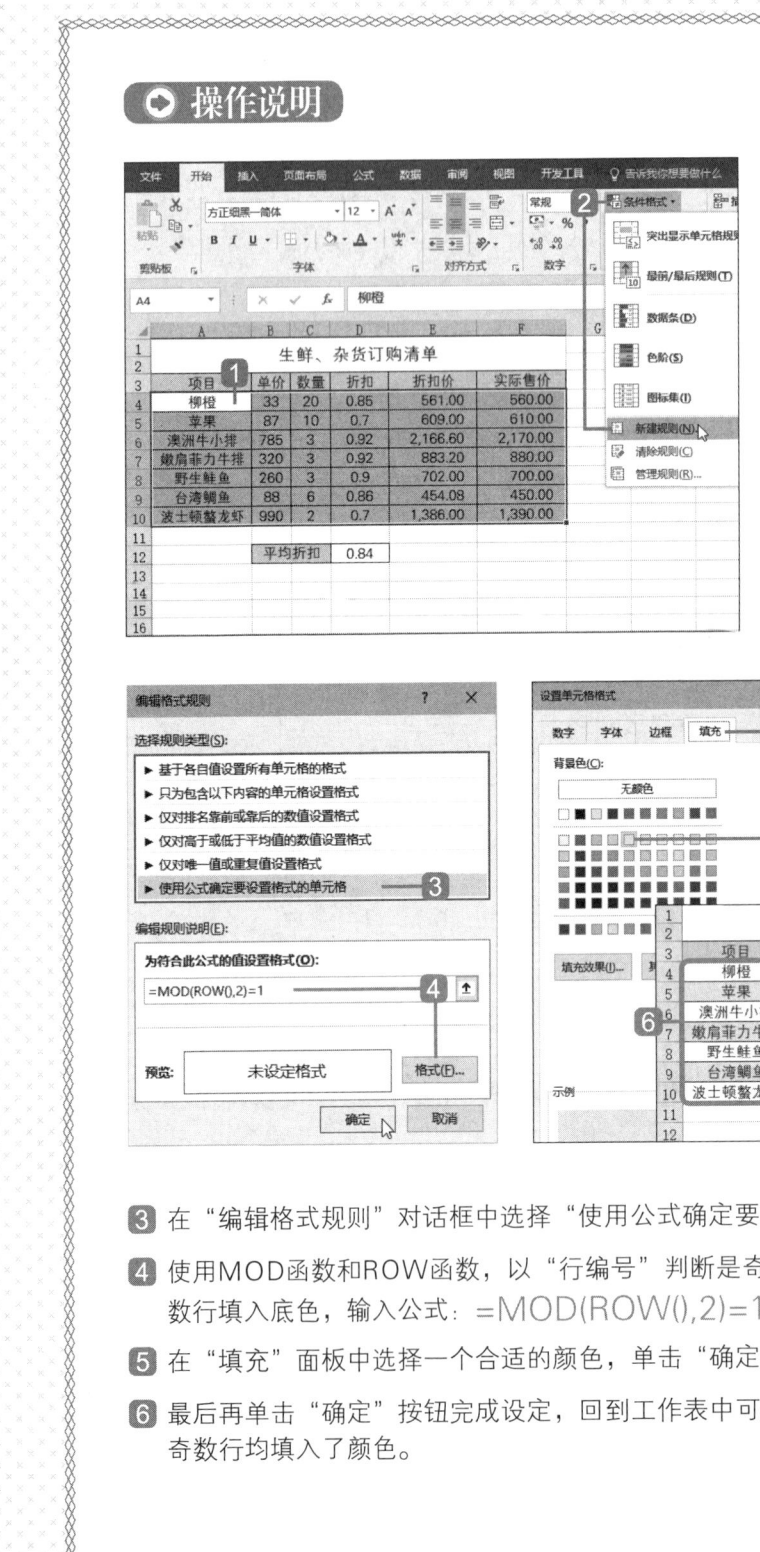

1 选取单元格范围A4:F10。

2 在"开始"工具栏中单击"条件格式"按钮,在下拉菜单中选择"新建规则"选项。

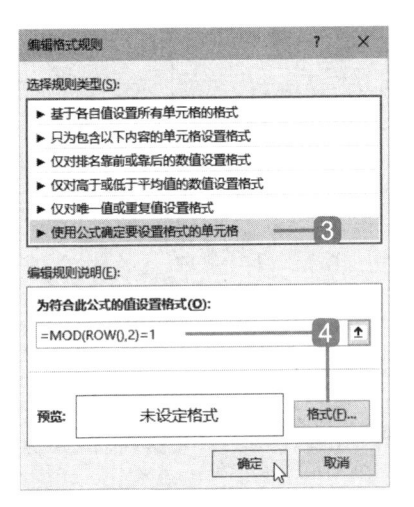

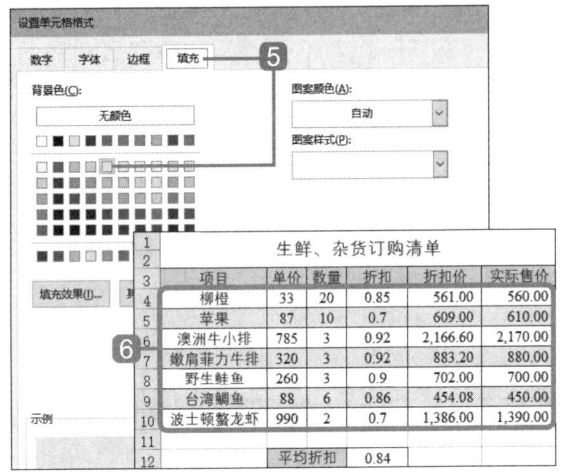

3 在"编辑格式规则"对话框中选择"使用公式确定要设置格式的单元格"。

4 使用MOD函数和ROW函数,以"行编号"判断是奇数行还是偶数行,并指定奇数行填入底色,输入公式:=MOD(ROW(),2)=1,再单击"格式"按钮。

5 在"填充"面板中选择一个合适的颜色,单击"确定"按钮。

6 最后再单击"确定"按钮完成设定,回到工作表中可以看到选取范围中的数据,奇数行均填入了颜色。

# Part 7

## 字符串数据的操作

Excel的数字运算很强，但殊不知在文字的获取、联结和拆解、大小写转换等操作上也有一定程度的处理能力，让你即使面对文字资料，也能擅用函数解决问题。

## 82 从文字中取得指定字数的数据

分别取得银行转账资料中的代码和银行名称

在一长串的文字中,我们常希望能立刻取得主要资料,让关键信息可以更加清楚。以LEFT函数来说,它主要是从字符串左端取得指定字数的文字,而MID函数则是从字符串中间某处取得指定字数的文字。

### ● 案例分析

在ATM银行转账代码表中,分别取得"代码"和"名称"放置在两列中。

| | A | B | C | D |
|---|---|---|---|---|
| 1 | ATM银行转账代码表 | | | |
| 2 | 银行/邮局 | 代码 | 名称 | |
| 3 | 003 交通银行 | 003 | 交通银行 | |
| 4 | 004 台湾银行 | 004 | 台湾银行 | |
| 5 | 005 土地银行 | 005 | 土地银行 | |
| 6 | 006 合作金库 | 006 | 合作金库 | |
| 7 | 007 第一商业银行 | 007 | 第一商业银行 | |
| 8 | 008 华南商业银行 | 008 | 华南商业银行 | |
| 9 | 009 彰化商业银行 | 009 | 彰化商业银行 | |
| 10 | 102 华泰商业银行 | 102 | 华泰商业银行 | |
| 11 | 808 玉山商业银行 | 808 | 玉山商业银行 | |
| 12 | 700 中华邮政 | 700 | 中华邮政 | |

代码:使用LEFT函数,在"银行/邮局"列中从文字左端取得三个字数

名称:使用MID函数,在"银行/邮局"列中从文字左端第五个文字开始,取得八个字数以内的文字

### LEFT 函数 | 文本函数

说明:从文字字符串的左端取得指定字数的字符。

公式:LEFT(字符串,字数)

参数:字符串  指定要取得的字符串或包含字符串的单元格参照。

　　　字数    字符串中指定要取得的字数,必须大于或等于0。如果大于字符串的长度,则会传回所有文字;如果省略则默认值为1。

### MID 函数 | 文本函数

说明:从文字字符串的指定位置取得指定字数的字符。

公式:MID(字符串,开始位置,字数)

参数:字符串  指定要取得的字符串或包含字符串的单元格参照。

　　　开始位置 从字符串中取得第一个字符的位置。

　　　字数    字符串中指定要取得的字数。

## 操作说明

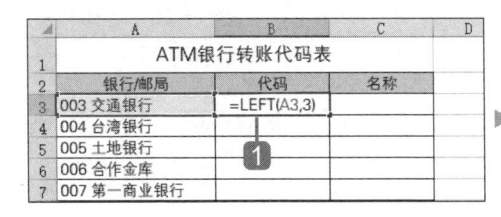

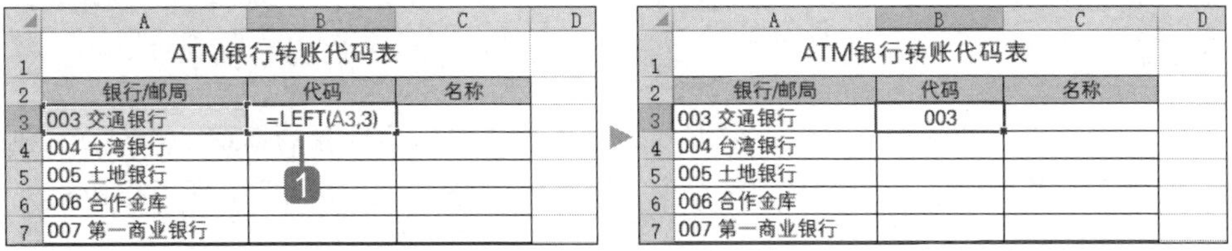

| | A | B | C | D |
|---|---|---|---|---|
| 1 | ATM银行转账代码表 | | | |
| 2 | 银行/邮局 | 代码 | 名称 | |
| 3 | 003 交通银行 | =LEFT(A3,3) | | |
| 4 | 004 台湾银行 | | | |
| 5 | 005 土地银行 | | | |
| 6 | 006 合作金库 | | | |
| 7 | 007 第一商业银行 | | | |

▶

| | A | B | C | D |
|---|---|---|---|---|
| 1 | ATM银行转账代码表 | | | |
| 2 | 银行/邮局 | 代码 | 名称 | |
| 3 | 003 交通银行 | 003 | | |
| 4 | 004 台湾银行 | | | |
| 5 | 005 土地银行 | | | |
| 6 | 006 合作金库 | | | |
| 7 | 007 第一商业银行 | | | |

**1** 在单元格B3中显示银行代码：取得单元格A3中从左侧第一个字开始数的三个字，输入公式：=LEFT(A3,3)。

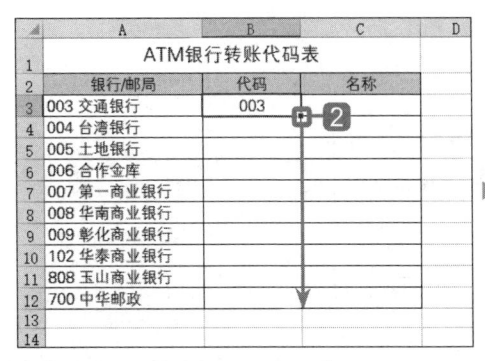

| | A | B | C | D |
|---|---|---|---|---|
| 1 | ATM银行转账代码表 | | | |
| 2 | 银行/邮局 | 代码 | 名称 | |
| 3 | 003 交通银行 | 003 | | |
| 4 | 004 台湾银行 | | | |
| 5 | 005 土地银行 | | | |
| 6 | 006 合作金库 | | | |
| 7 | 007 第一商业银行 | | | |
| 8 | 008 华南商业银行 | | | |
| 9 | 009 彰化商业银行 | | | |
| 10 | 102 华泰商业银行 | | | |
| 11 | 808 玉山商业银行 | | | |
| 12 | 700 中华邮政 | | | |

▶

| | A | B | C | D |
|---|---|---|---|---|
| 1 | ATM银行转账代码表 | | | |
| 2 | 银行/邮局 | 代码 | 名称 | |
| 3 | 003 交通银行 | 003 | | |
| 4 | 004 台湾银行 | 004 | | |
| 5 | 005 土地银行 | 005 | | |
| 6 | 006 合作金库 | 006 | | |
| 7 | 007 第一商业银行 | 007 | | |
| 8 | 008 华南商业银行 | 008 | | |
| 9 | 009 彰化商业银行 | 009 | | |
| 10 | 102 华泰商业银行 | 102 | | |
| 11 | 808 玉山商业银行 | 808 | | |
| 12 | 700 中华邮政 | 700 | | |

**2** 在单元格B3中按住右下角的"填充控点"往下拖曳，至最后一项再放开鼠标左键，完成其他银行代码的取得。

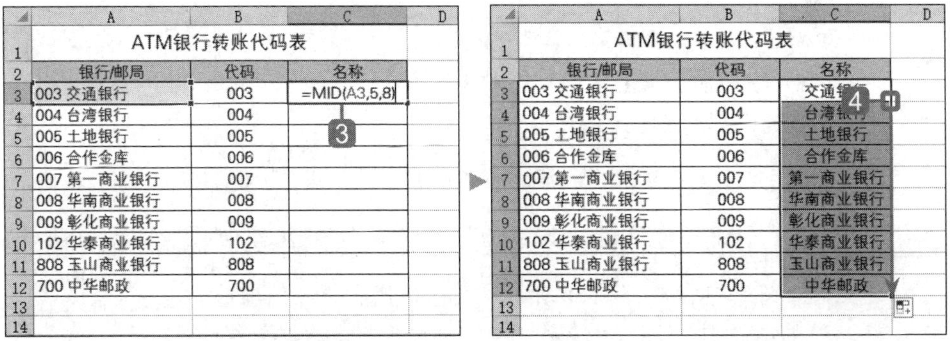

| | A | B | C | D |
|---|---|---|---|---|
| 1 | ATM银行转账代码表 | | | |
| 2 | 银行/邮局 | 代码 | 名称 | |
| 3 | 003 交通银行 | 003 | =MID(A3,5,8) | |
| 4 | 004 台湾银行 | 004 | | |
| 5 | 005 土地银行 | 005 | | |
| 6 | 006 合作金库 | 006 | | |
| 7 | 007 第一商业银行 | 007 | | |
| 8 | 008 华南商业银行 | 008 | | |
| 9 | 009 彰化商业银行 | 009 | | |
| 10 | 102 华泰商业银行 | 102 | | |
| 11 | 808 玉山商业银行 | 808 | | |
| 12 | 700 中华邮政 | 700 | | |

▶

| | A | B | C | D |
|---|---|---|---|---|
| 1 | ATM银行转账代码表 | | | |
| 2 | 银行/邮局 | 代码 | 名称 | |
| 3 | 003 交通银行 | 003 | 交通银行 | |
| 4 | 004 台湾银行 | 004 | 台湾银行 | |
| 5 | 005 土地银行 | 005 | 土地银行 | |
| 6 | 006 合作金库 | 006 | 合作金库 | |
| 7 | 007 第一商业银行 | 007 | 第一商业银行 | |
| 8 | 008 华南商业银行 | 008 | 华南商业银行 | |
| 9 | 009 彰化商业银行 | 009 | 彰化商业银行 | |
| 10 | 102 华泰商业银行 | 102 | 华泰商业银行 | |
| 11 | 808 玉山商业银行 | 808 | 玉山商业银行 | |
| 12 | 700 中华邮政 | 700 | 中华邮政 | |

**3** 在单元格C3中显示银行名称：取得单元格A3中从第五个字开始数的八个字（以内），输入公式：=MID(A3,5,8)。

**4** 在单元格C3中按住右下角的"填充控点"往下拖曳，至最后一项再放开鼠标左键，完成其他银行名称的取得。

## 83 替换文字

将编号和公司名称中的部分文字替换为新文字

常用于替换文字的函数有两个：要取代文字字符串中指定位置的指定字数时，使用REPLACE函数；要直接替换文字字符串中特定的字符时，使用SUBSTITUTE函数。

### ● 案例分析

在物流公司信息中，将"编号"前面的"A0"统一改为"NO-"，而"公司名称"中的"股份有限公司"统一改为"（股）"。

使用REPLACE函数从"编号"中第一个文字开始，将前面两个字"A0"替换为"NO-"

使用SUBSTITUTE函数从"公司名称"中搜索"股份有限公司"的文字，并替换为"（股）"

| | A | B | C | D | E |
|---|---|---|---|---|---|
| 1 | | | 物流公司信息 | | |
| 2 | 编号 | 新编号 | 公司名称（完整） | 公司名称（简称） | 联系电话 |
| 3 | A001 | NO-01 | 统一速达股份有限公司 | 统一速达（股） | 02-27889889 |
| 4 | A002 | NO-02 | 台湾宅配通股份有限公司 | 台湾宅配通（股） | 02-66181818 |
| 5 | A003 | NO-03 | 新竹货运股份有限公司 | 新竹货运（股） | 0800-351930 |
| 6 | A004 | NO-04 | 大荣货运汽车股份有限公司 | 大荣货运汽车（股） | 0800-898168 |
| 7 | A005 | NO-05 | UPS | UPS | 0800-365868 |

### REPLACE 函数                    | 文本函数

说明：根据指定的位置和字数，将字符串的一部分替换为新的字符串。

公式：REPLACE(字符串,开始位置,字数,替换字符串)

参数：字符串　　指定要被替换的目标字符串或包含字符串的单元格参照。

　　　开始位置　用数值指定字符串中要被替换的字符串的起始位置。

　　　字数　　　要替换的字数。

　　　替换字符串　用来替换旧字符串的新字符串。

### SUBSTITUTE 函数                 | 文本函数

说明：将字符串中的部分字符串用新字符串取代。

公式：SUBSTITUTE(字符串,搜索字符串,替换字符串,替换对象)

参数：字符串　　指定要被替换的目标字符串或包含字符串的单元格参照。

　　　搜索字符串　指定要被替换的旧字符串。

　　　替换字符串　用来替换旧字符串的新字符串。

　　　替换对象　　如果有多个符合条件的对象，指定要替换第几个字符串（可省略）。

## 操作说明

1 在单元格B3中显示新编号：将单元格A3中的编号由第一个文字开始的"A0"替换为"NO-"，输入公式：=REPLACE(A3,1,2,"NO-")。

2 在单元格B3中按住右下角的"填充控点"往下拖曳，至最后一项再放开鼠标左键，将所有编号中的"A0"替换为"NO-"。

3 在单元格D3中显示公司名称：将单元格C3中的公司名称（完整）中的"股份有限公司"替换为"（股）"，输入公式：

=SUBSTITUTE(C3,"股份有限公司","（股）")。

4 在单元格D3中按住右下角的"填充控点"往下拖曳，至最后一项再放开鼠标左键，完成所有物流公司名称的调整。

## 84 英文首字母和全部英文大写

将课程名称改为英文首字母大写和全部英文大写

当面对资料中的英文时，常会希望呈现首字母大写的效果，这时使用PROPER函数可以统一格式；如果要将所有英文呈现大写状态时，则使用UPPER函数。

### ◎ 案例分析

在培训班选课单中，将课程名称中的英文从原本的全部小写改为首字母大写，或者改为全部大写。

使用UPPER函数将原本"课程名称"中的英文改为全部大写

| | A | B | C | D |
|---|---|---|---|---|
| 1 | | 培训班选课单 | | |
| 2 | 课程名称 | （转换为首字母大写） | （转换为全部大写） | |
| 3 | photoshop图像处理培训班 | Photoshop图像处理培训班 | PHOTOSHOP图像处理培训班 | |
| 4 | illustrator向量绘图培训班 | Illustrator向量绘图培训班 | ILLUSTRATOR向量绘图培训班 | |
| 5 | office办公室应用培训班 | Office办公室应用培训班 | OFFICE办公室应用培训班 | |
| 6 | flash网页动画培训班 | Flash网页动画培训班 | FLASH网页动画培训班 | |
| 7 | dreamweaver网页设计培训班 | Dreamweaver网页设计培训班 | DREAMWEAVER网页设计培训班 | |
| 8 | windows操作系统培训班 | Windows操作系统培训班 | WINDOWS操作系统培训班 | |
| 9 | | | | |
| 10 | | | | |
| 11 | | | | |

使用PROPER函数将原本"课程名称"中的英文改为首字母大写

---

**PROPER 函数** | 文本函数

说明：将英文单词的第一个字母设为大写。

公式：PROPER(字符串)

参数：字符串　设定要转换的字符串或含有字符串的单元格参照。

---

**UPPER 函数** | 文本函数

说明：将英文单词变为全部大写。

公式：UPPER(字符串)

参数：字符串　设定要转换的字符串或含有字符串的单元格参照。

## 操作说明

**1** 在单元格B3中显示首字母大写的课程名称：将单元格A3中课程名称英文的第一个字母改为大写，输入公式：=PROPER(A3)。

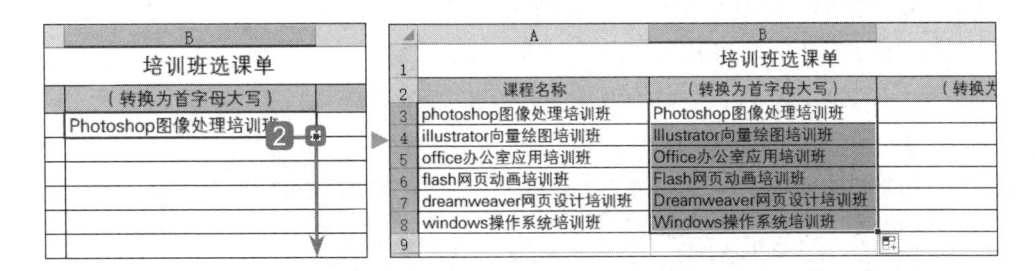

**2** 在单元格B3中按住右下角的"填充控点"往下拖曳，至最后一项再放开鼠标左键，将所有课程名称中的英文统一改为首字母大写的状态。

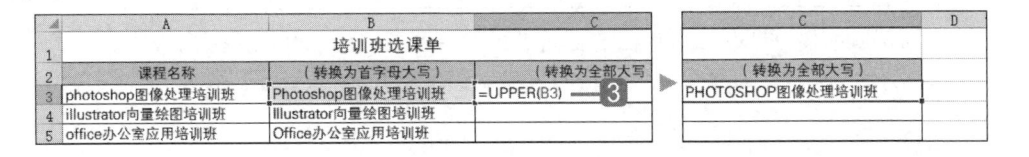

**3** 在单元格C3中显示英文全部大写的课程名称：将单元格B3中课程名称的英文全部改为大写，输入公式：=UPPER(B3)。

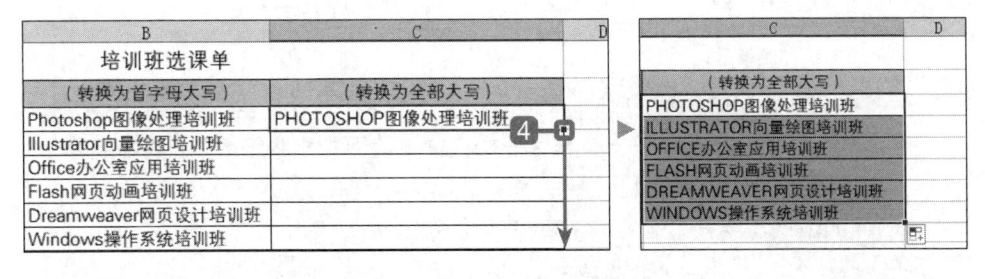

**4** 在单元格C3中按住右下角的"填充控点"往下拖曳，至最后一项再放开鼠标左键，将所有课程名称中的英文统一改为大写状态。

## 85 根据指定的方式切割文字

将文字字符串根据指定位置和字数进行切割

文字的切割，除了使用FIND函数找到关键字的所在位数，可以再搭配LEFT函数和SUBSTITUTE函数，在不同的单元格中显示指定文字。

### ● 案例分析

在木炭博物馆的资料中，希望将"空间导览"中的资料分割成"活动区域"（××区）和"馆名"（××馆）。

先使用FIND函数在"空间导览"中找到文字"区"所在的位数，再使用LEFT函数由左至右取得"活动区域"的名称

|   | A | B | C | D | E |
|---|---|---|---|---|---|
| 1 |   | 木炭博物馆 |   |   |   |
| 2 | 空间导览 | 活动区域 | 馆名 |   |   |
| 3 | 木炭艺术区炭为观止馆 | 木炭艺术区 | 炭为观止馆 |   |   |
| 4 | 木炭科学实验区科学炭索馆 | 木炭科学实验区 | 科学炭索馆 |   |   |
| 5 | 木炭工具展示区一炭究竟馆 | 木炭工具展示区 | 一炭究竟馆 |   |   |
| 6 | 木炭文化历史区历史炭访馆 | 木炭文化历史区 | 历史炭访馆 |   |   |
| 7 | 木炭生活应用区炭索未来馆 | 木炭生活应用区 | 炭索未来馆 |   |   |
| 8 |   |   |   |   |   |

使用SUBSTITUTE函数在"空间导览"中搜索"活动区域"列内的字符串并用""空字符取代，最后仅显示剩余的文字作为"馆名"

### LEFT 函数 | 文本函数

说明：从文字字符串的左端取得指定字数的字符。

公式：LEFT(字符串,字数)

### FIND 函数 | 文本函数

说明：从目标字符串左端第一个文字开始搜索，传回搜索字符串在目标字符串中第一次出现的位置。

公式：FIND(搜索字符串,目标字符串,开始位置)

参数：搜索字符串　需要查找的字符串。

目标字符串　包含搜索字符串的单元格参照。

开始位置　指定开始搜索的位置，输入1是从文字左端开始搜索。

## SUBSTITUTE 函数

| 文本函数

说明：将字符串中的部分字符串用新的字符串取代。

公式：SUBSTITUTE(字符串,搜索字符串,替换字符串,替换对象)

### 操作说明

|   | A | B | C |
|---|---|---|---|
| 1 | 木炭博物馆 | | |
| 2 | 空间导览 | 活动区域 | 馆名 |
| 3 | 木炭艺术区炭为观止馆 | =LEFT(A3,FIND("区",A3,1)) | |
| 4 | 木炭科学实验区科学炭索馆 | | |
| 5 | 木炭工具展示区一炭究竟馆 | | |
| 6 | 木炭文化历史区历史炭访馆 | | |
| 7 | 木炭生活应用区炭索未来馆 | | |

|   | A | B | C |
|---|---|---|---|
| 1 | 木炭博物馆 | | |
| 2 | 间导览 | 活动区域 | 馆 |
| 3 | 区炭为观止馆 | 木炭艺术区 | |
| 4 | 验区科学炭索馆 | 木炭科学实验区 | |
| 5 | 示区一炭究竟馆 | 木炭工具展示区 | |
| 6 | 史区历史炭访馆 | 木炭文化历史区 | |
| 7 | 用区炭索未来馆 | 木炭生活应用区 | |

**1** 在单元格B3中显示活动区域：先使用FIND函数搜索单元格A3中文字"区"的所在位置，再使用LEFT函数取得单元格A3中文字从左端开始至"区"字为止的内容，输入公式：=LEFT(A3,FIND("区",A3,1))。

**2** 在单元格B3中按住右下角的"填充控点"往下拖曳，至最后一项再放开鼠标左键，完成全部"活动区域"名称的取得。

|   | A | B | C |
|---|---|---|---|
| 1 | 木炭博物馆 | | |
| 2 | 空间导览 | 活动区域 | 馆名 |
| 3 | 木炭艺术区炭为观止馆 | 木炭艺术区 | =SUBSTITUTE(A3,B3,"") |
| 4 | 木炭科学实验区科学炭索馆 | 木炭科学实验区 | |
| 5 | 木炭工具展示区一炭究竟馆 | 木炭工具展示区 | |
| 6 | 木炭文化历史区历史炭访馆 | 木炭文化历史区 | |
| 7 | 木炭生活应用区炭索未来馆 | 木炭生活应用区 | |

|   | B | C | D |
|---|---|---|---|
| 1 | 博物馆 | | |
| 2 | 活动区域 | 馆名 | |
| 3 | 木炭艺术区 | 炭为观止馆 | |
| 4 | 木炭科学实验区 | 科学炭索馆 | |
| 5 | 木炭工具展示区 | 一炭究竟馆 | |
| 6 | 木炭文化历史区 | 历史炭访馆 | |
| 7 | 木炭生活应用区 | 炭索未来馆 | |

**3** 在单元格C3中显示馆名：使用SUBSTITUTE函数搜索单元格A3中的文字，只要有符合单元格B3的文字就用空白字符取代，输入公式：

=SUBSTITUTE(A3,B3,"")。

**4** 在单元格C3中按住右下角的"填充控点"往下拖曳，至最后一项再放开鼠标左键，完成全部"馆名"的取得。

## 86 合并文字并显示为两行

将软件名称和课程类型合并成一个文字字符串并分行呈现

想将两个以上的文字、数值合并为一个字符串，可以使用CONCATENATE函数，另外搭配CHAR函数可以为冗长的数据自定义分行。

### ● 案例分析

在培训班选课单中，将原本"软件"和"课程类型"两列中的数据合并在一个单元格中，并进行分行处理。

| | A | B | C |
|---|---|---|---|
| 1 | 培训班选课单 | | |
| 2 | 软件 | 课程类型 | 合并&分行 |
| 3 | Photoshop | 图像处理培训班 | Photoshop<br>图像处理培训班 |
| 4 | Illustrator | 向量绘图培训班 | Illustrator<br>向量绘图培训班 |
| 5 | Office | 办公室应用培训班 | Office<br>办公室应用培训班 |
| 6 | Flash | 网页动画培训班 | Flash<br>网页动画培训班 |
| 7 | Dreamweaver | 网页设计培训班 | Dreamweaver<br>网页设计培训班 |
| 8 | | | |
| 9 | | | |

使用CONCATENATE函数将"软件"和"课程类型"两列数据合并，再使用CHAR函数将数据分成两行

### CONCATENATE 函数  | 文本函数

说明： 将不同单元格的文字和数值合并成单一字符串。

公式： CONCATENATE(字符串1,字符串2,...)

参数： 字符串　要合并的文字、数值或单一的单元格参照。

### CHAR 函数  | 文本函数

说明： 将代表计算机中的文字字码转换为字符。

公式： CHAR(数字)

参数： 数字　在1~255指定一个数字；1~127主要代表的字符为控制文字、符号、英文；128~255则为预留位置。可以使用CODE函数来查询，如CODE("A")的计算结果为65，则CHAR(65)的计算结果为A。

## 操作说明

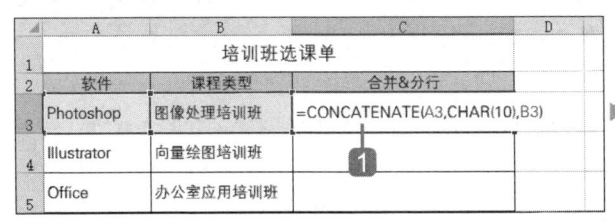

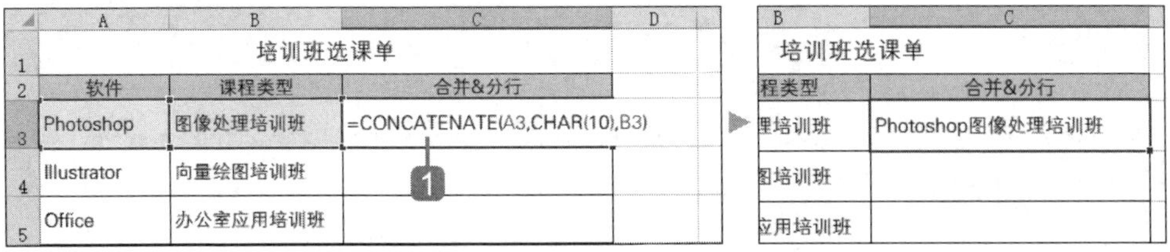

| | A | B | C | D |
|---|---|---|---|---|
| 1 | | 培训班选课单 | | |
| 2 | 软件 | 课程类型 | 合并&分行 | |
| 3 | Photoshop | 图像处理培训班 | =CONCATENATE(A3,CHAR(10),B3) | |
| 4 | Illustrator | 向量绘图培训班 | | |
| 5 | Office | 办公室应用培训班 | | |

| B | C |
|---|---|
| 培训班选课单 | |
| 程类型 | 合并&分行 |
| 理培训班 | Photoshop图像处理培训班 |
| 图培训班 | |
| 应用培训班 | |

**1** 在单元格C3中使用CONCATENATE函数合并单元格A3和B3中的字符串，并在参数组合中加入CHAR函数，让合并数据可以在单元格中换行（CHAR函数换行的字码为10），输入公式：=CONCATENATE(A3,CHAR(10),B3)。

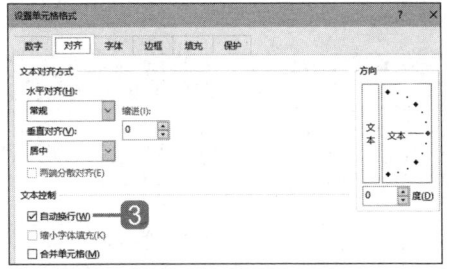

**2** 另外，单元格需要设定为"自动换行"格式，CHAR函数的换行指令才能有效地呈现出来。因此在单元格C3上单击一下鼠标右键，在弹出的快捷菜单中选择"设置单元格格式"选项。

**3** 在"设置单元格格式"对话框的"对齐"面板中勾选"自动换行"，单击"确定"按钮。

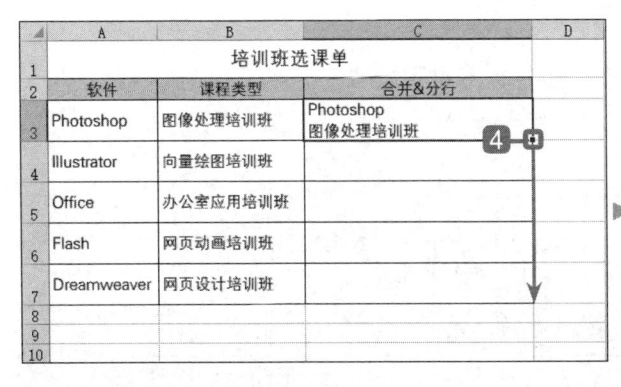

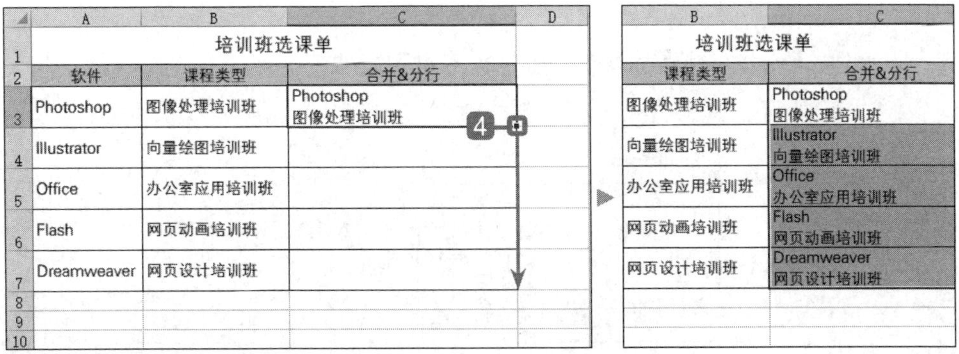

| | A | B | C | D |
|---|---|---|---|---|
| 1 | | 培训班选课单 | | |
| 2 | 软件 | 课程类型 | 合并&分行 | |
| 3 | Photoshop | 图像处理培训班 | Photoshop<br>图像处理培训班 | |
| 4 | Illustrator | 向量绘图培训班 | | |
| 5 | Office | 办公室应用培训班 | | |
| 6 | Flash | 网页动画培训班 | | |
| 7 | Dreamweaver | 网页设计培训班 | | |

| B | C |
|---|---|
| 培训班选课单 | |
| 课程类型 | 合并&分行 |
| 图像处理培训班 | Photoshop<br>图像处理培训班 |
| 向量绘图培训班 | Illustrator<br>向量绘图培训班 |
| 办公室应用培训班 | Office<br>办公室应用培训班 |
| 网页动画培训班 | Flash<br>网页动画培训班 |
| 网页设计培训班 | Dreamweaver<br>网页设计培训班 |

**4** 在单元格C3中按住右下角的"填充控点"往下拖曳，至最后一项再放开鼠标左键，即可将培训班其他的"软件"和"课程类型"统一合并，并分行显示。

## 87 日期/文字/金额的组合并套用指定格式

交货日期、含税金额分别用"mm/dd"和"#,###"&"元"格式显示

TEXT函数可以将文字、数值数据转换成指定格式的字符串，另外还可以运用"&"符号将更多的数值、文字、符号组合起来。

### ● 案例分析

在交货单中将"交货日期："的文字和日期值（用mm/dd格式）显示在同一个单元格中，另外也取得单元格D12中"总金额（含营业税）："文字并与其金额组合显示。

| | A | B | C | D | E | F |
|---|---|---|---|---|---|---|
| 1 | | | 交货单 | | | |
| 2 | 交货日期：| 01/31 | | | | |
| 3 | 总金额（含营业税）：| | | 1,155元 | | |
| 4 | 编号 | 品名 | 数量 | 单位 | 单价（元）| 金额（元）|
| 5 | 1 | A4影印纸 | 1 | 箱 | 250 | 250 |
| 6 | 2 | 铅笔（12支/打）| 2 | 打 | 120 | 240 |
| 7 | 3 | 透明封箱胶带（4入/组）| 1 | 组 | 49 | 50 |
| 8 | 4 | 胶水（4支/组）| 2 | 组 | 29 | 60 |
| 9 | 5 | 文件套（10入/包）| 2 | 包 | 84 | 170 |
| 10 | | | | 合计金额：| | 770 |
| 11 | | | | 营业税：| | 385 |
| 12 | | | | 总金额（含营业税）：| | 1155 |
| 13 | | | | | | |
| 14 | | | | | | |
| 15 | | | | | | |
| 16 | | | | | | |

先加入"交货日期："文字，再通过TEXT函数组合TODAY函数取得当天的日期，并套用"mm/dd"格式

用TEXT函数取得"总金额（含营业税）："文字，再取其值并套用"#,###"&"元"格式

### TEXT 函数          | 文本函数

说明： 根据特定的格式将数值转换成文字字符串。

公式： TEXT(值,显示格式)

参数： 值　　　数值或含有数值的单元格参照范围。

显示格式　显示格式前后需要用半角引号（"）括住，大致分为以下几类：

| 类别 | 说明 |
|---|---|
| 数值 | 参数运用0、#、,、%、?等符号，为数值预留位置、小数点、千分位分隔符号、货币符号、百分比和科学标记格式。|
| 日期和时间格式 | 将数值用日期格式显示（如小时、月份和年份），在参数中使用yy、mm、dd、[h]、ss等代码。|
| 文字和加入空白 | 在参数中加入$、+、(、<等任一个字符，便会直接显示该字符。|

详细的格式记号使用方法，可以参考P199中的列表说明。

## TODAY 函数

| 日期和时间函数

说明：显示今天的日期。

公式：TODAY()

### 操作说明

1. 在单元格A2中先加入文字"交货日期："，再通过"&"符号连接TEXT函数。TEXT函数则是使用TODAY函数取得当天的日期，并套用"mm/dd"格式，输入公式：

    ="交货日期："&TEXT(TODAY(),"mm/dd")。

2. 在单元格A3中先取得单元格D12的文字"总金额（含营业税）："，再通过"&"符号连接TEXT函数。TEXT函数则是取得单元格F12中的含税金额值并套用"#,###"格式，再通过"&"符号连接文字"元"，输入公式：

    =D12&TEXT(F12,"#,###"&"元")。

## 88 转换为汉字数字大写并显示文件信息

票面金额"1、2、3"显示为"壹、贰、叁"

NUMBERSTRING函数可以将数值转换为汉字数字,并有"三百二十一""叁百贰拾壹""三二一"三种表示方式。而CELL函数则可以取得需要的单元格信息。

### 案例分析

在支票记录簿中,将"票面金额"以大写数字进行表示,并显示文件信息。

| | A | B | C | D | E | F | G |
|---|---|---|---|---|---|---|---|
| 1 | | | | 支票记录簿 | | | |
| 2 | 厂商名称 | 支票号码 | 开票日期 | 到期日期 | 票面金额 | 大写数字 | |
| 3 | 天祥 | AC5610495 | 2013/8/15 | 2013/8/31 | $ 78,945 | 柒万捌仟玖佰肆拾伍元整 | |
| 4 | 祥裕 | HV7901240 | 2014/10/1 | 2014/10/25 | $ 6,000 | 陆仟元整 | |
| 5 | 兴盛 | HY0132525 | 2014/1/15 | 2014/1/31 | $ 25,000 | 贰万伍仟元整 | |
| 6 | 大成 | BC0321600 | 2014/2/5 | 2014/2/28 | $ 18,500 | 壹万捌仟伍佰元整 | |
| 7 | 尚格 | QA1076805 | 2014/3/1 | 2014/3/15 | $ 56,780 | 伍万陆仟柒佰捌拾元整 | |
| 8 | C:/意想不到的Excel函数活用妙招/附书光盘/Part07/支票记录簿 | | | | | | |
| 9 | | | | | | | |

使用CELL函数显示文件信息

使用NUMBERSTRING函数将"票面金额"转换为大写数字,再通过"&"符号在最后加上文字"元整"

### CELL 函数

| 文本函数

**说明:** 传回有关单元格的格式、位置或内容的信息。

**公式:** CELL(信息类型,范围)

**参数:** 信息类型  指定所需要的单元格的信息类型,想要查询的信息类型必须用"符号前后括住,而相关的类型可以在输入时通过清单进行选择(下表整理了几个信息类型说明可供参考)。

| 信息类型 | 传回信息 |
|---|---|
| "address" | 传回单元格位址,并用绝对位址呈现 ("address",A9) →$A$9 |
| "col" | 传回单元格的行号数 ("col",A9) →1) |
| ."row" | 传回单元格的列号数 ("row",A9) →9) |
| "filename" | 传回文件工作标签名称和文件的绝对路径 |

范围  取得相关信息的单元格,部分数据类型可以省略。

## 操作说明

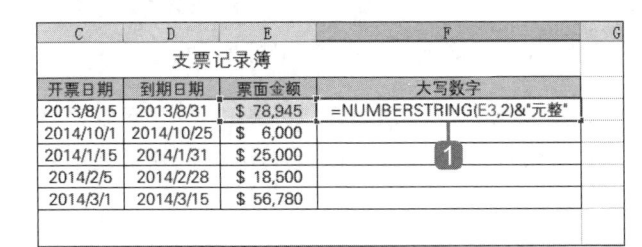

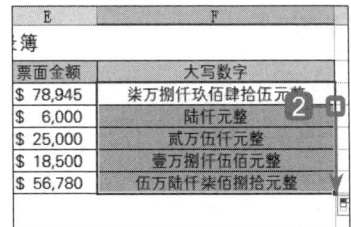

| C | D | E | F | G |
|---|---|---|---|---|
| | 支票记录簿 | | | |
| 开票日期 | 到期日期 | 票面金额 | 大写数字 | |
| 2013/8/15 | 2013/8/31 | $ 78,945 | =NUMBERSTRING(E3,2)&"元整" | |
| 2014/10/1 | 2014/10/25 | $ 6,000 | | |
| 2014/1/15 | 2014/1/31 | $ 25,000 | | |
| 2014/2/5 | 2014/2/28 | $ 18,500 | | |
| 2014/3/1 | 2014/3/15 | $ 56,780 | | |

❶

| E | F |
|---|---|
| ...簿 | |
| 票面金额 | 大写数字 |
| $ 78,945 | 柒万捌仟玖佰肆拾伍元整 |
| $ 6,000 | 陆仟元整 |
| $ 25,000 | 贰万伍仟元整 |
| $ 18,500 | 壹万捌仟伍佰元整 |
| $ 56,780 | 伍万陆仟柒佰捌拾元整 |

❷

**❶** 在单元格F3中使用NUMBERSTRING函数将单元格E3中的值转换为汉字的大写数字，再用"&"符号连接文字"元整"呈现，输入公式：
=NUMBERSTRING(E3,2)&"元整"。

**❷** 在单元格F3中按住右下角的"填充控点"往下拖曳，至最后一项再放开鼠标左键，将其他票面的金额统一转换成汉字的大写数字。

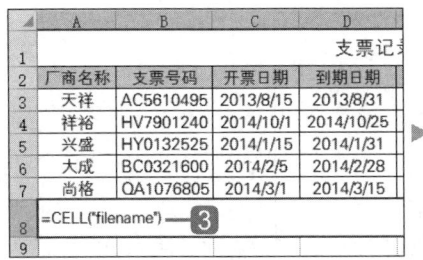

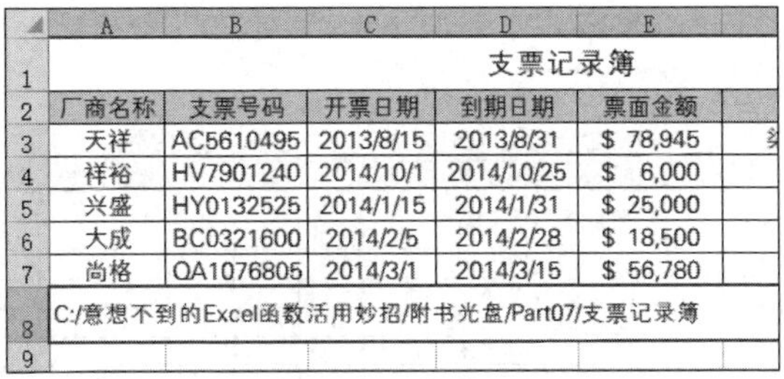

| | A | B | C | D |
|---|---|---|---|---|
| 1 | | | | 支票记录 |
| 2 | 厂商名称 | 支票号码 | 开票日期 | 到期日期 |
| 3 | 天祥 | AC5610495 | 2013/8/15 | 2013/8/31 |
| 4 | 祥裕 | HV7901240 | 2014/10/1 | 2014/10/25 |
| 5 | 兴盛 | HY0132525 | 2014/1/15 | 2014/1/31 |
| 6 | 大成 | BC0321600 | 2014/2/5 | 2014/2/28 |
| 7 | 尚格 | QA1076805 | 2014/3/1 | 2014/3/15 |
| 8 | =CELL("filename") | ❸ | | |
| 9 | | | | |

| | A | B | C | D | E |
|---|---|---|---|---|---|
| 1 | | | | | 支票记录簿 |
| 2 | 厂商名称 | 支票号码 | 开票日期 | 到期日期 | 票面金额 |
| 3 | 天祥 | AC5610495 | 2013/8/15 | 2013/8/31 | $ 78,945 |
| 4 | 祥裕 | HV7901240 | 2014/10/1 | 2014/10/25 | $ 6,000 |
| 5 | 兴盛 | HY0132525 | 2014/1/15 | 2014/1/31 | $ 25,000 |
| 6 | 大成 | BC0321600 | 2014/2/5 | 2014/2/28 | $ 18,500 |
| 7 | 尚格 | QA1076805 | 2014/3/1 | 2014/3/15 | $ 56,780 |
| 8 | C:/意想不到的Excel函数活用妙招/附书光盘/Part07/支票记录簿 | | | | |

**❸** 在单元格A8中使用CELL函数显示文件的储存信息，输入公式：
=CELL("filename")。

---

### NUMBERSTRING 函数  | 文本函数

**说明**：将数值转换为汉字形式。

**公式**：NUMBERSTRING(数值,形式)

**参数**： 数值　输入数值或指定包含输入数值的单元格。

形式　汉字形式的表现方法有以下三种，以数值"123"进行说明。

| 形式 | 说明 |
|---|---|
| 1 | 用位数"十百千万"显示，如一百二十三 |
| 2 | 用大写"壹贰叁"显示，如壹佰贰拾壹 |
| 3 | 不显示位数，直接用汉字数字显示，如一二三 |

## 89 利用日期数据自动显示对应星期值

根据当天日期自动显示"年""月"的数据并根据"日"显示星期值

生活中用的月历、薪资表、工时表或家庭账簿等,如果在Excel制作,除了可以使用TODAY、YEAR、MONTH函数显示年、月数据,搭配DATE函数和TEXT函数更可以根据年、月数据自动制作出每天的星期值。

### ● 案例分析

在员工出勤记录表中,除了根据系统日期自动取得当天年份和月份的数据外,再参考日期取得星期值,显示为"周一""周二"……的格式。

使用TODAY函数自动取得当天日期,再使用YEAR函数单独显示年份数据

使用TODAY函数自动取得当天日期,再使用MONTH函数单独显示月份数据

|   | A | B | C | D | E | F | G | H | I | J | K | L |
|---|---|---|---|---|---|---|---|---|---|---|---|---|
| 1 |   |   | 员工出勤记录表 |   |   |   |   |   |   |   |   |   |
| 2 | 年: | 2014 |   |   |   |   |   |   |   |   |   |   |
| 3 | 月: | 4 |   |   |   |   |   |   |   |   |   |   |
| 4 | 序号 | 姓名 | 日期 | 1 | 2 | 3 | 4 | 5 | 6 | 7 |   |   |
| 5 |   |   | 星期 | 二 | 三 | 四 | 五 | 六 | 日 | 一 |   |   |
| 6 | 1 | 陈嘉洋 | 上午 |   |   |   |   |   |   |   |   |   |
| 7 |   |   | 下午 |   |   |   |   |   |   |   |   |   |
| 8 | 2 | 黄俊霖 | 上午 |   |   |   |   |   |   |   |   |   |
| 9 |   |   | 下午 |   |   |   |   |   |   |   |   |   |
| 10 | 3 | 杨子芸 | 上午 |   |   |   |   |   |   |   |   |   |
| 11 |   |   | 下午 |   |   |   |   |   |   |   |   |   |
| 12 | 4 | 罗书佩 | 上午 |   |   |   |   |   |   |   |   |   |
| 13 |   |   | 下午 |   |   |   |   |   |   |   |   |   |
| 14 | 5 | 李怡洁 | 上午 |   |   |   |   |   |   |   |   |   |
| 15 |   |   | 下午 |   |   |   |   |   |   |   |   |   |
| 16 | 注: ○正常 ☆加班 △事假 ●病假 ▲早退 ■婚假 ★旷职 ▼迟到 ◆产假 |||||||||||||

使用DATE函数取得"年""月"和"日期"中的值整合为日期,再通过TEXT函数套用"aaa"格式显示为周一、周二等星期值

### TODAY 函数 | 日期和时间函数

说明:显示今天的日期。

公式:TODAY()

### YEAR 函数 | 日期和时间函数

说明:从日期中单独取得年份的值。

公式:YEAR(序列值)

## MONTH 函数

| 日期和时间函数

说明：从日期中单独取得月份的值，是介于1（1月）到12（12月）的整数。

公式：MONTH(序列值)

## DATE 函数

| 日期和时间函数

说明：将指定的年、月、日数字转换成代表日期的序列值。

公式：DATE(年,月,日)

## TEXT 函数

| 文本函数

说明：按照特定的格式将数值转换成文字字符串。

公式：TEXT(值,显示格式)

参数：值　　　数值或含有数值的单元格参照范围。

　　　显示格式　显示格式前后需要用半角引号（"）括住，常用的格式整理如下。

| 数值 | 说明 |
| --- | --- |
| # | 用 "#" 显示数字，若位数不够，也不补0（1.2→"#.##"→1.2） |
| 0 | 用 "0" 显示数字，若位数不够，补上0（1.2→"0.00"→1.20） |
| . | 表示小数点（123→"###.0"→123.0） |
| , | 显示千分位符号（1234→"#,###"→1,234） |
| $ | 显示货币符号（1234→"$#,###"→$1,234） |
| % | 显示百分比，将数值×100再加上%（0.12→"#%"→12%） |

| 日期时间 | 说明 |
| --- | --- |
| yy | 将西历用两位数表示（2014/3/1→yy→14） |
| yyyy | 将西历用四位数表示（2014/3/1→yyyy→2014） |
| e | 显示民国年（2014/3/1→e→103） |
| g | 民国的年号前显示"民国"（2014/3/1→ge→民国103） |
| ggg | 民国的年号前显示"中华民国"（2014/3/1→ggge→中华民国103） |
| mm | 将日期的"月"用两位数表示（2014/3/1→mm→03） |
| mmm | 将日期的"月"用英文缩写表示（2014/3/1→mmm→Mar） |
| mmmm | 将日期的"月"用英文表示（2014/3/1→mmmm→March） |
| dddd | 将日期的"日"用英文表示（2014/3/1→dddd→Saturday） |
| aaa | 将日期的"日"用汉字"周日～周六"表示（2014/3/1→aaa→周六） |
| aaaa | 将日期的"日"用汉字"星期日～星期六"表示（2014/3/1→aaaa→星期六） |
| ss | 将时间中的秒数用两位数表示（6:50:50→ss→50） |

## ◯ 操作说明

| | A | B | C | D | E | F | G |
|---|---|---|---|---|---|---|---|
| 1 | | | | 员工出勤记录表 | | | |
| 2 | 年： | =YEAR(TODAY()) | | 1 | | | |
| 3 | 月： | | | | | | |
| 4 | 序号 | 姓名 | 日期 | 1 | 2 | 3 | 4 |
| 5 | | | 星期 | | | | |
| 6 | 1 | 陈嘉洋 | 上午 | | | | |
| 7 | | | 下午 | | | | |
| 8 | 2 | 黄俊霖 | 上午 | | | | |
| 9 | | | 下午 | | | | |

▶

| | A | B | C | D | E | F | G | H | I |
|---|---|---|---|---|---|---|---|---|---|
| 1 | | | | 员工出勤记录表 | | | | | |
| 2 | 年： | 2014 | | | | | | | |
| 3 | 月： | | | | | | | | |
| 4 | 序号 | 姓名 | 日期 | 1 | 2 | 3 | 4 | 5 | 6 |
| 5 | | | 星期 | | | | | | |
| 6 | 1 | 陈嘉洋 | 上午 | | | | | | |
| 7 | | | 下午 | | | | | | |
| 8 | 2 | 黄俊霖 | 上午 | | | | | | |
| 9 | | | 下午 | | | | | | |

**1** 在单元格B2中用当天日期取得年份，输入公式：=YEAR(TODAY())。

| | A | B | C | D | E | F | G |
|---|---|---|---|---|---|---|---|
| 1 | | | | 员工出勤记录表 | | | |
| 2 | 年： | 2014 | | | | | |
| 3 | 月： | =MONTH(TODAY()) | | 2 | | | |
| 4 | 序号 | 姓名 | 日期 | 1 | 2 | 3 | 4 |
| 5 | | | 星期 | | | | |
| 6 | 1 | 陈嘉洋 | 上午 | | | | |
| 7 | | | 下午 | | | | |
| 8 | 2 | 黄俊霖 | 上午 | | | | |
| 9 | | | 下午 | | | | |

▶

| | A | B | C | D | E | F | G | H | I |
|---|---|---|---|---|---|---|---|---|---|
| 1 | | | | 员工出勤记录表 | | | | | |
| 2 | 年： | 2014 | | | | | | | |
| 3 | 月： | 4 | | | | | | | |
| 4 | 序号 | 姓名 | 日期 | 1 | 2 | 3 | 4 | 5 | 6 |
| 5 | | | 星期 | | | | | | |
| 6 | 1 | 陈嘉洋 | 上午 | | | | | | |
| 7 | | | 下午 | | | | | | |
| 8 | 2 | 黄俊霖 | 上午 | | | | | | |
| 9 | | | 下午 | | | | | | |

**2** 在单元格B3中用当天日期取得月份，输入公式：=MONTH(TODAY())。

| | A | B | C | D | E | F | G | H |
|---|---|---|---|---|---|---|---|---|
| 1 | | | | 员工出勤记录表 | | | | |
| 2 | 年： | 2014 | | | | | | |
| 3 | 月： | 4 | | | | | | |
| 4 | 序号 | 姓名 | 日期 | 1 | | 2 | 3 | 4 | 5 |
| 5 | | | 星期 | =TEXT(DATE($B$2,$B$3,D4),"aaa") | | | | |
| 6 | 1 | 陈嘉洋 | 上午 | | | | | |
| 7 | | | 下午 | 3 | | | | |

**3** 在单元格D5中输入TEXT函数，第一个参数先由DATE函数取得"年""月"和"日期"中的值整合为日期，再在第二个参数指定显示的格式为"aaa"（将日期转换为周一、周二……显示），输入公式：

=TEXT(DATE($B$2,$B$3,D4),"aaa")。

下个步骤要复制这个公式，所以使用绝对参照指定参照范围

| | A | B | C | D | E | F | G | H | I | J | K | L |
|---|---|---|---|---|---|---|---|---|---|---|---|---|
| 1 | | | | 员工出勤记录表 | | | | | | | | |
| 2 | 年： | 2014 | | | | | | | | | | |
| 3 | 月： | 4 | | | | | | | | | | |
| 4 | 序号 | 姓名 | 日期 | 1 | 2 | 3 | 4 | 5 | 6 | 7 | | |
| 5 | | | 星期 | 二 | 三 | 四 | 五 | 六 | 日 | 一 | | |
| 6 | 1 | 陈嘉洋 | 上午 | 4 | | | | | | | | |
| 7 | | | 下午 | | | | | | | | | |

**4** 在单元格D5中按住右下角的"填充控点"往右拖曳，至最后一个日期再放开鼠标左键，完成其他日期星期值的显示。

# Part 8 财务运算

储蓄是财富聚集的不二法门,面对琳琅满目的储蓄方案,就通过以下的案例来聪明地选择吧!

## 90 定期定额储金的未来回收值
零存整付

存款从零开始一期一期地存，到最后可以存多少钱呢？使用FV函数可以快速地求出，在固定的复利利率下期末可以得到的存款金额。

### ● 案例分析

设定即日起每月月初在银行存款100000元，固定年利率为2.00%，计算连续存款三年可以取回的金额。

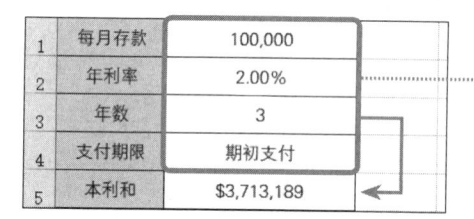

| | | |
|---|---|---|
| 1 | 每月存款 | 100,000 |
| 2 | 年利率 | 2.00% |
| 3 | 年数 | 3 |
| 4 | 支付期限 | 期初支付 |
| 5 | 本利和 | $3,713,189 |

通过每月存款、年利率、年数、支付期限进行计算，都要以"月"为单位，所以"年利率"和"年数"都要先换算为月利率和月数

### ● 操作说明

| | A | B | C |
|---|---|---|---|
| 1 | 每月存款 | 100,000 | |
| 2 | 年利率 | 2.00% | |
| 3 | 年数 | 3 | |
| 4 | 支付期限 | 期初支付 | |
| 5 | 本利和 | =FV(B2/12,B3*12,-B1,0,1) | |
| 6 | | | |
| 7 | | | |

在"本利和"单元格B5中输入以单元格B1、B2、B3、B4为定期定额存款的条件，输入公式：
=FV(B2/12,B3*12,-B1,0,1)，

结果可知三年后可以领回3713189元。

支出的金额用负数表示

### FV 函数
财务函数

说明：传回根据周期、固定支出，以及固定利率的投资未来价值。

公式：FV(利率,总期数,定期支付额,现值,支付日期)

参数：利率　　每期的利率，利率和期数必须配合。

　　　总期数　付款的总次数。

　　　定期支付额　每期应支付的固定金额，不在贷款或年金期限内改变。

　　　现值　　投资的现在价格或未来付款的总额，若是省略将被视为0。

　　　支付日期　支付的时间点，1为期初支付，0或省略为期末支付。

## 91 复利计算储蓄的未来回收值
整存整付

FV函数可以计算出一次存入一笔本金，再根据每月产生的利息滚入本金，成为本金的一部分，而在到期后连同加计的复利利息一并提取到存款。

### ◉ 案例分析

设定即日起每月月初在银行定存现金100000元，在固定年利率为2.00%下，计算三年后期满可以取回的金额。

| | A | B | C |
|---|---|---|---|
| 1 | 整笔存款 | 100,000 | |
| 2 | 年利率 | 2.00% | |
| 3 | 年数 | 3 | |
| 4 | 支付期限 | 期初支付 | |
| 5 | 本利和 | $106,178 | |

利用整笔存款、年利率、年数、支付期限进行计算，都要以"月"为单位，所以"年利率"和"年数"都要先换算为月利率和月数。

### ◉ 操作说明

| | A | B | C |
|---|---|---|---|
| 1 | 整笔存款 | 100,000 | |
| 2 | 年利率 | 2.00% | |
| 3 | 年数 | 3 | |
| 4 | 支付期限 | 期初支付 | |
| 5 | 本利和 | =FV(B2/12,B3*12,0,-B1,1) | |
| 6 | | | |
| 7 | | | |
| 8 | | | |

在"本利和"单元格B5中输入以单元格B1、B2、B3、B4为定期定额条件的公式：
=FV(B2/12,B3*12,0,-B1,1)，
结果得知三年后可以领回106178元。

支出的金额用负数表示

### FV 函数 | 财务函数

说明：传回根据周期、固定支出，以及固定利率的投资未来价值。

公式：FV(利率,总期数,定期支付额,现值,支付日期)

参数：利率　　　每期的利率，利率和期数必须配合。

　　　总期数　　总付款的次数。

　　　定期支付额　每期应支付的固定金额，不在贷款或年金期限内改变。

　　　现值　　　投资的现在价格或未来付款的总额，若是省略将被视为0。

　　　支付日期　支付的时间点，1为期初支付，0或省略为期末支付。

## 92 计算每期应付金额
### 年金计划

要规划在一定的期数内储存一笔存款,在固定的利率下到底每一期要存多少钱才够呢?直接使用PMT函数计算就行了。

### ● 案例分析

想在五年后买辆500000元的车,从今天起预设每个月的月底存款,那需要多少钱才能达到目标呢?以固定年利率2%为例进行计算。

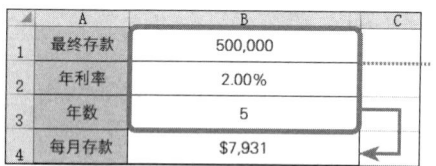

| | A | B |
|---|---|---|
| 1 | 最终存款 | 500,000 |
| 2 | 年利率 | 2.00% |
| 3 | 年数 | 5 |
| 4 | 每月存款 | $7,931 |

使用最终存款、年利率、年数进行计算,都要以"月"为单位,所以"年利率"和"年数"都要先换算为月利率和月数

### ● 操作说明

| | A | B |
|---|---|---|
| 1 | 最终存款 | 500,000 |
| 2 | 年利率 | 2.00% |
| 3 | 年数 | 5 |
| 4 | 每月存款 | =PMT(B2/12,B3*12,,-B1) |

在"每月存款"的单元格B4中输入以单元格B1、B2、B3作为规划贷款条件的公式:
=PMT(B2/12,B3*12,,–B1),
结果得知未来五年每月需要存款7931元。

— 支出的金额用负数表示

### PMT 函数 | 财务函数

说明: 求固定还款本金和利息的合计金额。

公式: PMT(利率,总期数,现值,未来值,支付日期)

参数:
- 利率　　　每期的利率,利率和期数必须配合。
- 总期数　　总付款的次数。
- 现值　　　投资的现在价格或未来付款的总额,若是省略将被视为0。
- 未来值　　期数结束后的金额,若是省略将被视为0。
- 支付日期　支付的时间点,1为期初支付,0或省略为期末支付。

## 93 包含现值计算每期应付金额
### 退休金计划

工作多年想要为退休后存一笔钱,看看当前银行卡中的数字,再看看离理想中的数字还有多远,使用PMT函数可以算出固定报酬率下每个月需要存款多少钱。

### ● 案例分析

设定退休金的目标为1000万元,目前存款投资20万元,估计在10年的时间进行每年报酬率8%的投资,支付时间点为期末,这样每年要投资多少钱才够呢?

| | A | B |
|---|---|---|
| 1 | 目标金额 | 1,000,000 |
| 2 | 现有存款 | 200,000 |
| 3 | 预估年数 | 10 |
| 4 | 投资报酬率 | 8% |
| 5 | 每期投资金额 | -$39,224 |

使用目标金额、现有存款、预估年数、投资报酬率进行计算,都要以"年"为单位,所以不需要换算,最后结果就是每年的投资金额

### ● 操作说明

| | A | B | C |
|---|---|---|---|
| 1 | 目标金额 | 1,000,000 | |
| 2 | 现有存款 | 200,000 | |
| 3 | 预估年数 | 10 | |
| 4 | 投资报酬率 | 8% | |
| 5 | 每期投资金额 | =PMT(B4,B3,-B2,B1) | |

在"每期投资金额"的单元格B5中输入以单元格B1~B4为规划退休金计划条件的公式:
=PMT(B4,B3,-B2,B1),
结果得知未来10年每年要再投资39224元。

支出(投资)的金额用负数表示

### PMT 函数 | 财务函数

说明: 求固定还款本金和利息的合计金额。
公式: PMT(利率,总期数,现值,未来值,支付日期)
参数: 利率　　每期的利率,利率和期数必须配合。
　　　总期数　总付款的次数。
　　　现值　　投资的现在价格或未来付款的总额,若是省略将被视为0。
　　　未来值　期数结束后的金额,若是省略将被视为0。
　　　支付日期　支付的时间点,1为期初支付,0或省略为期末支付。

## 94 定期缴纳专案的利率
储蓄型专案的利率

已经知道定期要缴纳的金额和期数,也知道最后可以领回的总金额,使用RATE函数算出专案利率,多了解储蓄专案才能够多比较!

### ◯ 案例分析

理财专员告知每月固定存款1000元,六年后保证领回90000元,这种情况下计算储蓄型专案的月利率是多少呢?

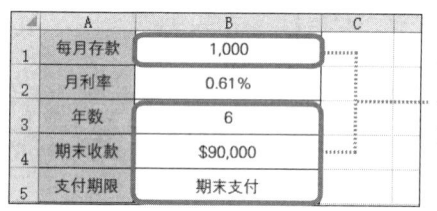

| | A | B |
|---|---|---|
| 1 | 每月存款 | 1,000 |
| 2 | 月利率 | 0.61% |
| 3 | 年数 | 6 |
| 4 | 期末收款 | $90,000 |
| 5 | 支付期限 | 期末支付 |

使用每月存款、年数、期末收款、支付期限进行计算,都要以"月"为单位,所以"年数"要先换算为月数

### ◯ 操作说明

| | A | B |
|---|---|---|
| 1 | 每月存款 | 1,000 |
| 2 | 月利率 | =RATE(B3*12,-B1,,B4) |
| 3 | 年数 | 6 |
| 4 | 期末收款 | $90,000 |
| 5 | 支付期限 | 期末支付 |

在"月利率"的单元格B2中输入以单元格B1、B3、B4为计算每月存款定存利率条件的公式:=RATE(B3*12,-B1,,B4),结果得知这个专案的月利率是0.61%。

支出的金额用负数表示

### RATE 函数
| 财务函数

说明:计算贷款或储蓄的利率。
公式:RATE(总期数,定期支付额,现值,未来值,支付日期)
参数:　总期数　　总付款的次数。
　　　　定期支付额　每期应支付的固定金额,不在贷款或年金期限内改变。
　　　　现值　　　投资的现在价格或未来付款的总额,若是省略将被视为0。
　　　　未来值　　期数结束后的金额,若是省略将被视为0。
　　　　支付日期　支付的时间点,1为期初支付,0或省略为期末支付。

## 95 期初先买进一笔再每月投资的利率
### 基金投资的报酬率

基金投资可以一笔买进也可以定期定额地投资,但只知道目前可以领回的金额,那这样是赚是赔呢?有没有比定存报酬率更高的呢?赶快使用RATE函数计算出来。

### ● 案例分析

目前投资一档基金,期初先买进一笔50000元,接着每月投资2000元,投资了10年最后领回350000元,这样的年报酬率是多少呢?

|   | A | B |
|---|---|---|
| 1 | 每月投资金额 | 2,000 |
| 2 | 期初投资金额 | 50,000 |
| 3 | 年报酬率 | 3.14% |
| 4 | 年数 | 10 |
| 5 | 期末收款 | $350,000 |

使用每月投资金额、期初投资金额、年数、期末收款进行计算,都要以"月"为单位,所以"年数"要先换算为月数,最后再换算为年报酬率

### ● 操作说明

|   | A | B | C | D |
|---|---|---|---|---|
| 1 | 每月投资金额 | 2,000 |   |   |
| 2 | 期初投资金额 | 50,000 |   |   |
| 3 | 年报酬率 | =RATE(B4*12,-B1,-B2,B5)*12 |   |   |
| 4 | 年数 | 10 |   |   |
| 5 | 期末收款 | $350,000 |   |   |

在"年报酬率"的单元格B3中输入以单元格B1、B2、B4、B5作为计算投资报酬率条件的公式:

=RATE(B4*12,-B1,-B2,B5),

结果得知这一基金投资年报酬率为3.14%。

支出的金额用负数表示

### RATE 函数 | 财务函数

说明:计算贷款或储蓄的利率。

公式:RATE(总期数,定期支付额,现值,未来值,支付日期)

参数:**总期数** 总付款的次数。

**定期支付额** 每期应支付的固定金额,不在贷款或年金期限内改变。

**现值** 投资的现在价格或未来付款的总额,若是省略将被视为0。

**未来值** 期数结束后的金额,若是省略将被视为0。

**支付日期** 支付的时间点,1为期初支付,0或省略为期末支付。

## 96 隐藏在售价中的利率
### 汽车分期付款实际的利率

常常看到广告商大打分期付款的广告，乍看之下好像分次偿还比较轻松，可以使用RATE函数将背后实际的利率算出来多作比较。

### ● 案例分析

假设车行一辆汽车的售价为500000元，现今推出促销专案：每月月底只需要付25000元，五年后就能拥有这辆汽车，在这款促销方案中实际的隐藏利率为多少？

| | | |
|---|---|---|
| 1 | 现金价格 | 1,400,000 |
| 2 | 每月应付金额 | 25,000 |
| 3 | 年数 | 5 |
| 4 | 每月利率 | 0.23% |

使用现金价格、每月应付金额、年数进行计算，都要以"月"为单位，所以"年数"要先换算为月数

### ● 操作说明

| | A | B | C |
|---|---|---|---|
| 1 | 现金价格 | 1,400,000 | |
| 2 | 每月应付金额 | 25,000 | |
| 3 | 年数 | 5 | |
| 4 | 每月利率 | =RATE(B3*12,−B2,B1) | |
| 5 | | | |
| 6 | | | |
| 7 | | | |

在"每月利率"的单元格B4中输入以单元格B1、B2、B3作为计算每月利率的公式：=RATE(B3*12,−B2,B1)。

结果得知这个分期付款月利率为4.68%，如果要换算成年利率则需要再乘以12，为56.14%。

支出的金额用负数表示

### RATE 函数 | 财务函数

说明：计算贷款或储蓄的利率。

公式：RATE(总期数,定期支付额,现值,未来值,支付日期)

参数：
总期数　　总付款的次数。

定期支付额　每期应支付的固定金额，不在贷款或年金期限内改变。

现值　　投资的现在价格或未付款的总额，若是省略将被视为0。

未来值　　期数结束后的金额，若是省略将被视为0。

支付日期　支付的时间点，1为期初支付，0或省略为期末支付。

## 97 计算资金现值
### 退休金理财

PV函数可以在知道期数、利率、每月提领金额的条件下求出现金的现值，这样可以用来计算一整笔资金是分期领取还是一次领取比较划算了。

### ● 案例分析

选择一次领取退休金二百万元，或者在未来的二十年间每月领取现金二万元呢？以下以每月领取且年利率10%为例进行计算。

| | | |
|---|---|---|
| 1 | 每月提领 | 20,000 |
| 2 | 年利率 | 10% |
| 3 | 年数 | 20 |
| 4 | 支付期限 | 期末支付 |
| 5 | 期末领取总额 | $2,072,492 |

使用每月提领、年利率、年数、支付期限进行计算，都要以"月"为单位，所以"年利率"和"年数"都要先换算为月利率和月数

### ● 操作说明

| | A | B | C |
|---|---|---|---|
| 1 | 每月提领 | 20,000 | |
| 2 | 年利率 | 10% | |
| 3 | 年数 | 20 | |
| 4 | 支付期限 | 期末支付 | |
| 5 | 期末领取总额 | =PV(B2/12,B3*12,−B1,,0) | |
| 6 | | | |
| 7 | | | |

在"期末领取总额"的单元格B5中输入以单元格B1、B2、B3、B4作为计算退休金现值的公式：=PV(B2/12,B3*12,−B1,,0)，结果得知选择分期领取的金额大于一次领取的金额，是可以考虑的方式。

提领的金额用负数表示

### PV 函数  |  财务函数

说明：计算现金价值。

公式：PV(利率,总期数,定期支付额,未来值,支付日期)

参数：利率　　　每期的利率，利率和期数必须配合。

　　　总期数　　总付款的次数。

　　　定期支付额　每期应支付的固定金额，不得在年金期限内改变。

　　　未来值　　期数结束后的金额，若是省略将被视为0。

　　　支付日期　支付的时间点，1为期初支付，0或省略为期末支付。

## 98 计算资金现值
买房双方案比较表

买房子可谓是一大笔支出，一旦签订契约就是二三十年的贷款负担，一般的工薪阶级该如何买到合适自己而且不会造成过大财务负担的房子呢？如果是房地产业者，也可以使用PV函数来为客户计算出较合适的买房方案，让买房者衡量情况增加购买成交率。

### ● 案例分析

目前有两个方案可供选择，在期数是360期、月利率2%的情况下，方案一是需要自备款二百万元、月付（月底）四万元；方案二是需要自备款三百万元、月付（月底）二万元，接着就算出在这样的条件下，这两个方案各要缴纳多少贷款才有利于方案的选择。

| | A | B | C |
|---|---|---|---|
| 1 | | 购屋方案 | |
| 2 | 项目 | 方案一 | 方案二 |
| 3 | 自备头期款 | 2,000,000 | 3,000,000 |
| 4 | 总期数 | 360 | 360 |
| 5 | 月利率 | 2% | 2% |
| 6 | 每月付款 | 40,000 | 20,000 |
| 7 | 贷款小计 | 1,998,397 | 999,198 |
| 8 | 总价 | 3,998,397 | 3,999,198 |

使用自备头期款、总期数、月利率、每月付款计算出两个不同方案各自的贷款小计金额

使用PV函数算出贷款的总额再加上自备头期款就是这个方案在不同条件下的买房方案总价

### PV 函数    | 财务函数

说明：计算现金价值。

公式：PV(利率,总期数,定期支付额,未来值,支付日期)

参数：
- 利率      每期的利率，利率和期数必须配合。
- 总期数      总付款的次数。
- 定期支付额      每期应支付的固定金额，不得在年金期限内改变。
- 未来值      期数结束后的金额，若是省略将被视为0。
- 支付日期      支付的时间点，1为期初支付，0或省略为期末支付。

## 操作说明

| | A | B | C | D |
|---|---|---|---|---|
| 1 | | 购屋方案 | | |
| 2 | 项目 | 方案一 | 方案二 | |
| 3 | 自备头期款 | 2,000,000 | 3,000,000 | |
| 4 | 总期数 | 360 | 360 | |
| 5 | 月利率 | 2% | 2% | |
| 6 | 每月付款 | 40,000 | 20,000 | |
| 7 | 贷款小计 | =PV(B5,B4,-B6) | | |
| 8 | 总价 | | | |

**1** 在单元格B7中输入计算买房方案"方案一"的条件为期数360期、月利率2%、每月付款四万元的贷款公式：=PV(B5,B4,-B6)。

由于每月付款为支出，所以在公式中加上负号

| | A | B | C | D |
|---|---|---|---|---|
| 1 | | 购屋方案 | | |
| 2 | 项目 | 方案一 | 方案二 | |
| 3 | 自备头期款 | 2,000,000 | 3,000,000 | |
| 4 | 总期数 | 360 | 360 | |
| 5 | 月利率 | 2% | 2% | |
| 6 | 每月付款 | 40,000 | 20,000 | |
| 7 | 贷款小计 | 1,998,397 | | |
| 8 | 总价 | =B3+B7 | | |

▶

| | A | B | C | D |
|---|---|---|---|---|
| 1 | | 购屋方案 | | |
| 2 | 项目 | 方案一 | 方案二 | |
| 3 | 自备头期款 | 2,000,000 | 3,000,000 | |
| 4 | 总期数 | 360 | 360 | |
| 5 | 月利率 | 2% | 2% | |
| 6 | 每月付款 | 40,000 | 20,000 | |
| 7 | 贷款小计 | 1,998,397 | | |
| 8 | 总价 | 3,998,397 | | |

**2** 在单元格B8中输入计算买房方案"方案一"的总价公式：=B3+B7。

| | A | B | C | D |
|---|---|---|---|---|
| 1 | | 购屋方案 | | |
| 2 | 项目 | 方案一 | 方案二 | |
| 3 | 自备头期款 | 2,000,000 | 3,000,000 | |
| 4 | 总期数 | 360 | 360 | |
| 5 | 月利率 | 2% | 2% | |
| 6 | 每月付款 | 40,000 | 20,000 | |
| 7 | 贷款小计 | 1,998,397 | | |
| 8 | 总价 | =B3+B7 | | |
| 9 | | | | |
| 10 | | | | |

▶

| | A | B | C | D |
|---|---|---|---|---|
| 1 | | 购屋方案 | | |
| 2 | 项目 | 方案一 | 方案二 | |
| 3 | 自备头期款 | 2,000,000 | 3,000,000 | |
| 4 | 总期数 | 360 | 360 | |
| 5 | 月利率 | 2% | 2% | |
| 6 | 每月付款 | 40,000 | 20,000 | |
| 7 | 贷款小计 | 1,998,397 | 999,198 | |
| 8 | 总价 | 3,998,397 | 3,999,198 | |
| 9 | | | | |
| 10 | | | | |

**3** 拖曳选取单元格B7:B8，按住单元格B8右下角的"填充控点"往右拖曳，至单元格C8放开鼠标左键，可以快速完成"方案二"的贷款小计和总价的计算。

## 99 计算内部报酬率
储蓄型保单的报酬率

"内部报酬率"是指在某项投资计划固定期间内的支出和收入中所能获得的利率。保险公司常出售不同类型的储蓄型保单,业务员会说买个储蓄险稳赚不赔、年报酬又比银行高得多,听了半天这一张保单真正的利率是多少,到底值不值得投保呢?使用IRR函数就能够轻松地计算出储蓄险的报酬率,让你更清楚地了解。

### ● 案例分析

假设一张六年期的储蓄型保单,前两年投入一百万元,第三年至第五年起不交钱并每年领回五万元,而第六年底可以领回本金二百万元,该计划是否值得投资呢?

| | A | B |
|---|---|---|
| 1 | 第一年投资 | -1,000,000 |
| 2 | 第二年投资 | -1,000,000 |
| 3 | 第三年领回 | 50000 |
| 4 | 第四年领回 | 50000 |
| 5 | 第五年领回 | 50000 |
| 6 | 第六年领回 | 2,000,000 |
| 7 | 保单报酬率 | 1.67% |

使用指定现金流量的数值单元格范围,范围内要包含收入和支出(正数和负数),而且要指定发生的顺序,所输入数值的顺序不同就会有不同的结果

### ● 操作说明

| | A | B | C | D |
|---|---|---|---|---|
| 1 | 第一年投资 | -1,000,000 | | |
| 2 | 第二年投资 | -1,000,000 | | |
| 3 | 第三年领回 | 50000 | | |
| 4 | 第四年领回 | 50000 | | |
| 5 | 第五年领回 | 50000 | | |
| 6 | 第六年领回 | 2,000,000 | | |
| 7 | 保单报酬率 | =IRR(B1:B6) | | |

在"保单报酬率"的单元格B7中,指定单元格B1:B6作为计算内部投资报酬率条件的公式:=IRR(B1:B6)。

结果得知报酬率为1.67%。

假设目前银行六年期未达1000万元定存的固定利率为1.415%,那么这张保单的报酬率是比较高的,所以值得投保。

---

#### IRR 函数
| 财务函数

说明: 计算报酬率。

公式: IRR(现金流量,预估值)

参数: <u>现金流量</u>　数值必须至少包含一个正数和一个负数,来计算内部报酬率。

　　　<u>预估值</u>　近于IRR结果的预估数值,可以省略不输入。

# 100 计算每期还款的金额

贷款试算表——每期还款金额

在谈贷款方案时除了要了解内容，更要能计算出每期要还款的金额，会不会占薪水比例过高而影响生活，使用PMT函数可以算出固定利率下每个月需要还款的金额。

## ● 案例分析

这笔贷款总金额为四百万元，以贷款年数为15年、年利率为3.3%的条件下，每月需要偿还贷款的金额约为多少呢？

| | 贷款电子表格 |
|---|---|
| 贷款金额 | 4,000,000 |
| 年利率 | 3.30% |
| 年数 | 15 |
| 支付期限 | 期末付款 |
| 每月还款金额 | $28,204 |

使用贷款金额、年利率、年数、支付期限进行计算，都要以"月"为单位，所以年利率、年数要换算为月利率、月数

## ● 操作说明

| | 贷款电子表格 |
|---|---|
| 贷款金额 | 4,000,000 |
| 年利率 | 3.30% |
| 年数 | 15 |
| 支付期限 | 期末付款 |
| 每月还款金额 | =PMT(C3/12,C4*12,–C2) |

在"每月还款金额"的单元格C6中输入以单元格C1～C4作为每月还款条件的公式：
=PMT(C3/12,C4*12,–C2)，
结果得知未来每个月要还款28204元。

支出的金额用负数表示

### PMT 函数　　　　　　　　　　　　　　　　财务函数

说明：求投资（或还款）定期支付的本金和利息的合计金额。

公式：　PMT(利率,总期数,现值,未来值,支付日期)

参数：　利率　　　每期的利率，利率和期数必须配合。

　　　　总期数　　总付款的次数。

　　　　现值　　　投资的现在价格或未来付款的总额，若是省略将被视为0。

　　　　未来值　　期数结束后的金额，若是省略将被视为0。

　　　　支付日期　支付的时间点，1为期初支付，0或省略为期末支付。

## 101 计算偿还金本金
### 贷款试算表——贷款余额和偿还本金

在一大笔的贷款还款计划中，偿还的金额里包含了本金和利息的偿还，使用基本算式和PPMT函数可以进一步了解自己的贷款在每次还款后还剩下的贷款金额，而还款金额中有多少是用于偿还本金的。

### ● 案例分析

这笔贷款本利和总金额为四百万元，每个月的还款金额为28204元，这样的话每期偿还贷款后的贷款余额和每一期偿还的贷款金额中有多少是用来偿还本金的呢？

| 期数 | 贷款余额 | 偿还本金 |
|---|---|---|
| | 贷款电子表格 | |
| 贷款金额 | 4,000,000 | |
| 年利率 | 3.30% | |
| 年数 | 15 | |
| 每月还款金额 | $28,204 | |
| 0 | 4,000,000 | |
| 1 | 3,971,796 | 17,204 |
| 2 | 3,943,592 | 17,251 |
| 3 | 3,915,388 | 17,299 |
| 4 | 3,887,184 | 17,346 |
| 5 | 3,858,980 | 17,394 |
| 6 | 3,830,776 | 17,442 |
| 7 | 3,802,572 | 17,490 |
| 8 | 3,774,368 | 17,538 |
| 9 | 3,746,163 | 17,586 |
| 10 | 3,717,959 | 17,635 |

使用贷款金额、年利率、年数算出每月还款金额，都要以"月"为单位，所以年利率、年数要换算为月利率、月数

"贷款余额"的公式为：贷款金额－(目前期数×每月还款金额)

### PPMT 函数  | 财务函数

说明： 求投资（或还款）本金的金额。

公式： PPMT(利率,期数,总期数,现值,未来值,支付日期)

引数： 利率　　每期的利率，利率和期数必须配合。

期数　　付款的次数，第一次缴纳为1，必须介于1到总期数之间。

总期数　付款的总次数。

现值　　投资的现在价格或未来付款的总额，若是省略将被视为0。

未来值　期数结束后的金额，若是省略将被视为0。

支付日期　支付的时间点，1为期初支付，0或省略为期末支付。

> 操作说明

1. 在单元格B9中输入"贷款余额"的公式：

   =$C$2−($C$5*A9)。

   结果得知第一期缴款后的贷款余额为3971796元。

   因为之后要复制这个公式，所以使用绝对参照指定固定范围

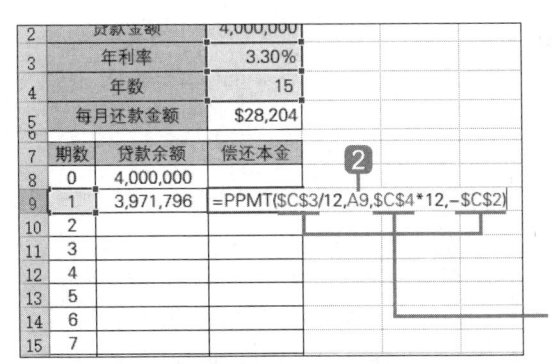

2. 在单元格C9中输入计算"偿还本金"的公式：=PPMT($C$3/12, A9,$C$4*12,−$C$2)。

   结果得知第一期贷款偿还本金的金额为17204元。

   因为之后要复制这个公式，所以使用绝对参照指定固定范围

3. 拖曳选取单元格B9:C9，按住单元格C9右下角的"填充控点"往下拖曳，至单元格C18再放开鼠标左键，可以快速计算2~10期的贷款余额和偿还本金。

## 102 计算偿还金利息

贷款试算表——偿还利息

贷款的还款中包含了本金和利息的偿还，在掌握了贷款的基本数据后，使用IPMT函数可以计算出每笔还款金额中所要偿还的利息金额。

### ● 案例分析

这笔贷款的本利和总金额为400万元，每个月的还款金额为28204元，这样的话在每期偿还贷款的金额中有多少是用来偿还利息的呢？

| | A | B | C | D | E |
|---|---|---|---|---|---|
| 1 | | 贷款电子表格 | | | |
| 2 | | 贷款金额 | 4,000,000 | | |
| 3 | | 年利率 | 3.30% | | |
| 4 | | 年数 | 15 | | |
| 5 | | 每月还款金额 | $28,204 | | |
| 6 | | | | | |
| 7 | 期数 | 贷款余额 | 偿还本金 | 偿还利息 | |
| 8 | 0 | 4,000,000 | | | |
| 9 | 1 | 3,971,796 | 17,204 | 11,000 | |
| 10 | 2 | 3,943,592 | 17,251 | 10,953 | |
| 11 | 3 | 3,915,388 | 17,299 | 10,905 | |
| 12 | 4 | 3,887,184 | 17,346 | 10,858 | |
| 13 | 5 | 3,858,980 | 17,394 | 10,810 | |
| 14 | 6 | 3,830,776 | 17,442 | 10,762 | |
| 15 | 7 | 3,802,572 | 17,490 | 10,714 | |
| 16 | 8 | 3,774,368 | 17,538 | 10,666 | |
| 17 | 9 | 3,746,163 | 17,586 | 10,618 | |
| 18 | 10 | 3,717,959 | 17,635 | 10,569 | |
| 19 | | | | | |

使用年利率、年数、期数、贷款金额算出偿还利息，都要以"月"为单位，所以年利率、年数要换算为月利率、月数

### IPMT 函数　　　　　　　　　　　　｜ 财务函数

说明：求投资（或还款）利息的金额。

公式：IPMT(利率,期数,总期数,现值,未来值,支付日期)

参数：
- 利率　　　每期的利率，利率和期数必须配合。
- 期数　　　付款的次数，第一次缴纳为1，必须介于1到总期数之间。
- 总期数　　付款的总期数。
- 现值　　　投资的现在价格或未来付款的总额，若是省略将被视为0。
- 未来值　　期数结束后的金额，若是省略将被视为0。
- 支付日期　支付的时间点，1为期初支付，0或省略为期末支付。

## 操作说明

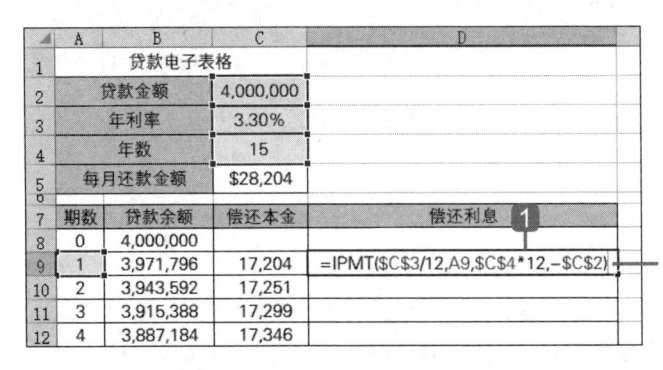

| | A | B | C | D |
|---|---|---|---|---|
| 1 | | 贷款电子表格 | | |
| 2 | | 贷款金额 | 4,000,000 | |
| 3 | | 年利率 | 3.30% | |
| 4 | | 年数 | 15 | |
| 5 | | 每月还款金额 | $28,204 | |
| 7 | 期数 | 贷款余额 | 偿还本金 | 偿还利息 |
| 8 | 0 | 4,000,000 | | |
| 9 | 1 | 3,971,796 | 17,204 | =IPMT($C$3/12,A9,$C$4*12,-$C$2) |
| 10 | 2 | 3,943,592 | 17,251 | |
| 11 | 3 | 3,915,388 | 17,299 | |
| 12 | 4 | 3,887,184 | 17,346 | |

因为之后要复制这个公式，所以使用绝对参照指定固定范围

**1** 在单元格D9中输入计算"偿还利息"的公式：
=IPMT($C$3/12,A9,$C$4*12,-$C$2)，
可以知道第一期贷款偿还利息的金额为11000元。

| | A | B | C | D |
|---|---|---|---|---|
| 7 | 期数 | 贷款余额 | 偿还本金 | 偿还利息 |
| 8 | 0 | 4,000,000 | | |
| 9 | 1 | 3,971,796 | 17,204 | 11,000 |
| 10 | 2 | 3,943,592 | 17,251 | |
| 11 | 3 | 3,915,388 | 17,299 | |
| 12 | 4 | 3,887,184 | 17,346 | |
| 13 | 5 | 3,858,980 | 17,394 | |
| 14 | 6 | 3,830,776 | 17,442 | |
| 15 | 7 | 3,802,572 | 17,490 | |
| 16 | 8 | 3,774,368 | 17,538 | |
| 17 | 9 | 3,746,163 | 17,586 | |
| 18 | 10 | 3,717,959 | 17,635 | |

▶

| | A | B | C | D |
|---|---|---|---|---|
| 7 | 期数 | 贷款余额 | 偿还本金 | 偿还利息 |
| 8 | 0 | 4,000,000 | | |
| 9 | 1 | 3,971,796 | 17,204 | 11,000 |
| 10 | 2 | 3,943,592 | 17,251 | 10,953 |
| 11 | 3 | 3,915,388 | 17,299 | 10,905 |
| 12 | 4 | 3,887,184 | 17,346 | 10,858 |
| 13 | 5 | 3,858,980 | 17,394 | 10,810 |
| 14 | 6 | 3,830,776 | 17,442 | 10,762 |
| 15 | 7 | 3,802,572 | 17,490 | 10,714 |
| 16 | 8 | 3,774,368 | 17,538 | 10,666 |
| 17 | 9 | 3,746,163 | 17,586 | 10,618 |
| 18 | 10 | 3,717,959 | 17,635 | 10,569 |

**2** 选取单元格D9，按住单元格D9右下角的"填充控点"往下拖曳，至单元格D18再放开鼠标左键，可以快速算出2~10期的偿还利息。

### Tips

#### 计算结果的正负值

使用财务函数运算时，有时希望计算出来的值为正数，较方便显示或再次运算，可以将支出的相关参数前加上负号，如此案例中在"现值"参数前加上负号，结果值在未加负号前为-11000，加上负号后则为11000，在确认负号不会影响结果值的情况下，可以通过这样的方式进行调整。

## 103 求得资金缴纳次数
目标储蓄金额的缴纳次数

刚入社会总是会为自己的未来定个目标,也让工作有个方向,在了解了自己的经济计划和能力之后,可以使用NPER函数计算出所需时间再进一步地调整计划。

### ● 案例分析

假设目前存款有9000元,而储蓄目标金额定为10万元,每个月(月底)投资的金额为5000元,投资的报酬率定为每年6%,这样要缴纳多少期才能达到目标金额?

| | | |
|---|---|---|
| 1 | 目标金额 | 100,000 |
| 2 | 每月投资金额 | 5,000 |
| 3 | 目前存款 | 9,000 |
| 4 | 年投资报酬率 | 6% |
| 5 | 期数 | 17.31 |

使用目标金额、每月投资金额、目前存款、年投资报酬率进行计算,都要以"月"为单位,所以年投资报酬率要换算为月投资报酬率

### ● 操作说明

| | A | B | C | D |
|---|---|---|---|---|
| 1 | 目标金额 | 100,000 | | |
| 2 | 每月投资金额 | 5,000 | | |
| 3 | 目前存款 | 9,000 | | |
| 4 | 年投资报酬率 | 6% | | |
| 5 | 期数 | =NPER(B4/12,-B2,-B3,B1) | | |
| 6 | | | | |
| 7 | | | | |

在"期数"的单元格B5中输入以单元格B1、B2、B3、B4作为计算目标储蓄期数的公式:

=NPER(B4/12,-B2,-B3,B1)。

结果得知想要储蓄到目标金额,在这样的条件下约要储蓄18次。

投资的金额用负数表示

### NPER 函数
*财务函数*

说明: 求投资所需的期数。

公式: NPER(利率,定期支付额,现值,未来值,支付日期)

参数: 
利率　　　每期的利率,利率和期数必须配合。

定期支付额　每期应支付的固定金额,不得在年金期限内改变。

现值　　　投资的现在价格或未来付款的总额,若是省略将被视为0。

未来值　　期数结束后的金额,若是省略将被视为0。

支付日期　支付的时间点,1为期初支付,0或省略为期末支付。

# Part 9

## 主题数据表的函数应用

生活或工作中有很多机会使用函数，这里列举几个常见的主题式工作表：分期账款明细表、员工健康检查报告表、分红配股表、计时工资表、家庭账簿统计表、业绩记录表等，将各种不同类别的函数综合在一起，让你更容易掌握函数的应用！

（本单元以简单的列表方式整理了用到的函数，各个函数的详细说明请参考1~8单元）

## 104 分期账单明细表

统计分期付款的课程账单明细和专家价的计算

### 案例分析

现在很多的补习班课程在较高金额的费用上都可以使用分期付款。要列出每位学员各自分期付款的金额和缴纳情况，看起来好像很复杂，其实只要运用几个函数，就可以一次计算完成，对目前学员分期付款的情况一目了然。

这个案例中已经预先列出了每个学员报名课程的分期数据，使用VLOOKUP、ROUND、INT函数来导入和计算每门课程的分期金额和未缴余款，再根据专家价使用ROUNDDOWN函数预算至百位数去掉零头的价格，最后使用COUNTIF函数和IF函数来统计出每门课程目前已经报名的人数，另外判断报名人数是否够可以开课。

使用ROUND函数计算分期付款的每期金额（四舍五入至小数点第二位）

由"课程费用"工作表导入"课程名称"

使用IF函数判断人数是否足够可以开课

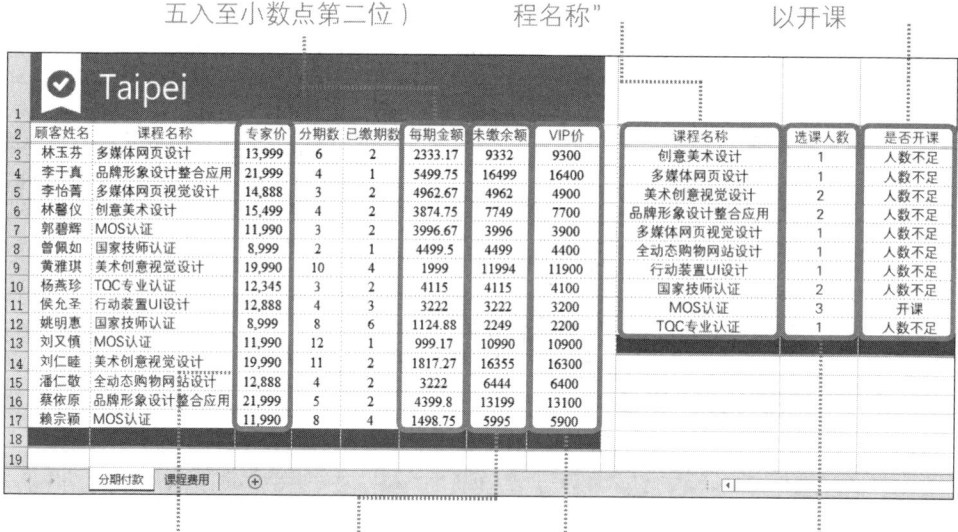

| 顾客姓名 | 课程名称 | 专家价 | 分期数 | 已缴期数 | 每期金额 | 未缴余额 | VIP价 | 课程名称 | 选课人数 | 是否开课 |
|---|---|---|---|---|---|---|---|---|---|---|
| 林玉芬 | 多媒体网页设计 | 13,999 | 6 | 2 | 2333.17 | 9332 | 9300 | 创意美术设计 | 1 | 人数不足 |
| 李于真 | 品牌形象设计整合应用 | 21,999 | 4 | 1 | 5499.75 | 16499 | 16400 | 多媒体网页设计 | 2 | 人数不足 |
| 李怡菁 | 多媒体网页视觉设计 | 14,888 | 3 | 2 | 4962.67 | 4962 | 4900 | 美术创意视觉设计 | 2 | 人数不足 |
| 林馨仪 | 创意美术设计 | 15,499 | 4 | 2 | 3874.75 | 7749 | 7700 | 品牌形象设计整合应用 | 2 | 人数不足 |
| 郭碧辉 | MOS认证 | 11,990 | 3 | 2 | 3996.67 | 3996 | 3900 | 多媒体网页视觉设计 | 1 | 人数不足 |
| 曾佩如 | 国家技师认证 | 8,999 | 2 | 1 | 4499.5 | 4499 | 4400 | 全动态购物网站设计 | 1 | 人数不足 |
| 黄雅琪 | 美术创意视觉设计 | 19,990 | 10 | 4 | 1999 | 11994 | 11900 | 行动装置UI设计 | 1 | 人数不足 |
| 杨燕珍 | TQC专业认证 | 12,345 | 3 | 2 | 4115 | 4115 | 4100 | 国家技师认证 | 2 | 人数不足 |
| 侯允圣 | 行动装置UI设计 | 12,888 | 4 | 3 | 3222 | 3222 | 3200 | MOS认证 | 3 | 开课 |
| 姚明惠 | 国家技师认证 | 8,999 | 8 | 6 | 1124.88 | 2249 | 2200 | TQC专业认证 | 1 | 人数不足 |
| 刘又慎 | MOS认证 | 11,990 | 12 | 1 | 999.17 | 10990 | 10900 | | | |
| 刘仁睦 | 美术创意视觉设计 | 19,990 | 11 | 2 | 1817.27 | 16355 | 16300 | | | |
| 潘仁敬 | 全动态购物网站设计 | 12,888 | 4 | 2 | 3222 | 6444 | 6400 | | | |
| 蔡依原 | 品牌形象设计整合应用 | 21,999 | 5 | 2 | 4399.8 | 13199 | 13100 | | | |
| 赖宗颖 | MOS认证 | 11,990 | 8 | 4 | 1498.75 | 5995 | 5900 | | | |

分期付款　课程费用

使用VLOOKUP函数由"课程费用"工作表中取得课程对应的专家价

使用INT函数无条件舍去计算后的"未缴余额"的金额

使用ROUNDDOWN函数计算至百位数去零头的价格

使用COUNTIF函数统计出目前已经报名各门课程的学员人数

## ● 操作说明

### 根据不同的课程价格计算分期付款的每期金额

这个明细表中的"专家价"是参照"课程费用"工作表，首先以VLOOKUP函数在"课程费用"工作表中找到目前学员选择的课程，并传回其对应的专家价金额。

| | A | B | C | D | E | F | G | H |
|---|---|---|---|---|---|---|---|---|
| 1 | Taipei | | | | | | | |
| 2 | 顾客姓名 | 课程名称 | 专家价 | 分期数 | 已缴期数 | 每期金额 | 未缴余额 | VIP价 |
| 3 | 林玉芬 | 多媒体网页设计 | =VLOOKUP(B3,课程费用!$A$3:$B$12,2,0) | 6 | 2 | | | |
| 4 | 李于真 | 品牌形象设计整合应用 | | 4 | 1 | | | |
| 5 | 李怡菁 | 多媒体网页视觉设计 | | 3 | 2 | | | |
| 6 | 林馨仪 | 创意美术设计 | | 4 | 2 | | | |
| 7 | 郭碧辉 | MOS认证 | | 3 | 2 | | | |
| 8 | 曾佩如 | 国家技师认证 | | 2 | 1 | | | |
| 9 | 黄雅琪 | 美术创意视觉设计 | | 10 | 4 | | | |
| 10 | 杨燕珍 | TQC专业认证 | | 3 | 2 | | | |
| 11 | 侯允圣 | 行动装置UI设计 | | 4 | 3 | | | |
| 12 | 姚明惠 | 国家技师认证 | | 8 | 6 | | | |
| 13 | 刘文慎 | MOS认证 | | 12 | 1 | | | |
| 14 | 刘仁睦 | 美术创意视觉设计 | | 11 | 2 | | | |

**1** 在单元格C3中使用VLOOKUP函数求得课程的专家价，指定要比对的查找值（单元格B3），指定参照范围（单元格范围A3:B12，不包含表头），最后指定传回参照范围由左数第二行的值并需要查找完全符合的值，输入公式：
=VLOOKUP(B3,课程费用!$A$3:$B$12,2,0)。

因为之后要复制这个公式，所以使用绝对参照指定固定范围

计算第一位学员所购买的课程以分期的方式付款时的每期金额（每期金额 = 专家价 ÷ 分期数），使用ROUND函数将计算后除不尽的位数四舍五入至小数点后第二位。

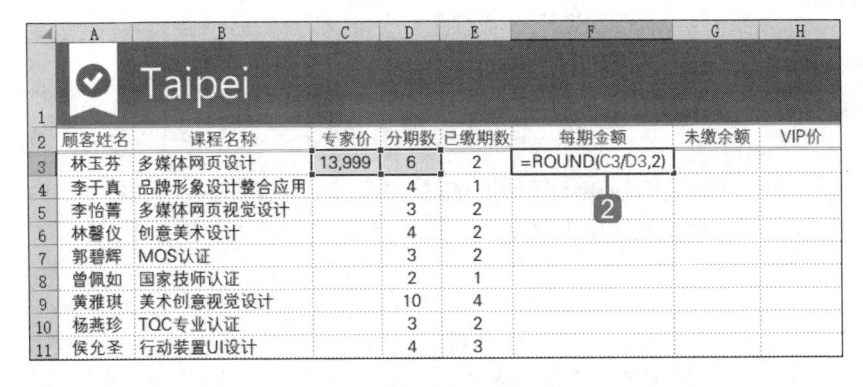

| | A | B | C | D | E | F | G | H |
|---|---|---|---|---|---|---|---|---|
| 1 | Taipei | | | | | | | |
| 2 | 顾客姓名 | 课程名称 | 专家价 | 分期数 | 已缴期数 | 每期金额 | 未缴余额 | VIP价 |
| 3 | 林玉芬 | 多媒体网页设计 | 13,999 | 6 | 2 | =ROUND(C3/D3,2) | | |
| 4 | 李于真 | 品牌形象设计整合应用 | | 4 | 1 | | | |
| 5 | 李怡菁 | 多媒体网页视觉设计 | | 3 | 2 | | | |
| 6 | 林馨仪 | 创意美术设计 | | 4 | 2 | | | |
| 7 | 郭碧辉 | MOS认证 | | 3 | 2 | | | |
| 8 | 曾佩如 | 国家技师认证 | | 2 | 1 | | | |
| 9 | 黄雅琪 | 美术创意视觉设计 | | 10 | 4 | | | |
| 10 | 杨燕珍 | TQC专业认证 | | 3 | 2 | | | |
| 11 | 侯允圣 | 行动装置UI设计 | | 4 | 3 | | | |

**2** 在单元格F3中输入ROUND函数的计算公式，指定将单元格F3的每期金额算出，并取其数值到小数点后第二位，输入公式：=ROUND(C3/D3,2)。

## 计算课程的未缴余额

计算出第一位学员未缴余款的金额（未缴余款=专家价−(已缴期数×每期金额)），为了缴款方便，在此使用INT函数将计算结果的小数点位数全部舍弃。

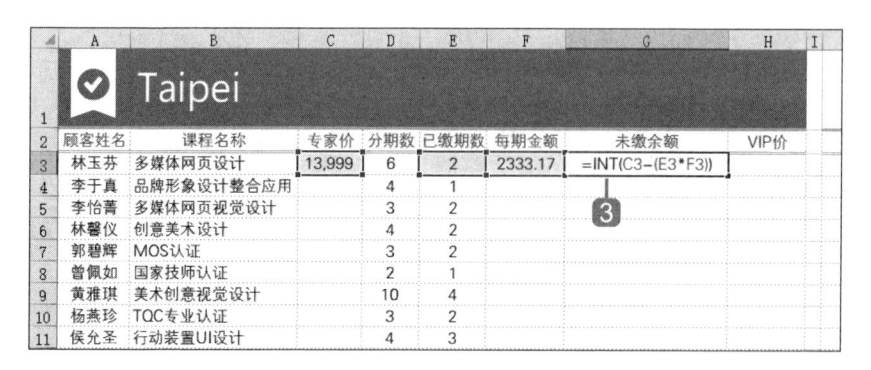

| | A | B | C | D | E | F | G | H |
|---|---|---|---|---|---|---|---|---|
| 1 | Taipei | | | | | | | |
| 2 | 顾客姓名 | 课程名称 | 专家价 | 分期数 | 已缴期数 | 每期金额 | 未缴余额 | VIP价 |
| 3 | 林玉芬 | 多媒体网页设计 | 13,999 | 6 | 2 | 2333.17 | =INT(C3−(E3*F3)) | |
| 4 | 李于真 | 品牌形象设计整合应用 | | 4 | 1 | | | |
| 5 | 李怡菁 | 多媒体网页视觉设计 | | 3 | 2 | | | |
| 6 | 林馨仪 | 创意美术设计 | | 4 | 2 | | | |
| 7 | 郭碧辉 | MOS认证 | | 3 | 2 | | | |
| 8 | 曾佩如 | 国家技师认证 | | 2 | 1 | | | |
| 9 | 黄雅琪 | 美术创意视觉设计 | | 10 | 4 | | | |
| 10 | 杨燕珍 | TQC专业认证 | | 3 | 2 | | | |
| 11 | 侯允圣 | 行动装置UI设计 | | 4 | 3 | | | |

**3** 在单元格G3中输入INT函数的计算公式，指定将已缴的"每期金额"算出，并舍弃计算结果小数点后的所有数值，输入公式：=INT(C3−(E3*F3))。

接着要计算优惠方案，方案内容是学员如果在近日内缴清余款，将立即享有百元以下免去零头的VIP价，使用ROUNDDOWN函数计算出第一位学员的VIP价。

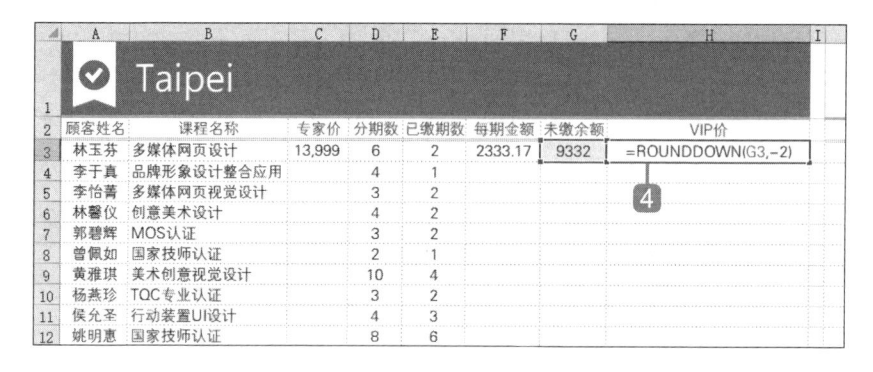

| | A | B | C | D | E | F | G | H |
|---|---|---|---|---|---|---|---|---|
| 1 | Taipei | | | | | | | |
| 2 | 顾客姓名 | 课程名称 | 专家价 | 分期数 | 已缴期数 | 每期金额 | 未缴余额 | VIP价 |
| 3 | 林玉芬 | 多媒体网页设计 | 13,999 | 6 | 2 | 2333.17 | 9332 | =ROUNDDOWN(G3,−2) |
| 4 | 李于真 | 品牌形象设计整合应用 | | 4 | 1 | | | |
| 5 | 李怡菁 | 多媒体网页视觉设计 | | 3 | 2 | | | |
| 6 | 林馨仪 | 创意美术设计 | | 4 | 2 | | | |
| 7 | 郭碧辉 | MOS认证 | | 3 | 2 | | | |
| 8 | 曾佩如 | 国家技师认证 | | 2 | 1 | | | |
| 9 | 黄雅琪 | 美术创意视觉设计 | | 10 | 4 | | | |
| 10 | 杨燕珍 | TQC专业认证 | | 3 | 2 | | | |
| 11 | 侯允圣 | 行动装置UI设计 | | 4 | 3 | | | |
| 12 | 姚明惠 | 国家技师认证 | | 8 | 6 | | | |

**4** 在单元格H3中输入ROUNDDOWN函数的计算公式，将单元格G3中的金额指定为无条件舍去百元以下的位数，输入公式：=ROUNDDOWN(G3,−2)。

## 将函数公式填满相关的单元格

计算第一位学员的相关费用后，接着用"自动填充"功能来生成C列、F列、G列、H列中其他单元格的值。

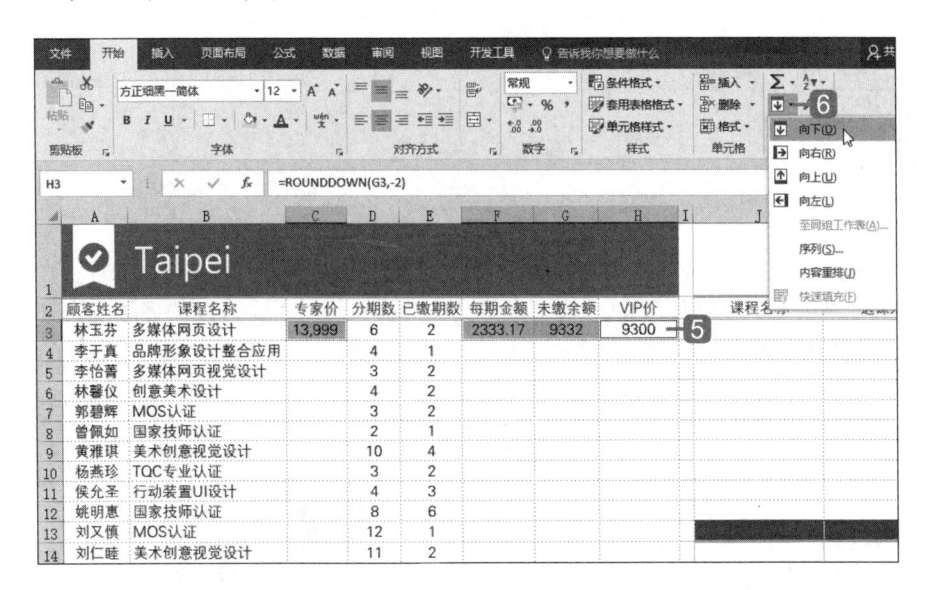

**5** 按住 Ctrl 键不放，用拖曳的方式选取单元格范围C3:C17和F3:H17。

**6** 在"开始"工具栏中单击"填充"按钮，在下拉菜单中选择"向下"选项，自动填充C列、F列、G列、H列中其他单元格的值。

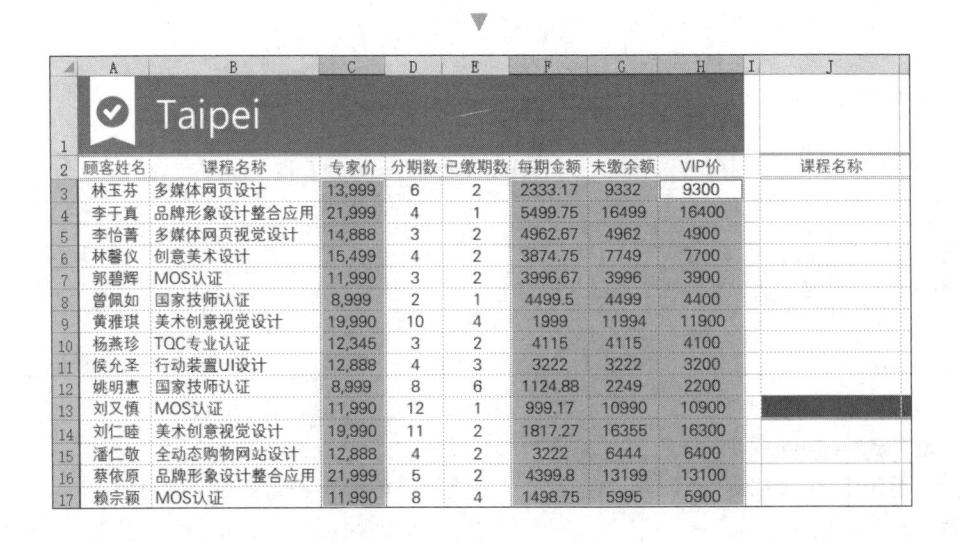

## 用各个课程的报名人数统计是否开课

接着要完成右方的统计表格,首先将"课程名称"由"课程费用"工作表导入至"分期付款"工作表的"课程名称"栏中。

| | J | K | L | M | N | O | P |
|---|---|---|---|---|---|---|---|
| | 课程名称 | 选课人数 | 是否开课 | | | | |
| | =课程费用!A3 | | | | | | |
| | ⑦ | | | | | | |

**⑦** 在"分期付款"工作表的单元格J3中导入"课程费用"工作表的"课程名称"(其第一个名称存于单元格A3),这样一来只要"课程费用"工作表中的名称改变就会同步变更为"分期付款"工作表中的数据,输入公式:=课程费用!A3。

使用COUNTIF函数统计第一个课程的选课人数。

| | J | K | L | M | N | O | P |
|---|---|---|---|---|---|---|---|
| | 课程名称 | 选课人数 | 是否开课 | | | | |
| | 创意美术设计 | =COUNTIF($B$3:$B$17,J3) | | | | | |
| | | ⑧ | | | | | |

**⑧** 在单元格K3中输入COUNTIF函数的计算公式,指定参照的单元格范围B3:B17,并查找取得和单元格J3中"课程名称"相同的项目,输入公式:=COUNTIF($B$3:$B$17,J3)。

因为之后要复制这个公式,所以使用绝对参照指定固定范围

使用IF函数设定判断式,用"选课人数"的值来判断是否达到开课的标准(≥3人)。

| | J | K | L | M | N | O | P |
|---|---|---|---|---|---|---|---|
| | 课程名称 | 选课人数 | 是否开课 | | | | |
| | 创意美术设计 | 1 | =IF(K3>=3,"开课","人数不足") | | | | |
| | | | ⑨ | | | | |

**⑨** 在单元格L3中输入IF函数的判断公式,用单元格K3的值判断此课程报名人数是否大于等于3人。如果符合条件,就出现"开课";如果不符合条件,就出现"人数不足",输入公式:=IF(K3>=3,"开课","人数不足")。

计算第一个课程的选课人数以及是否开课的判断式后，接着快速完成J列、K列、L列中其他单元格的值。

| 课程名称 | 选课人数 | 是否开课 |
|---|---|---|
| 创意美术设计 | 1 | 人数不足 |
| 多媒体网页设计 | 1 | 人数不足 |
| 美术创意视觉设计 | 2 | 人数不足 |
| 品牌形象设计整合应用 | 2 | 人数不足 |
| 多媒体网页视觉设计 | 1 | 人数不足 |
| 全动态购物网站设计 | 1 | 人数不足 |
| 行动装置UI设计 | 1 | 人数不足 |
| 国家技师认证 | 2 | 人数不足 |
| MOS认证 | 3 | 开课 |
| TQC专业认证 | 1 | 人数不足 |

10 选取单元格范围J3:L3，再在单元格L3中按住右下角的"填充控点"向下拖曳。因为目前有十门课程，所以到单元格L12再放开鼠标左键，可以快速完成所有课程的统计比较。

## 本案例函数

| 函数名称 | 说明 | 公式 |
|---|---|---|
| IF | 一个判断式，可以根据条件判断的结果分别处理 | IF(条件,条件成立,条件不成立) |
| ROUND | 数值四舍五入到指定位数 | ROUND(数值,位数) |
| INT | 求整数，小数点以下均舍去 | INT(数值) |
| ROUNDDOWN | 数值无条件舍去到指定位数 | ROUNDDOWN(数值,位数) |
| COUNTIF | 计算范围内符合搜索条件的数据个数 | COUNTIF(范围,搜索条件) |
| VLOOKUP | 从垂直参照表中取得符合条件的数据 | VLOOKUP(查找值,范围,列数,查找形式) |

## 105 员工健康检查报告表

分析统计员工身高，并标示体重过重和体重过轻的员工

### 案例分析

健康检查的数据对员工的健康情况具有实质的提醒的作用，所以非常重要。这个案例中已经预先列出这次检查的数据记录，使用ROUND函数和IF函数通过性别和身高计算出每个人的标准体重，再用条件格式和OR函数判断后填入颜色标示过重或过轻的员工，最后使用FREQUENCY、VLOOKUP、MAX、MIN函数统计公司员工身高并找出体重差最大和最小的员工。

以条件格式设定OR函数找出体重过重和过轻的数值并用颜色标示

使用TODAY函数直接显示今日的日期

使用FREQUENCY函数统计身高和相对的人数

| | A | B | C | D | E | F | G | H | I | J | K | L |
|---|---|---|---|---|---|---|---|---|---|---|---|---|
| 1 | 员工健康检查报告 | | | | | | | 制表日期 | | 2014/4/11 | | |
| 2 | 编号 | 性别 | 身高(cm) | 标准体重(kg) | 测量体重(kg) | 体重差(kg) | 员工姓名 | 身高区间(cm) | | 人数 | |
| 3 | 1 | 女 | 170 | 60 | 60 | 0 | Aileen | 150~ | 155 | 2 | |
| 4 | 2 | 女 | 168 | 59 | 56 | -3 | Amber | 156~ | 160 | 3 | |
| 5 | 3 | 女 | 152 | 49 | 38 | -11 | Eva | 161~ | 165 | 2 | |
| 6 | 4 | 女 | 155 | 51 | 65 | 14 | Hazel | 166~ | 170 | 2 | |
| 7 | 5 | 男 | 174 | 66 | 80 | 14 | Javier | 171~ | 175 | 3 | |
| 8 | 6 | 男 | 183 | 72 | 90 | 18 | Jeff | 176~ | 180 | 1 | |
| 9 | 7 | 男 | 172 | 64 | 75 | 11 | Jimmy | 181~ | 185 | 1 | |
| 10 | 8 | 女 | 165 | 57 | 56 | -1 | Joan | 186~ | 190 | 1 | |
| 11 | 9 | 男 | 176 | 67 | 70 | 3 | Johnny | | | | |
| 12 | 10 | 男 | 187 | 75 | 75 | 0 | Josh | 体重最过重 | | Jeff | |
| 13 | 11 | 女 | 162 | 55 | 60 | 5 | Kiki | 体重最过轻 | | Eva | |
| 14 | 12 | 女 | 160 | 54 | 58 | 4 | Nicole | | | | |
| 15 | 13 | 女 | 158 | 53 | 70 | 17 | Rachel | | | | |
| 16 | 14 | 女 | 156 | 52 | 45 | -7 | Sammi | | | | |
| 17 | 15 | 女 | 172 | 61 | 75 | 14 | Terry | | | | |
| 18 | | | | | | | | | | | | |
| 19 | ***备注说明*** | | | | | | | | | | | |
| 20 | 男生标准体重：（身高-80） | | | | | | | | | | | |
| 21 | 女生标准体重：（身高-70） | | | | | | | | | | | |
| 22 | 体重比标准体重大于10%或小于10%以内均属于正常范围（即理想体重） | | | | | | | | | | | |
| 23 | | 超过理想体重过高或过低 | | | | | | | | | | |

使用ROUND函数和IF函数以"性别"和"身高"算出每个人的"标准体重"

使用VLOOKUP函数和MIN函数取得"体重差"的最小值所对应的员工姓名

使用VLOOKUP函数和MAX函数取得"体重差"的最大值所对应的员工姓名

> 操作说明

## 根据性别和身高算出标准体重

"标准体重"是参照"性别"和"身高"使用IF函数判断计算，再使用ROUND函数指定计算结果至整数。

| | A | B | C | D | E | F | G |
|---|---|---|---|---|---|---|---|
| 1 | | | | 员工健康检查报告 | | | |
| 2 | 编号 | 性别 | 身高（cm） | 标准体重（kg） | 测量体重（kg） | 体重差（kg） | 员工姓名 |
| 3 | 1 | 女 | 170 | =ROUND(IF(B3="男",(C3-80)*0.7,(C3-70)*0.6),0) | 60 | 0 | Aileen |
| 4 | 2 | 女 | 168 | | 56 | 56 | Amber |
| 5 | 3 | 女 | 152 | | 38 | 38 | Eva |
| 6 | 4 | 女 | 155 | | 65 | 65 | Hazel |
| 7 | 5 | 男 | 174 | | 80 | 80 | Javier |
| 8 | 6 | 男 | 183 | | 90 | 90 | Jeff |
| 9 | 7 | 男 | 172 | | 75 | 75 | Jimmy |

1. 在单元格D3中先输入"=ROUND("，指定这个函数所包含的计算数值位数。

2. 接着输入"IF(B3="男",(C3-80)*0.7,(C3-70)*0.6),0)"建立判断式。如果"性别"显示为"男"，执行公式(身高-80)×0.7；"性别"为"女"，就执行公式(身高-70)×0.6，最后指定计算的数值位数至整数，输入公式：=ROUND(IF(B3="男",(C3-80)*0.7,(C3-70)*0.6),0)。

| | A | B | C | D | E | F | G | H | I | J |
|---|---|---|---|---|---|---|---|---|---|---|
| 1 | | | | 员工健康检查报告 | | | | 制表日期 | | 2014 |
| 2 | 编号 | 性别 | 身高（cm） | 标准体重（kg） | 测量体重（kg） | 体重差（kg） | 员工姓名 | | 身高区间（cm） | |
| 3 | 1 | 女 | 170 | 60 | 60 | 0 | Aileen | | 150~ | 155 |
| 4 | 2 | 女 | 168 | 59 | 56 | -3 | Amber | | 156~ | 160 |
| 5 | 3 | 女 | 152 | 49 | 38 | -11 | Eva | | 161~ | 165 |
| 6 | 4 | 女 | 155 | 51 | 65 | 14 | Hazel | | 166~ | 170 |
| 7 | 5 | 男 | 174 | 66 | 80 | 14 | Javier | | 171~ | 175 |
| 8 | 6 | 男 | 183 | 72 | 90 | 18 | Jeff | | 176~ | 180 |
| 9 | 7 | 男 | 172 | 64 | 75 | 11 | Jimmy | | 181~ | 185 |
| 10 | 8 | 女 | 165 | 57 | 56 | -1 | Joan | | 186~ | 190 |
| 11 | 9 | 男 | 176 | 67 | 70 | 3 | Johnny | | | |
| 12 | 10 | 男 | 187 | 75 | 75 | 0 | Josh | | 体重最过重 | |
| 13 | 11 | 女 | 162 | 55 | 60 | 5 | Kiki | | 体重最过轻 | |
| 14 | 12 | 女 | 160 | 54 | 58 | 4 | Nicole | | | |
| 15 | 13 | 女 | 158 | 53 | 70 | 17 | Rachel | | | |
| 16 | 14 | 女 | 156 | 52 | 45 | -7 | Sammi | | | |
| 17 | 15 | 女 | 172 | 61 | 75 | 14 | Terry | | | |
| 18 | | | | | | | | | | |
| 19 | ***备注说明*** | | | | | | | | | |

3. 在单元格D3中按住右下角的"填充控点"往下拖曳，至最后一位员工再放开鼠标左键，即可完成所有员工"标准体重"的计算，然后"体重差"一列就会根据已经建立的公式（标准体重-测量体重）自动完成计算。

## 标示出不符合标准的体重

计算出"标准体重"后,将"测量体重"高于或低于"标准体重"10%的数值用颜色进行标示。

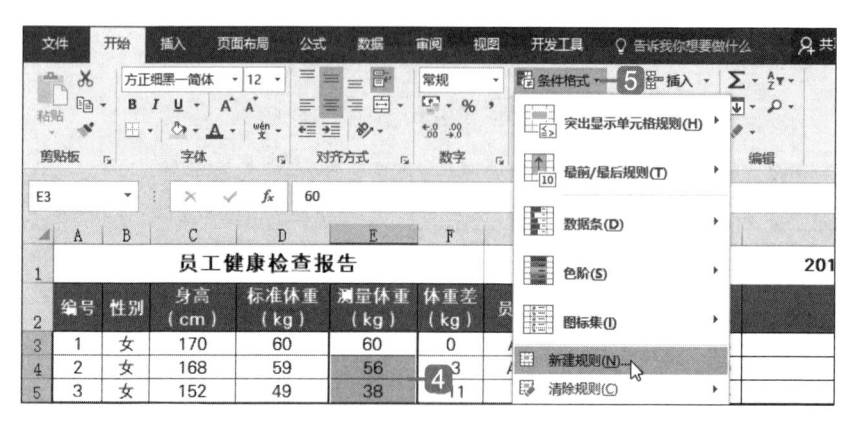

4 选取单元格范围E3:E17。

5 在"开始"工具栏中单击"条件格式"按钮,在下拉菜单中选择"新建规则"选项。

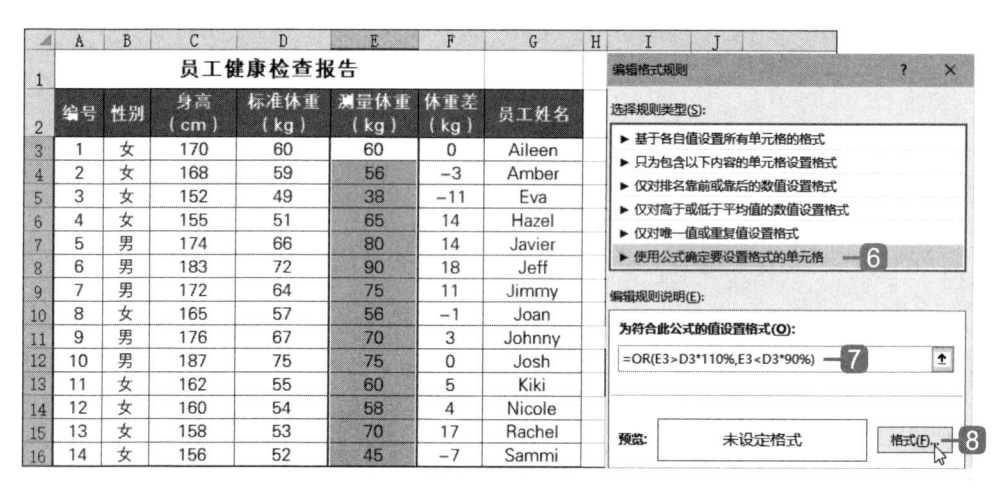

6 在"编辑格式规则"对话框中选择"使用公式确定要设置格式的单元格"选项来决定要格式化哪些单元格。

7 在"为符合此公式的值设置格式"输入框中输入OR函数公式,表示如果这个选取范围中的"测量体重"大于或小于"标准体重"10%的数值要用颜色标示,输入公式:=OR(E3>D3*110%,E3<D3*90%)。

8 单击"格式"按钮针对符合公式的单元格进行格式的设置。

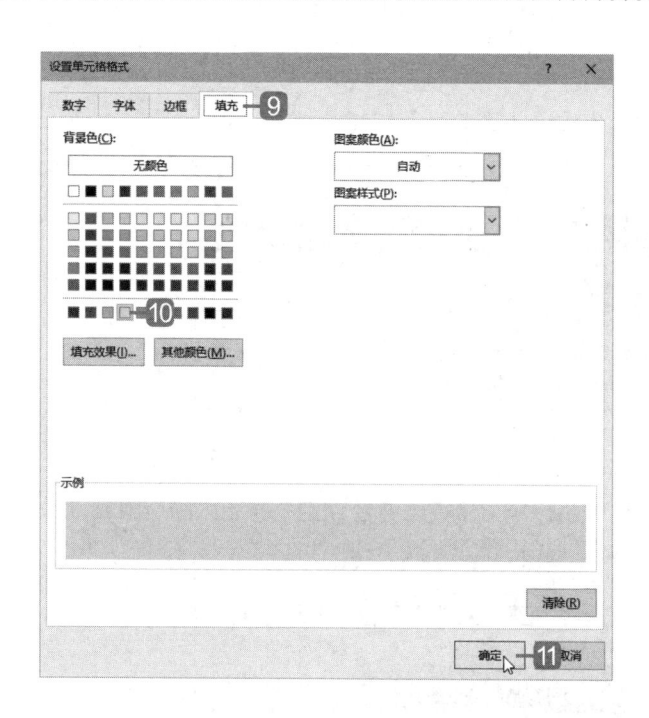

9 单击"填充"面板。

10 选择要填充符合条件公式单元格的颜色,这个案例中选择"黄色"。

11 单击"确定"按钮完成设定。

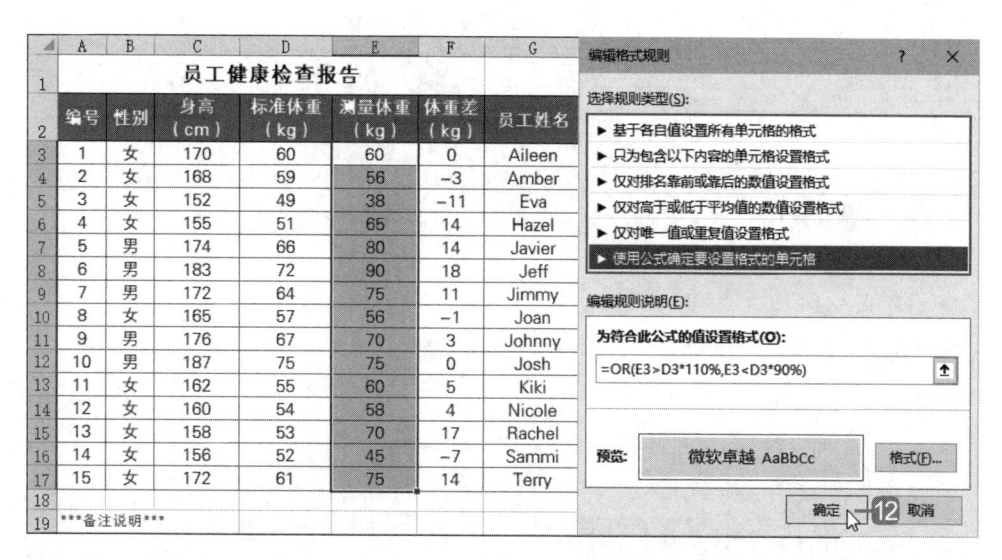

| | A | B | C | D | E | F | G |
|---|---|---|---|---|---|---|---|
| 1 | | | 员工健康检查报告 | | | | |
| 2 | 编号 | 性别 | 身高(cm) | 标准体重(kg) | 测量体重(kg) | 体重差(kg) | 员工姓名 |
| 3 | 1 | 女 | 170 | 60 | 60 | 0 | Aileen |
| 4 | 2 | 女 | 168 | 59 | 56 | −3 | Amber |
| 5 | 3 | 女 | 152 | 49 | 38 | −11 | Eva |
| 6 | 4 | 女 | 155 | 51 | 65 | 14 | Hazel |
| 7 | 5 | 男 | 174 | 66 | 80 | 14 | Javier |
| 8 | 6 | 男 | 183 | 72 | 90 | 18 | Jeff |
| 9 | 7 | 男 | 172 | 64 | 75 | 11 | Jimmy |
| 10 | 8 | 女 | 165 | 57 | 56 | −1 | Joan |
| 11 | 9 | 男 | 176 | 67 | 70 | 3 | Johnny |
| 12 | 10 | 男 | 187 | 75 | 75 | 0 | Josh |
| 13 | 11 | 女 | 162 | 55 | 60 | 5 | Kiki |
| 14 | 12 | 女 | 160 | 54 | 58 | 4 | Nicole |
| 15 | 13 | 女 | 158 | 53 | 70 | 17 | Rachel |
| 16 | 14 | 女 | 156 | 52 | 45 | −7 | Sammi |
| 17 | 15 | 女 | 172 | 61 | 75 | 14 | Terry |
| 18 | | | | | | | |
| 19 | ***备注说明*** | | | | | | |

为符合此公式的值设置格式(O):
=OR(E3>D3*110%,E3<D3*90%)

12 单击"确定"按钮完成格式规则的设定,可以看到健康检查报告中"测量体重"列中的值如果符合条件公式,其单元格中已经填充了黄色(本书为单色印刷,所以指定上色的部分会呈现为灰色,可以打开案例文件看到正确的颜色)。

## 统计员工身高

接着使用FREQUENCY函数的数组公式统计员工的身高分布情况。

| | A | B | C | D | E | F | G | H | I | J | K |
|---|---|---|---|---|---|---|---|---|---|---|---|
| 1 | | | 员工健康检查报告 | | | | | 制表日期 | | 2014/4/11 | |
| 2 | 编号 | 性别 | 身高(cm) | 标准体重(kg) | 测量体重(kg) | 体重差(kg) | 员工姓名 | 身高区间(cm) | | | 人数 |
| 3 | 1 | 女 | 170 | 60 | 60 | 0 | Aileen | 150~ | | 155 | =FREQUENCY(C3:C17,J3:J10) |
| 4 | 2 | 女 | 168 | 59 | 56 | -3 | Amber | 156~ | | 160 | 3 |
| 5 | 3 | 女 | 152 | 49 | 38 | -11 | Eva | 161~ | | 165 | 2 |
| 6 | 4 | 女 | 155 | 51 | 65 | 14 | Hazel | 166~ | | 170 | 2 |
| 7 | 5 | 男 | 174 | 66 | 80 | 14 | Javier | 171~ | | 175 | 3 |
| 8 | 6 | 男 | 183 | 72 | 90 | 18 | Jeff | 176~ | | 180 | 1 |
| 9 | 7 | 男 | 172 | 64 | 75 | 11 | Jimmy | 181~ | | 185 | 1 |
| 10 | 8 | 女 | 165 | 57 | 56 | -1 | Joan | 186~ | | 190 | 1 |

**13** 选取单元格范围K3:K10。

**14** 使用FREQUENCY函数统计单元格范围C3:C17中符合设定的身高区间范围J3:J10的人数,输入公式:=FREQUENCY(C3:C17,J3:J10)。

| D | E | F | G | H | I | J | K |
|---|---|---|---|---|---|---|---|
| 标准体重(kg) | 测量体重(kg) | 体重差(kg) | 员工姓名 | 制表日期 | | 2014/4/11 | |
| | | | | 身高区间(cm) | | | 人数 |
| 60 | 60 | 0 | Aileen | 150~ | | 155 | 2 |
| 59 | 56 | -3 | Amber | 156~ | | 160 | 3 |
| 49 | 38 | -11 | Eva | 161~ | | 165 | 2 |
| 51 | 65 | 14 | Hazel | 166~ | | 170 | 2 |
| 66 | 80 | 14 | Javier | 171~ | | 175 | 3 |
| 72 | 90 | 18 | Jeff | 176~ | | 180 | 1 |

**15** 接着按 [Ctrl] + [Shift] + [Enter] 组合键完成数组公式,公式会自动复制到所有已经选取的单元格中,输入公式:{=FREQUENCY(C3:C17,J3:J10)}。

## 找出体重差最过重或最过轻的员工

使用MAX函数找出"体重差"中的最大值,再使用VLOOKUP函数找出这个最大值相对应的员工姓名。

| | | | | | |
|---|---|---|---|---|---|
| 75 | 11 | Jimmy | 181~ | 185 | 1 |
| 56 | -1 | Joan | 186~ | 190 | 1 |
| 70 | 3 | Johnny | | | |
| 75 | 0 | Josh | 体重最过重 | =VLOOKUP(MAX(F3:F17),F3:G17,2,FALSE) | |
| 60 | 5 | Kiki | 体重最过轻 | | |
| 58 | 4 | Nicole | | | |

**16** 在单元格K12中输入VLOOKUP函数的计算公式,其第一个参数使用MAX函数参照单元格范围F3:F17找出"体重差"的最大值,再传回单元格范围F3:G17中相对应的"员工姓名",输入公式:
=VLOOKUP(MAX(F3:F17),F3:G17,2,FALSE)。

使用MIN函数找出"体重差"中的最小值，再使用VLOOKUP函数找出这个最小值相对应的员工姓名。

| 测量体重(kg) | 体重差(kg) | 员工姓名 | 身高区间(cm) | | 人数 |
|---|---|---|---|---|---|
| 60 | 0 | Aileen | 150~ | 155 | 2 |
| 56 | -3 | Amber | 156~ | 160 | 3 |
| 38 | -11 | Eva | 161~ | 165 | 2 |
| 65 | 14 | Hazel | 166~ | 170 | 2 |
| 80 | 14 | Javier | 171~ | 175 | 3 |
| 90 | 18 | Jeff | 176~ | 180 | 1 |
| 75 | 11 | Jimmy | 181~ | 185 | 1 |
| 56 | -1 | Joan | 186~ | 190 | 1 |
| 70 | 3 | Johnny | | | |
| 75 | 0 | Josh | 体重最过重 | | Jeff |
| 60 | 5 | Kiki | 体重最过轻 | | =VLOOKUP(MIN(F3:F17),F3:G17,2,FALSE) |
| 58 | 4 | Nicole | | | |
| 70 | 17 | Rachel | | | |
| 45 | -7 | Sammi | | | |

制表日期 2014/4/11

⑰ 在单元格K13中输入VLOOKUP函数的计算公式，其第一个参数使用MIN函数参照单元格范围F3:F17找出"体重差"的最小值，再传回单元格范围F3:G17中相对应的"员工姓名"，输入公式：
=VLOOKUP(MIN(F3:F17),F3:G17,2,FALSE)。

## 本案例函数

| 函数名称 | 说明 | 公式 |
|---|---|---|
| IF | 一个判断式，可以根据条件判断的结果分别处理 | IF(条件,条件成立,条件不成立) |
| ROUND | 数值四舍五入到指定位数 | ROUND(数值,位数) |
| OR | 指定的条件只要符合一个即可 | OR(条件1,条件2,...) |
| TODAY | 显示今天的日期 | TODAY()<br>括号中间不输入任何文字或数值 |
| FREQUENCY | 求数值在指定区间内出现的次数 | FREQUENCY(数据范围,参照表) |
| VLOOKUP | 从垂直参照表中取得符合条件的数据 | VLOOKUP(查找值,范围,列数,查找形式) |
| MAX | 传回数值中的最大值 | MAX(数值1,数值2,...) |
| MIN | 传回数值中的最小值 | MIN(数值1,数值2,...) |

## 106 分红配股表

年终根据年资和业绩配股，另外计算是否需要预先扣税

### 案例分析

年终时根据员工的年资和业绩来决定股票分配数，分配后以股价算出现金价格，再用税法规定算出需要扣除的税额。这个案例中已经预先列出员工的入职日期、业绩和相关的配股数，使用DATEDIF、INDEX和MATCH函数根据年资和业绩取得相对应的年资配股数，再使用IF函数判断所得现金是否需要扣税以及相关的预扣税额就完成了本年度的员工分红配股计算。

使用INDEX函数和MATCH函数参照"年资配股数量表"列出相对应的年资配股数

使用INDEX函数和MATCH函数参照"业绩配股数量表"列出相对应的业绩配股数

**员工分红配股表**

| 员工姓名 | 入职日期 | 年资 | 年资配股数 | 业绩 | 业绩配股数 | 换算现金所得* | 预扣税额** | 税后金额 |
|---|---|---|---|---|---|---|---|---|
| Aileen | 2008/5/1 | 6 | 2,000 | 260,000 | 2,000 | 52,000 | 0 | 52,000 |
| Amber | 2004/1/3 | 10 | 2,000 | 2,105,000 | 12,000 | 182,000 | 9100 | 172,900 |
| Eva | 2002/12/2 | 12 | 2,000 | 2,825,000 | 12,000 | 182,000 | 9100 | 172,900 |
| Hazel | 2007/7/16 | 7 | 2,000 | 20,000 | 0 | 26,000 | 0 | 26,000 |
| Javier | 2007/2/5 | 7 | 2,000 | 475,000 | 2,000 | 52,000 | 0 | 52,000 |
| Jeff | 2009/4/1 | 5 | 2,000 | 36,900 | 0 | 26,000 | 0 | 26,000 |
| Jimmy | 2012/12/20 | 2 | 1,000 | 3,140,000 | 12,000 | 169,000 | 8450 | 160,550 |
| Joan | 2010/1/20 | 4 | 1,000 | 1,375,000 | 5,000 | 78,000 | 3900 | 74,100 |
| Johnny | 2008/9/22 | 6 | 2,000 | 300,000 | 2,000 | 52,000 | 0 | 52,000 |
| Josh | 2006/9/4 | 8 | 2,000 | 4,450,000 | 12,000 | 182,000 | 9100 | 172,900 |
| Kiki | 2008/3/27 | 6 | 2,000 | 1,830,000 | 5,000 | 91,000 | 4550 | 86,450 |
| Nicole | 2013/1/11 | 1 | - | 445,000 | 2,000 | 26,000 | 0 | 26,000 |
| Rachel | 2005/6/8 | 9 | 2,000 | 1,180,000 | 5,000 | 91,000 | 4550 | 86,450 |
| Sammi | 2007/4/3 | 7 | 2,000 | 3,660,000 | 12,000 | 182,000 | 9100 | 172,900 |
| Terry | 2006/4/3 | 8 | 2,000 | 2,045,000 | 12,000 | 182,000 | 9100 | 172,900 |

| 日： | 2014/12/31 |
|---|---|
| 执行日股价： | 13.0 |

**业绩配股数量表**

| 业绩区间（元） | 配股数 |
|---|---|
| 0 ~ 99,999 | 0 |
| 100,000 ~ 499,999 | 2,000 |
| 500,000 ~ 999,999 | 3,000 |
| 1,000,000 ~ 1,999,999 | 5,000 |
| 2,000,000 ~ 2,999,999 | 12,000 |
| 3000000以上 | 20,000 |

**年资配股数量表**

| 年资区间（年） | 配股数 |
|---|---|
| 0 ~ 1 | 0 |
| 2 ~ 4 | 1,000 |
| 5 ~ 9 | 2,000 |
| 10以上 | 3,000 |

\* 换算现金所得 = 股数 × 执行日股价
\*\* 预扣税额 = 所得税法规定非常态性给付额达69501元者，按给付额扣取5%

使用DATEDIF函数参照"入职日期"和"业绩年资计算截止日期"算出个人年资

使用SUM函数加总年资配股数和业绩配股数再乘以股价算出实际现金所得

使用IF函数判断是否超出税法规定而需要扣税

## 操作说明

### 计算年资、年资配股数和业绩配股数

该案例的年资为"入职日期"到"业绩年资计算截止日期"期间,并显示"年"的值。

| | A | B | C | D | E | F | G | H |
|---|---|---|---|---|---|---|---|---|
| 1 | | | | 员工分红配股表 | | | | |
| 2 | 员工姓名 | 入职日期 | 年资 | 年资配股数 | 导绩 | 业绩配股数 | 换算现金所得* | 预扣税额* |
| 3 | Aileen | 2008/5/1 | =DATEDIF(B3,$M$2,"Y") | | 260,000 | | | |
| 4 | Amber | 2004/1/3 | | | 2,105,000 | | | |
| 5 | Eva | 2002/12/2 | | | 2,825,000 | | | |
| 6 | Hazel | 2007/7/16 | | | 20,000 | | | |
| 7 | Javier | 2007/2/5 | | | 475,000 | | | |
| 8 | Jeff | 2009/4/1 | | | 36,900 | | | |

**1** 在单元格C3中输入DATEDIF函数指定开始日期为单元格B3,结束日期为单元格M2,最后一个参数设定为Y代表显示"年份",输入公式:
=DATEDIF(B3,$M$2,"Y")。

因为之后要复制这个公式,所以使用绝对参照指定固定范围

| | A | B | C | D | E | F | G | H |
|---|---|---|---|---|---|---|---|---|
| 1 | | | | 员工分红配股表 | | | | |
| 2 | 员工姓名 | 入职日期 | 年资 | 年资配股数 | 导绩 | 业绩配股数 | 换算现金所得* | 预扣税额* |
| 3 | Aileen | 2008/5/1 | 6 | =INDEX($M$16:$M$19,MATCH(C3,$K$16:$K$19)) | 260,000 | | | |
| 4 | Amber | 2004/1/3 | | | 2,105,000 | | | |
| 5 | Eva | 2002/12/2 | | | 2,825,000 | | | |
| 6 | Hazel | 2007/7/16 | | | 20,000 | | | |
| 7 | Javier | 2007/2/5 | | | 475,000 | | | |
| 8 | Jeff | 2009/4/1 | | | 36,900 | | | |

**2** 在单元格D3中输入INDEX函数,先指定参照范围"配股数"(单元格范围M16:M19),接着指定需要传回以MATCH函数在单元格范围K16:K19和单元格C3相对应的配股数,输入公式:
=INDEX($M$16:$M$19,MATCH(C3,$K$16:$K$19))。

因为之后要复制这个公式,所以使用绝对参照指定固定范围

| | A | B | C | D | E | F | G | H |
|---|---|---|---|---|---|---|---|---|
| 1 | | | | 员工分红配股表 | | | | |
| 2 | 员工姓名 | 入职日期 | 年资 | 年资配股数 | 导绩 | 业绩配股数 | 换算现金所得* | 预扣税额* |
| 3 | Aileen | 2008/5/1 | 6 | 2,000 | 260,000 | =INDEX($M$7:$M$12,MATCH(E3,$K$7:$K$12)) | | |
| 4 | Amber | 2004/1/3 | | | 2,105,000 | | | |
| 5 | Eva | 2002/12/2 | | | 2,825,000 | | | |
| 6 | Hazel | 2007/7/16 | | | 20,000 | | | |
| 7 | Javier | 2007/2/5 | | | 475,000 | | | |
| 8 | Jeff | 2009/4/1 | | | 36,900 | | | |

**3** 在单元格F3中输入INDEX函数,先指定参照范围"配股数"(单元格范围M7:M12),接着指定需要传回以MATCH函数在单元格范围K7:K12和单元格E3相对应的配股数,输入公式:
=INDEX($M$7:$M$12,MATCH(E3,$K$7:$K$12))。

因为之后要复制这个公式,所以使用绝对参照指定固定范围

## 将所得股数换算成现金并预扣税额

目前所得税法中有规定如果非常态所得超过5%要先预扣税额,所以先将所得股数换算成现金再判断是否需要缴税。

| | A | B | C | D | E | F | G | H | I |
|---|---|---|---|---|---|---|---|---|---|
| 1 | 员工分红配股表 ||||||||||
| 2 | 员工姓名 | 入职日期 | 年资 | 年资配股数 | 业绩 | 业绩配股数 | 换算现金所得* | 预扣税额** | 税后金额 |
| 3 | Aileen | 2008/5/1 | 6 | 2,000 | 260,000 | 2,000 | =SUM(D3,F3)*$M$3 | | 52,000 |
| 4 | Amber | 2004/1/3 | | | 2,105,000 | | | | 0 |
| 5 | Eva | 2002/12/2 | | | 2,825,000 | | | | 0 |
| 6 | Hazel | 2007/7/16 | | | 20,000 | | | | 0 |
| 7 | Javier | 2007/2/5 | | | 475,000 | | | | 0 |
| 8 | Jeff | 2009/4/1 | | | 36,900 | | | | 0 |
| 9 | Jimmy | 2012/12/20 | | | 3,140,000 | | | | 0 |
| 10 | Joan | 2010/1/20 | | | 1,375,000 | | | | 0 |
| 11 | Johnny | 2008/9/22 | | | 300,000 | | | | 0 |
| 12 | Josh | 2006/9/4 | | | 4,450,000 | | | | 0 |
| 13 | Kiki | 2008/3/27 | | | 1,830,000 | | | | 0 |
| 14 | Nicole | 2013/1/11 | | | 445,000 | | | | 0 |

**4** 在单元格G3中输入SUM函数加总"年资配股数"和"业绩配股数"(单元格D3和F3),得到所有的配股数再乘以执行日的股价(单元格M3),来计算出换算后的现金价格,输入公式:

=SUM(D3,F3)*$M$3。

因为之后要复制这个公式,所以使用绝对参照指定固定范围

| | A | B | C | D | E | F | G | H | I |
|---|---|---|---|---|---|---|---|---|---|
| 1 | 员工分红配股表 ||||||||||
| 2 | 员工姓名 | 入职日期 | 年资 | 年资配股数 | 业绩 | 业绩配股数 | 换算现金所得* | 预扣税额** | 税后金额 |
| 3 | Aileen | 2008/5/1 | 6 | 2,000 | 260,000 | 2,000 | 52,000 | =IF(G3>69501,G3*5%,0) | 52,000 |
| 4 | Amber | 2004/1/3 | | | 2,105,000 | | | | 0 |
| 5 | Eva | 2002/12/2 | | | 2,825,000 | | | | 0 |
| 6 | Hazel | 2007/7/16 | | | 20,000 | | | | 0 |
| 7 | Javier | 2007/2/5 | | | 475,000 | | | | 0 |
| 8 | Jeff | 2009/4/1 | | | 36,900 | | | | 0 |
| 9 | Jimmy | 2012/12/20 | | | 3,140,000 | | | | 0 |
| 10 | Joan | 2010/1/20 | | | 1,375,000 | | | | 0 |
| 11 | Johnny | 2008/9/22 | | | 300,000 | | | | 0 |
| 12 | Josh | 2006/9/4 | | | 4,450,000 | | | | 0 |
| 13 | Kiki | 2008/3/27 | | | 1,830,000 | | | | 0 |
| 14 | Nicole | 2013/1/11 | | | 445,000 | | | | 0 |

**5** 在单元格H3中使用IF函数判断单元格G3中的数值是否大于税法规定的69501元。如果大于就需要缴纳税额(所得现金的5%),如果小于则不需要缴纳税额:

=IF(G3>69501,G3*5%,0)。

### Tips

**IF函数的嵌套函数**

一个IF函数表示TRUE和FALSE两种逻辑,但可以重复在已经设定IF函数的公式中再加入一个IF函数。这种多个函数的情况称为嵌套函数,在Excel中最多可以有64层的IF函数。

## 复制公式完成表格内容

将第一位员工各项中的数据都计算完成后，接着用"自动填充"功能来生成其他员工C列、D列、F列、G列、H列中单元格的内容。

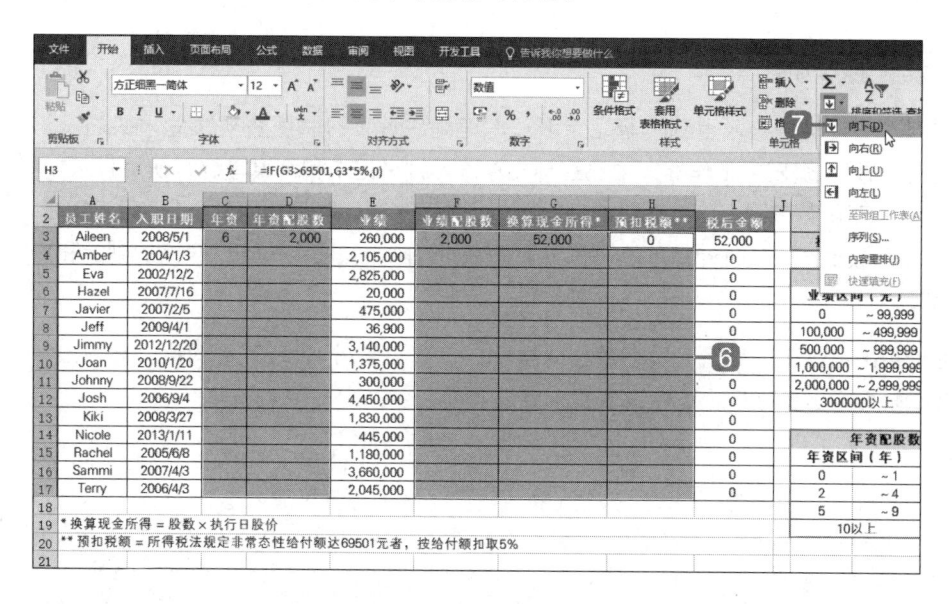

6 用拖曳的方式选取单元格C3:D17，再按 Ctrl 键加选单元格范围F3:H17。

7 在"开始"工具栏中单击"填充"按钮，在下拉菜单中选择"向下"选项自动填充C列、D列、F列、G列、H列中其他单元格的内容。

8 "税后金额"已经事先设定好了公式，所以会自动产生正确的值，公式为"换算现金所得−预扣税额"。

### 本案例函数

DATEDIF函数

INDEX函数

MATCH函数

SUM函数

IF函数

## 107 计时工资表

以标准工时为单位算出该月平日和加班日的总工时和总薪资

### 案例分析

每次到发工资的日子，看到打卡记录要一笔笔地统计工时和薪资实在令人头痛。这个案例"3月工资表"工作标签中已经预先输入了打卡记录和计算单位，使用TEXT、DAY、DATE函数来判断该月正确的日期并指定显示形式，再使用CEILING、FLOOR、SUMIF函数根据"工时计算单位"算出上下班的时间，快速完成这个表格的判断和加总计算。

最后使用IF函数让单元格在没有数据时呈空白，而不是出现0或其他的值，再用条件格式清楚标示出加班日，让工资表更加专业。

使用TEXT和DATE函数求整个年份、月份、日期的值并显示为周几

使用IF和CEILING函数根据"工时计算单位"无条件进位计算出上班时间

使用SUMIF函数加合总工时

将工时的序列值转换为实际工作时数来计算薪资

| 年份 | 月份 | 姓名 | 工时计算单位 | | 班别 | 单位薪资 | 总工时 | 薪资 | 总薪资 |
|---|---|---|---|---|---|---|---|---|---|
| 2014 | 3 | Tina | 15分 | | 平日 | 150 | 31:45 | 4762.5 | $ 9,613 |
| | | | | | 加班 | 200 | 24:15 | 4850 | |

| | | | 打卡记录 ||| 薪资计算时间 ||||| 法定假日 ||
|---|---|---|---|---|---|---|---|---|---|---|---|---|
| 日期 | 星期 | 班别 | 上班时间 | 休息开始 | 休息结束 | 下班时间 | 上班时间 | 休息时间 | 下班时间 | 总时数 | 2014/1/1 | 元旦 |
| 1 | 六 | 加班 | 7:55 | 12:03 | 13:10 | 17:06 | 8:00 | 1:15 | 17:00 | 7:45 | 2014/1/30 | 除夕 |
| 2 | 日 | 加班 | 8:06 | 12:10 | 13:07 | 17:30 | 8:15 | 1:00 | 17:30 | 8:15 | 2014/1/31 | 大年初一 |
| 3 | 一 | 平日 | 7:56 | 13:00 | 13:56 | 16:58 | 8:00 | 1:00 | 16:45 | 7:45 | 2014/2/1 | 大年初二 |
| 4 | 二 | 平日 | | | | | | | | | 2014/2/2 | 大年初三 |
| 5 | 三 | 平日 | 8:00 | 12:45 | 13:53 | 17:30 | 8:00 | 1:15 | 17:30 | 8:15 | 2014/2/3 | 大年初四 |
| 6 | 四 | 平日 | 11:00 | 17:00 | 17:56 | 20:00 | 11:00 | 1:00 | 20:00 | 8:00 | 2014/3/8 | 妇女节 |
| 7 | 五 | 平日 | 7:55 | 12:03 | 13:10 | 17:06 | 8:00 | 1:15 | 17:00 | 7:45 | 2014/5/1 | 劳动节 |
| 8 | 六 | 加班 | 8:06 | 12:10 | 13:07 | 17:30 | 8:15 | 1:00 | 17:30 | 8:15 | 2014/6/1 | 端午节 |
| 9 | 日 | 加班 | | | | | | | | | 2014/9/8 | 中秋节 |
| 10 | 一 | 平日 | | | | | | | | | 2014/10/1 | 国庆节 |
| 11 | 二 | 平日 | | | | | | | | | | |
| 12 | 三 | 平日 | | | | | | | | | | |
| 13 | 四 | 平日 | | | | | | | | | | |
| 14 | 五 | 平日 | | | | | | | | | | |
| 15 | 六 | 加班 | | | | | | | | | | |

使用IF和COUNTIF函数判断出如果"星期"显示为周末或节假日，就会出现"加班"

使用TIME和CEILING函数根据"工时计算单位"无条件进位计算时间差

使用IF和OR函数计算出该日工作的总时数，如果无打卡记录的数据则留空白

使用IF和FLOOR函数根据"工时计算单位"无条件舍去计算出下班时间

## 操作说明

### 根据日期取得"星期"并判断是否为加班日

工资表中的"班别"可以为平日或加班,不同班别会有不同的计算方式,所以一开始就先算出日期并判断是否为加班日。

| | A | B | C | D | E | F | G | H | I | J |
|---|---|---|---|---|---|---|---|---|---|---|
| 1 | | | | 工读生计时工资表 | | | | | | |
| 2 | | | | | | | | | | |
| 3 | 年份 | 月份 | 姓名 | 工时计算单位 | | | 班别 | 单位薪资 | 总工时 | 薪资 |
| 4 | 2014 | 3 | Tina | 15分 | | | 平日 | 150 | 0:00 | 0 |
| 5 | | | | | | | 加班 | 200 | 0:00 | 0 |
| 6 | | | | | | | | | | |
| 7 | 日期 | 星期 | 班别 | 打卡记录 | | | | 薪资计算时间 | | |
| 8 | | | | 上班时间 | 休息开始 | 休息结束 | 下班时间 | 上班时间 | 休息时间 | 下班时间 |
| 9 | 1 | =TEXT(DATE($A$4,$B$4,A9),"aaa") ① | | 7:55 | 12:03 | 13:10 | 17:06 | 8:00 | 1:15 | 17:00 |
| 10 | 2 | | | 8:06 | 12:10 | 13:07 | 17:30 | 8:15 | 1:00 | 17:30 |
| 11 | 3 | | | 7:56 | 13:00 | 13:56 | 16:58 | 8:00 | 1:00 | 16:45 |
| 12 | 4 | | | | | | | | | |
| 13 | 5 | | | 8:00 | 12:45 | 13:53 | 17:30 | 8:00 | 1:15 | 17:30 |

① 在单元格B9中输入TEXT函数,由DATE函数取得年份、月份和日份的值整合为日期,再在第二个参数指定显示的形式为"aaa"(将日期转换为周一、周二……进行显示),输入公式:

=TEXT(DATE($A$4,$B$4,A9),"aaa")。

因为之后要复制这个公式,所以使用绝对参照指定年份和月份的单元格

| | A | B | C | D | E | F |
|---|---|---|---|---|---|---|
| 1 | | | 工读生计时工资表 | | | |
| 2 | | | | | | |
| 3 | 年份 | 月份 | 姓名 | 工时计算单位 | | |
| 4 | 2014 | 3 | Tina | 15分 | | |
| 5 | | | | | | |
| 6 | | | | | | |
| 7 | 日期 | 星期 | 班别 | 打卡记录 | | |
| 8 | | | | 上班时间 | 休息开始 | 休息结束 |
| 9 | 1 | 六 | =IF(OR(B9="日",B9="六",COUNTIF($M$8:$M$20,DATE($A$4,$B$4,A9))>0),"加班","平日") | 7:55 | 12:03 | 13:10 |
| 10 | 2 | | ② | 8:06 | 12:10 | 13:07 |
| 11 | 3 | | | 7:56 | 13:00 | 13:56 |
| 12 | 4 | | | | | |
| 13 | 5 | | | 8:00 | 12:45 | 13:53 |

② 在单元格C9中使用IF函数判断,并用OR函数串起三个条件,其中两个条件是"星期",分别为"周六"或"周日";另一个条件是COUNTIF函数用单元格范围M8:M20的假日列表作为参照范围,再用该日日期判断是否为假日列表中的日期。如果符合以上三个条件中的任一条件,则显示为"加班",否则显示为"平日",输入公式:

=IF(OR(B9="周日",B9="周六",COUNTIF($M$8:$M$20,
DATE($A$4,$B$4,A9))>0),"加班","平日")。

因为之后要复制这个公式,所以使用绝对参照指定固定范围

| | A | B | C | D | E | F | G | H |
|---|---|---|---|---|---|---|---|---|
| 34 | 26 | 三 | 平日 | | | | | |
| 35 | 27 | 四 | 平日 | ③ | | | | |
| 36 | 28 | 五 | 平日 | | | | | |
| 37 | =IF(DAY(DATE($A$4,$B$4,29))=29,29,"") | | | ④ | | | | |
| 38 | | | | | | | | |
| 39 | | | | | | | | |

③ 拖曳选取单元格范围B9:C9，按住右下角的"填充控点"往下拖曳，至单元格B36:C36再放开鼠标左键，完成了部分计算。

④ 在单元格A37中使用DATE函数和DAY函数取得的值是否为29来判断这个月是否有29日。若有则出现"29"，若没有则出现空白，输入公式：
=IF(DAY(DATE($A$4,$B$4,29))=29,29,"")。

因为之后要复制这个公式，所以使用绝对参照指定年份和月份的单元格

| | A | B | C | D | E | F | G | H |
|---|---|---|---|---|---|---|---|---|
| 34 | 26 | 三 | 平日 | | | | | |
| 35 | 27 | 四 | 平日 | | | | | |
| 36 | 28 | 五 | 平日 | | | | | |
| 37 | 29 | =IF(A37="","",TEXT(DATE($A$4,$B$4,A37),"aaa")) | | ⑤ | | | | |
| 38 | | | | | | | | |
| 39 | | | | | | | | |

⑤ 在单元格B37中输入用IF函数判断上一个步骤单元格A37的结果是否为空白，如果为空白则显示空白，否则就按照步骤1的公式显示相对应的星期值，输入公式：
=IF(A37="","",TEXT(DATE($A$4,$B$4,A37),"aaa"))。

因为之后要复制这个公式，所以使用绝对参照指定年份和月份的单元格

| | A | B | C |
|---|---|---|---|
| 34 | 26 | 三 | 平日 |
| 35 | 27 | 四 | 平日 |
| 36 | 28 | 五 | 平日 |
| 37 | 29 | 六 | =IF(A37="","",IF(OR(B37="日",B37="六",COUNTIF($M$8:$M$20,DATE($A$4,$B$4,A37))>0),"加班","平日")) |
| 38 | | | |
| 39 | | | |

⑥ 在单元格C37中输入用IF函数判断单元格A37的结果是否为空白，如果为空白则显示空白，否则就按照步骤2的公式显示"加班"或"平日"，输入公式：
=IF(A37="","",IF(OR(B37="周日",B37="周六",COUNTIF($M$8:$M$20,DATE($A$4,$B$4,A37))>0),"加班","平日"))。

因为之后要复制这个公式，所以使用绝对参照指定年份和月份的单元格

| | A | B | C | D | E | F | G | H | I | J | K | L | M |
|---|---|---|---|---|---|---|---|---|---|---|---|---|---|
| 34 | 26 | 三 | 平日 | | | | | | | | | | |
| 35 | 27 | 四 | 平日 | | | | | | | | | | |
| 36 | 28 | 五 | 平日 | | | | | | | | | | |
| 37 | 29 | 六 | 加班 | | | | | | | | | | |
| 38 | 29 | 六 | 加班 | 7 | | | | | | | | | |
| 39 | 29 | 六 | 加班 | | | | | | | | | | |
| 40 | | | | | 快乐咖啡馆 | | | | | | | | |

**7** 选取单元格范围A37:C37，按住右下角的"填充控点"往下拖曳，至单元格范围A39:C39再放开鼠标左键。

| | A | B | C | D | E | F | G |
|---|---|---|---|---|---|---|---|
| 33 | 25 | 二 | 平日 | | | | |
| 34 | 26 | 三 | 平日 | | | | |
| 35 | 27 | 四 | 平日 | | | | |
| 36 | 28 | 五 | 平日 | | | | |
| 37 | 29 | 六 | 加班 | | | | |
| 38 | =IF(DAY(DATE($A$4,$B$4,30))=30,30,"") | 8 | 加班 | | | | |
| 39 | 29 | 六 | 加班 | | | | |

**8** 在单元格A38中将公式中的"29"修改为"30"，来判断这个月份是否有30号：=IF(DAY(DATE($A$4,$B$4,30))=30,30,"")。

因为之后要复制这个公式，所以使用绝对参照指定年份和月份的单元格

| | A | B | C | D | E | F | G |
|---|---|---|---|---|---|---|---|
| 35 | 27 | 四 | 平日 | | | | |
| 36 | 28 | 五 | 平日 | | | | |
| 37 | 29 | 六 | 加班 | | | | |
| 38 | 30 | 日 | 加班 | | | | |
| 39 | =IF(DAY(DATE($A$4,$B$4,31))=31,31,"") | 9 | 平日 | | | | |
| 40 | | | | | 快乐咖啡馆 | | |

**9** 在单元格A39中将公式中的"29"修改为"31"，来判断这个月份是否有31号：=IF(DAY(DATE($A$4,$B$4,31))=31,31,"")。

因为之后要复制这个公式，所以使用绝对参照指定年份和月份的单元格

### Tips

**数值也可以秀出单位**

有时候希望同一个单元格中的数值可以计算，但同时又希望带有单位，可以在要设定的单元格上单击一下鼠标右键选择"设置单元格格式"选项，在"自定义"类别中输入类型为"G/通用格式"再加上需要的单位，如这个案例中单元格D4设定为"G/通用格式"分""，就会显示"15分"。

## 根据工时计算单位算出工作总时数

接着用工时计算单位（本案例中为15分钟）根据打卡记录算出上班时间（无条件进位）、休息时间（无条件进位）和下班时间（无条件舍去），最后再算出出勤的总时数。

|  | E | F | G | H | I | J | K |
|---|---|---|---|---|---|---|---|
| 3 | 算单位 |  | 班别 | 单位薪资 | 总工时 | 薪资 | 总薪资 |
| 4 | 分 |  | 平日 | 150 |  |  |  |
| 5 |  |  | 加班 | 200 |  |  |  |
| 6 |  |  |  |  |  |  |  |
| 7 | 打卡记录 |  |  | 薪资计算时间 |  |  |  |
| 8 | 休息开始 | 休息结束 | 下班时间 | 上班时间 | 休息时间 | 下班时间 | 总时数 |
| 9 | 12:03 | 13:10 | 17:06 | =IF(D9="","",CEILING(D9,TIME(0,$D$4,0))) ← 10 |  |  |  |
| 10 | 12:10 | 13:07 | 17:30 |  |  |  |  |
| 11 | 13:00 | 13:56 | 16:58 |  |  |  |  |
| 12 |  |  |  |  |  |  |  |
| 13 | 12:45 | 13:53 | 17:30 |  |  |  |  |

**10** 在单元格H9中使用IF函数判断，如果单元格D9没有上班的打卡记录，就显示空白；如果有记录，就使用CEILING函数取得单元格D9根据工时计算单位（15分钟）无条件进位的值（TIME函数将单元格D4的数值化成时间的"分"，可以将上班时间通过CEILING函数以"15分"为单位无条件进位计算），输入公式：=IF(D9="","",CEILING(D9,TIME(0,$D$4,0)))。

因为之后要复制这个公式，所以使用绝对参照指定固定范围

|  | E | F | G | H | I |
|---|---|---|---|---|---|
| 1 |  |  |  |  | 工读生计时工资表 |
| 2 |  |  |  |  |  |
| 3 | 算单位 |  | 班别 | 单位薪资 | 总工时 |
| 4 | 分 |  | 平日 | 150 |  |
| 5 |  |  | 加班 | 200 |  |
| 6 |  |  |  |  |  |
| 7 | 打卡记录 |  |  |  | 薪资计算时间 |
| 8 | 休息开始 | 休息结束 | 下班时间 | 上班时间 | 休息时间 |
| 9 | 12:03 | 13:10 | 17:06 | 8:00 | =IF(OR(E9="",F9=""),"",TIME(HOUR(F9-E9),CEILING(MINUTE(F9-E9),$D$4),0)) |
| 10 | 12:10 | 13:07 | 17:30 |  |  |
| 11 | 13:00 | 13:56 | 16:58 |  | ↑ 11 |
| 12 |  |  |  |  |  |

**11** 在单元格I9中使用IF函数判断，如果单元格E9或F9没有记录，就显示空白；如果有记录就用TIME函数计算。TIME函数计算中第一个参数"时"使用HOUR函数计算从休息开始到结束的时间差，第二个参数"分"使用CEILING函数计算（MINUTE函数先将休息开始和结束的时间相减，再用单元格D4的工时计算单位无条件进位计算），输入公式：

=IF(OR(E9="",F9=""),"",TIME(HOUR(F9−E9), CEILING( MINUTE(F9−E9),$D$4),0))。

因为之后要复制这个公式，所以使用绝对参照指定固定范围

| 3 | 年份 | 月份 | 姓名 | 工时计算单位 | | 班别 | 单位薪资 | 总工时 | 薪资 | | 总薪资 |
|---|---|---|---|---|---|---|---|---|---|---|---|
| 4 | 2014 | 3 | Tina | 15分 | | 平日 | 150 | | | | |
| 5 | | | | | | 加班 | 200 | | | | |
| 6 | | | | | | | | | | | |
| 7 | 日期 | 星期 | 班别 | 打卡记录 | | | | 薪资计算时间 | | | |
| 8 | | | | 上班时间 | 休息开始 | 休息结束 | 下班时间 | 上班时间 | 休息时间 | 下班时间 | 总时数 |
| 9 | 1 | 六 | 加班 | 7:55 | 12:03 | 13:10 | 17:06 | 8:00 | 1:15 | =IF(G9="","",FLOOR(G9,TIME(0,$D$4,0))) | |
| 10 | 2 | 日 | 加班 | 8:06 | 12:10 | 13:07 | 17:30 | | | | |
| 11 | 3 | 一 | 平日 | 7:56 | 13:00 | 13:56 | 16:58 | | | | |
| 12 | 4 | 二 | 平日 | | | | | | | | |
| 13 | 5 | 三 | 平日 | 8:00 | 12:45 | 13:53 | 17:30 | | | | |

⑫ 在单元格J9中使用IF函数判断，如果单元格G9没有下班的打卡记录，就显示空白；如果有记录，就使用FLOOR函数取得单元格G9根据工时计算单位（15分钟）无条件进位的值（TIME函数将单元格D4的数值化为时间的"分"，可以将上班时间通过FLOOR函数以"15分"为单位无条件舍去计算），输入公式：
=IF(G9="","",FLOOR(G9,TIME(0,$D$4,0)))。

因为之后要复制这个公式，所以使用绝对参照指定固定范围

| 3 | 年份 | 月份 | 姓名 | 工时计算单位 | | 班别 | 单位薪资 | 总工时 | 薪资 | 总薪资 |
|---|---|---|---|---|---|---|---|---|---|---|
| 4 | 2014 | 3 | Tina | 15分 | | 平日 | 150 | | | |
| 5 | | | | | | 加班 | 200 | | | |
| 6 | | | | | | | | | | |
| 7 | 日期 | 星期 | 班别 | 打卡记录 | | | | 薪资计算时间 | | |
| 8 | | | | 上班时间 | 休息开始 | 休息结束 | 下班时间 | 上班时间 | 休息时间 | 下班时间 | 总时数 |
| 9 | 1 | 六 | 加班 | 7:55 | 12:03 | 13:10 | 17:06 | 8:00 | 1:15 | 17:00 | =IF(OR(H9="",J9=""),"",J9-H9-I9) |
| 10 | 2 | 日 | 加班 | 8:06 | 12:10 | 13:07 | 17:30 | | | | |
| 11 | 3 | 一 | 平日 | 7:56 | 13:00 | 13:56 | 16:58 | | | | |
| 12 | 4 | 二 | 平日 | | | | | | | | |

⑬ 在单元格K9中使用IF函数判断，如果单元格H9或J9没有记录，就显示空白；如果有记录，就根据公式计算总时数（下班时间–上班时间–休息时间），输入公式：
=IF(OR(H9="",J9=""),"",J9-H9-I9)。

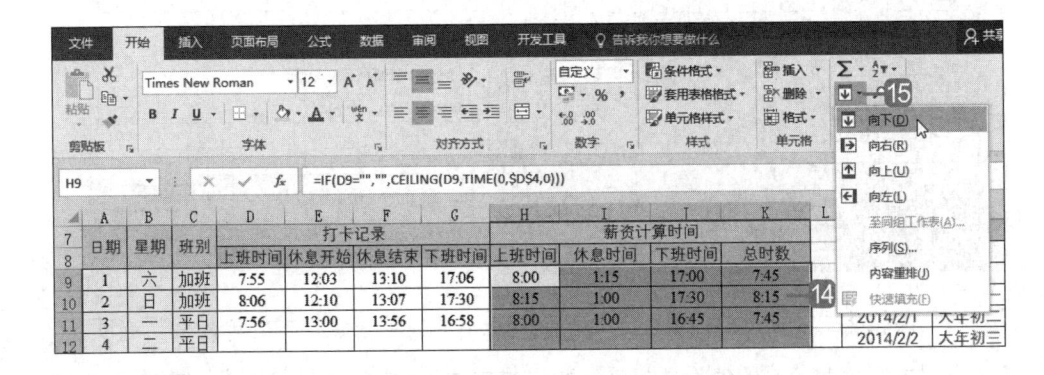

| | A | B | C | D | E | F | G | H | I | J | K | L |
|---|---|---|---|---|---|---|---|---|---|---|---|---|
| 7 | 日期 | 星期 | 班别 | 打卡记录 | | | | 薪资计算时间 | | | | |
| 8 | | | | 上班时间 | 休息开始 | 休息结束 | 下班时间 | 上班时间 | 休息时间 | 下班时间 | 总时数 | |
| 9 | 1 | 六 | 加班 | 7:55 | 12:03 | 13:10 | 17:06 | 8:00 | 1:15 | 17:00 | 7:45 | |
| 10 | 2 | 日 | 加班 | 8:06 | 12:10 | 13:07 | 17:30 | 8:15 | 1:00 | 17:30 | 8:15 | |
| 11 | 3 | 一 | 平日 | 7:56 | 13:00 | 13:56 | 16:58 | 8:00 | 1:00 | 16:45 | 7:45 | |
| 12 | 4 | 二 | 平日 | | | | | | | | | |

H9 公式栏：=IF(D9="","",CEILING(D9,TIME(0,$D$4,0)))

⑭ 按住 Ctrl 键不放，用拖曳的方式选取单元格范围H9:K39。

⑮ 在"开始"工具栏中单击"填充"按钮，在下拉菜单中选择"向下"选项，自动填充H列、I列、J列、K列中其他日子的薪资计算结果。

## 给数据设定条件格式

将加班日和相关记录全部标示出来，让上班情况和薪资计算结果更加清楚。

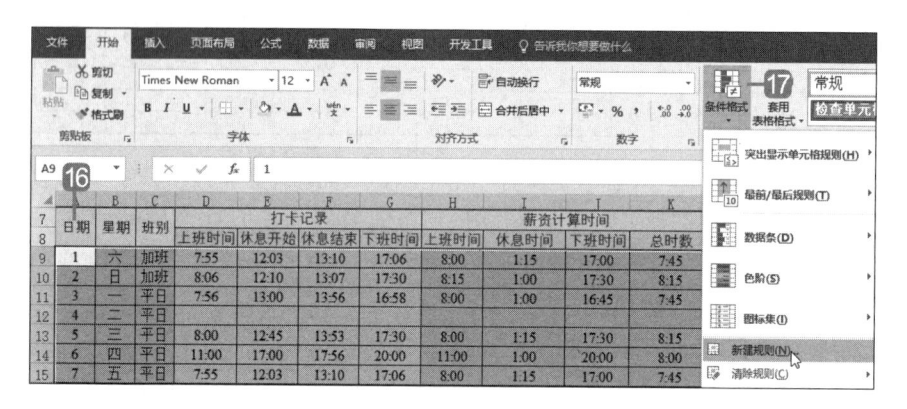

16 选取单元格范围A9:K39。

17 在"开始"工具栏中单击"条件格式"按钮，在下拉菜单中选择"新建规则"选项。

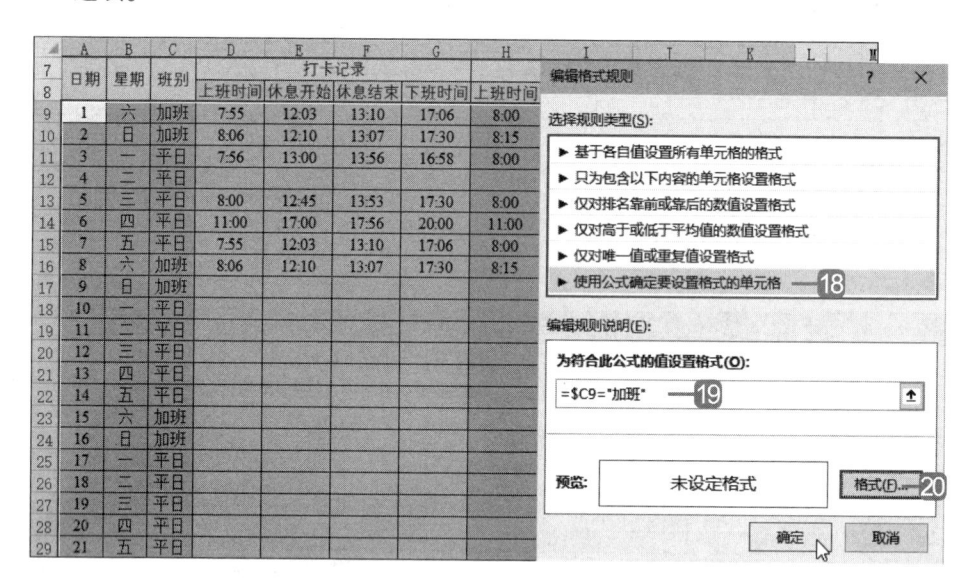

18 在"编辑格式规则"对话框中选择"使用公式确定要设置格式的单元格"选项。

19 在"为符合此公式的值设置格式"输入框中为C行中的值是"加班"的单元格设置公式，输入公式：=$C9="加班"。

20 单击"格式"按钮针对符合公式的单元格进行样式的变更。

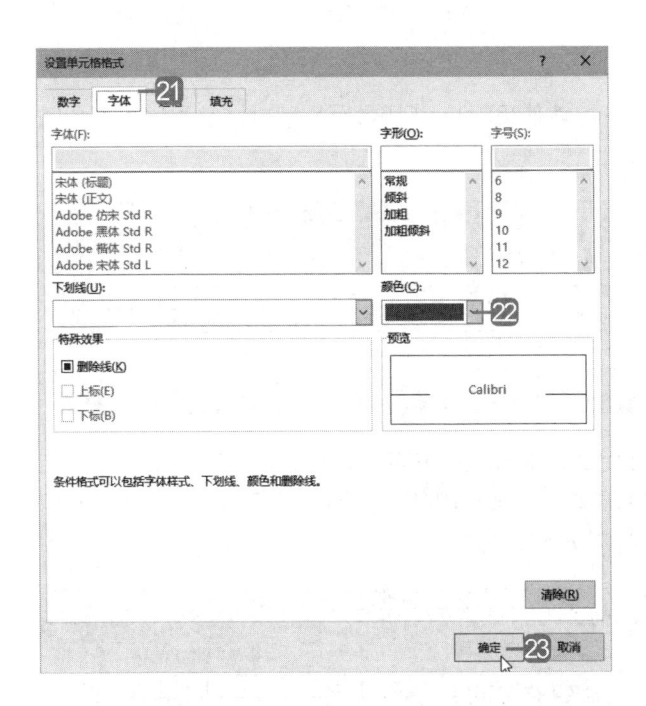

21 选择"字体"标签。

22 单击"颜色"按钮，在清单中选择要标示的颜色，这个案例选择"红色"。

23 单击"确定"按钮完成设定。

24 再单击"确定"按钮完成条件格式的设定，可以看到所有符合条件公式的单元格都已经改变样式了（本书为单色印刷，所以指定上色的部分会呈现灰色，可以打开文件看到正确的颜色）。

## 统计总工时和总薪资

完成了打卡记录的统计和标示后，接着使用SUMIF函数分别统计加总不同班别的时数，再计算出薪资和总薪资。

㉕ 在单元格I4中加总平日的工作时数，输入SUMIF函数在单元格范围C9:C39中查找"平日"字符串。如果符合就传回单元格范围K9:K39的数值并加总，输入公式：
=SUMIF(C9:C39,"平日",K9:K39)。

㉖ 在单元格I5中加总加班的工作时数，输入SUMIF函数在单元格范围C9:C39中查找"加班"字符串。如果符合就传回单元格范围K9:K39的数值并加总，输入公式：
=SUMIF(C9:C39,"加班",K9:K39)。

㉗ 在单元格J4中输入平日的"薪资"的计算公式：=H4*I4*24，因为总工时"31:45"为时间序列值，无法直接和"单位薪资"相乘，所以必须乘24转换为实际工作时数才能计算。同样地，在单元格J5中输入加班的"薪资"的计算公式：
=H5*I5*24。

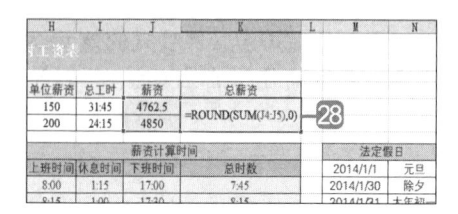

㉘ 在单元格K4中加总所有薪资并求整数值，输入SUM函数加总单元格范围J4:J5，再使用ROUND函数求得计算的整数值，输入公式：
=ROUND(SUM(J4:J5),0)。

指定不需要小数位数

## 制作出下个月份的薪资表

前面已经设计完成的薪资表，如果能直接复制生成下个月份的空白数据表，那该多方便！只要先复制目前的这个工作表再删除其中不需要的数据，保留公式和计算式，这样就是一份新的薪资表。

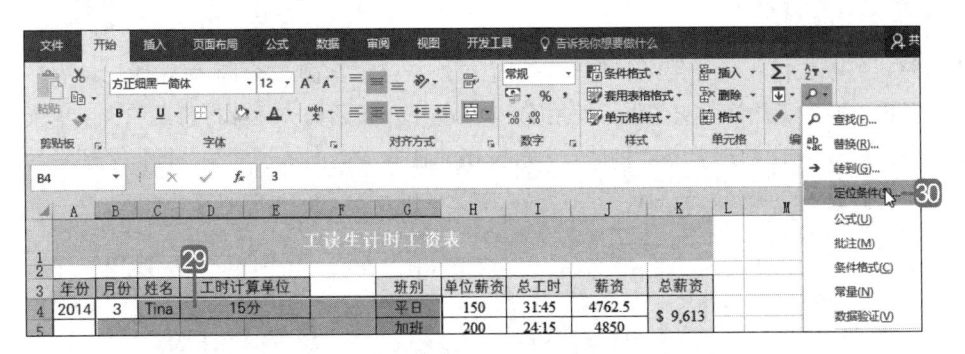

㉙ 先按住 `Ctrl` 键不放，用鼠标指针选中这个已经制作完成的工作表标签拖曳至要复制的位置再放开。在复制出来的工作表标签上双击，改变工作表标签名称，如 "4月工资表"，接着选取单元格范围B4:G39。

㉚ 在 "开始" 工具栏中单击 "查找和选择" 按钮，在下拉菜单中选择 "定位条件" 选项。

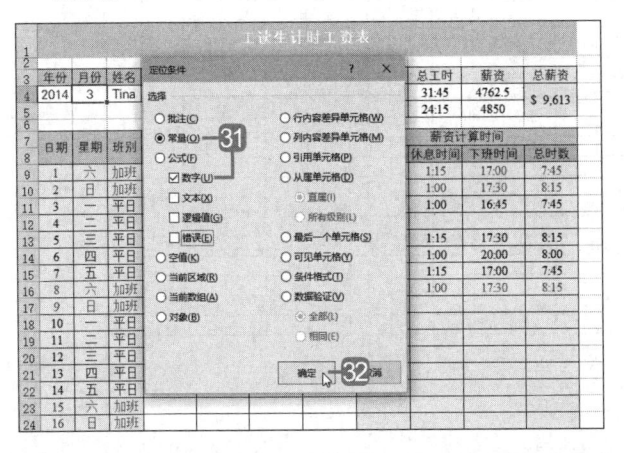

㉛ 勾选 "常量" 选项，再勾选 "数字" 选项并取消勾选其他项目。

㉜ 单击 "确定" 按钮完成目标定位后，可以看到选取范围中的数字已经全部被选取，这时按 `Del` 键即可一次删除，成为一份新的薪资表。之后只要输入当月的月份、工时计算单位和打卡记录就能快速完成该月份薪资表的建立。

### 本案例函数

TEXT函数

DATE函数

IF函数

COUNTIF函数

DAY函数

CEILING函数

FLOOR函数

TIME函数

HOUR函数

MINUTE函数

OR函数

## 108 家庭账簿记录表

根据不同月份显示日期并计算家庭收支情况

### ▶ 案例分析

想了解每月收支情况除了用纸和笔一笔笔记录外，这个案例"8月家庭账簿记录表"中已经预先输入了几笔收支数据，使用IF、DAY、DATE函数先建立好日期和支出记录表，再使用SUM函数加总各类别的收入和支出，让收支流向更加清楚，即能了解生活支出中花费最多的部分，最后计算收入减去支出的值就是这个月的收支合计。

给数值套用特别的单元格格式，呈现文字"年"和"家庭账簿记录表"

用不同颜色的条件格式标示出周六、周日，让表格更容易阅读

使用DATE函数和条件格式将不符合当月日期的单元格保留空白

| 2014年 | 8月家庭账簿记录表 |
|---|---|
| **收入** | |
| 项目 | 金额 |
| 薪水 | 68,000 |
| 奖金 | – |
| 额外收入 | 200 |
| 合计 | 68,200 |
| **固定支出** | |
| 项目 | 金额 |
| 房租 | 17,000 |
| 电话费 | 200 |
| 移动电话费 | 699 |
| 网络费 | 500 |
| 电视费 | 1,000 |
| 水费 | 300 |
| 电费 | 600 |
| 燃气费 | 400 |
| 合计 | 20,699 |
| **生活支出总计** | |
| 项目 | 金额 |
| 伙食费 | 4,470 |
| 日用品 | 39 |
| 美容服装 | 3,680 |
| 教育 | 1,750 |
| 医疗 | 400 |
| 交际 | 5,800 |
| 其他 | – |
| 合计 | 16,139 |
| **月收支合计** | 31,362 |

| 日期 | 19 二 | 20 三 | 21 四 | 22 五 | 23 六 | 24 日 | 25 一 | 26 二 | 27 三 | 28 四 | 29 五 | 30 六 | 31 日 |
|---|---|---|---|---|---|---|---|---|---|---|---|---|---|
| 项目 | | | | | | | | | | | | | |
| 伙食费 | | | | | | | | | | | | | |
| 日用品 | | | | | | | | | | | | | |
| 美容服装 | | | | | | | | | | | | | |
| 教育 | | | | | | | | | | | | | |
| 医疗 | | | | | | | | | | | | | |
| 交际 | | | | | | | | | | | | | |
| 其他 | | | | | | | | | | | | | |

冻结窗格让浏览更方便

使用SUM函数加总各类项目的金额后，再用公式计算所有收入减支出的值，就可以计算出这个月的收支合计

使用DATE函数参照"年""月""日"单元格的信息来判断并显示星期几

## 操作说明

### 给数值加上字符串或单位

原本只是输入2014和8两个数值，分别代表了家庭账簿中的年份和月份，但这样的表示方式并不是很好。在此给数值加上"年份"和"月份"的文字，为了能让2014和8这两个数值在后续计算中仍可以使用，这里通过"设置单元格格式"的方式设定。

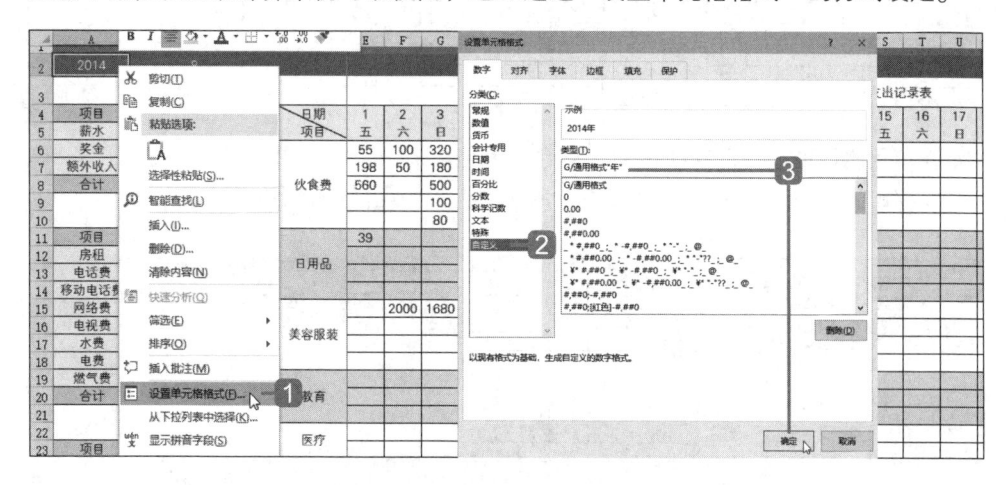

① 在单元格A2上单击一下鼠标右键，选择"设置单元格格式"选项。

② 在"设置单元格格式"对话框的"数字"面板中设定"分类"为"自定义"。

③ "类型"中输入"G/通用格式"年"""，单击"确定"按钮，在单元格A2中就会显示"2014年"。用相同的方法在单元格B2中设定"分类"为"自定义"，输入"G/通用格式"月家庭账簿记录表"""，单元格中的数值8就会显示为"8月家庭账簿记录表"。

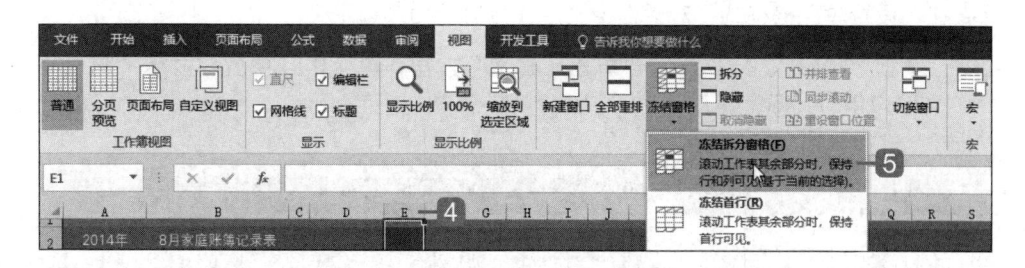

④ 选取E列。

⑤ 在"视图"工具栏中单击"冻结窗格"按钮，在下拉菜单中选择"冻结拆分窗格"选项，这样一来就会冻结A列到D列，包含项目列和加总列，较方便浏览查看右侧所有日期的记录内容。

## 完成日期计算

运用和前一个案例"计时工资表"稍微不同但更简易的函数组合方式,来判断出正确的日期和星期值。

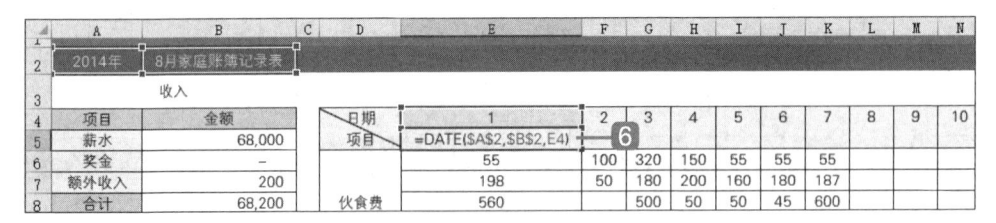

6 在单元格E5中输入DATE函数,结合单元格A2(年份)、单元格B2(月份)、单元格E4(日),让函数传回日期的序列值:=DATE($A$2,$B$2,E4)。

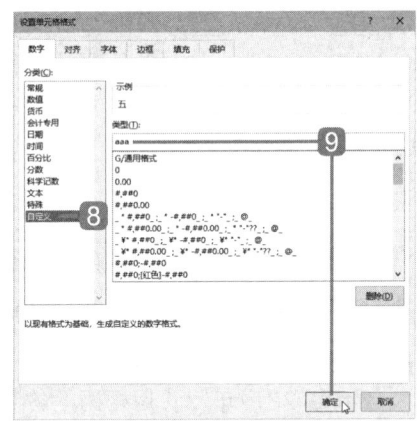

7 在单元格E5刚求得的日期序列值上单击鼠标右键选择"设置单元格格式"选项。

8 在"设置单元格格式"对话框中设定"分类"为"自定义"。

9 "类型"中输入"aaa",再单击"确定"按钮,单元格E5中就会显示"周五"(2014年8月1日是星期五)。

10 按住单元格E5右下角的"填充控点"往右拖曳,至31日(单元格AI5)再放开鼠标左键,这样就显示了所有日期相对应的星期值。

## 给日期数据设定格式让日期随着月份改变

由于不是每个月份都有31天，如果当月只有28天，则表示星期值单元格中的DATE函数会将28号以后的值直接显示为下个月份，所以这个步骤中设定的条件格式为：使用MONTH函数取得的月份值和单元格B2的月份值不同时，就显示为空白，这样每月的家庭账簿记录表就能根据月份显示相对应的日期。

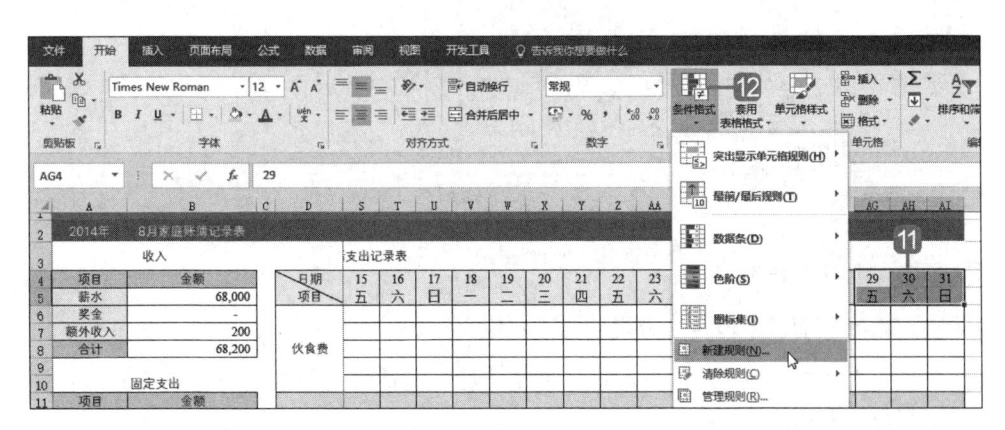

11 选取单元格范围AG4:AI5。

12 在"开始"工具栏中单击"条件格式"按钮，在下拉菜单中选择"新建规则"选项。

13 在"编辑格式规则"对话框中选择"使用公式确定要设置格式的单元格"。

14 在"为符合此公式的值设置格式"输入框中输入公式，在此设定条件为不符合指定月份，使用绝对参照指定月份（单元格B2），输入公式：
=MONTH(AG$5)<>$B$2。

15 单击"格式"按钮针对符合公式的单元格进行格式的设定。

16 选择"数字"标签。

17 在"数字"面板中设定"分类"为"自定义"。

18 "类型"中输入""""，再单击"确定"按钮完成设定，然后符合条件的内容就会显示为空白。

19 单击"确定"按钮完成条件格式的设定，之后如果制作其他月份而且天数不足31天时，这个条件格式就会将单元格留白而不显示其他的日期。

## 将周六设定为绿色

使用"条件格式"将周六都标示为绿色加粗字体,让浏览更容易。

⑳ 选取单元格范围E5:AI5。

㉑ 在"开始"工具栏中单击"条件格式"按钮,在下拉菜单中选择"新建规则"选项。

㉒ 在"编辑格式规则"对话框中选择"使用公式确定要设置格式的单元格",在"为符合此公式的值设置格式"输入框中输入公式,判断星期值是否为周六:
=WEEKDAY(E$5)=7。

㉓ 单击"格式"按钮针对符合公式的单元格进行格式的设定。

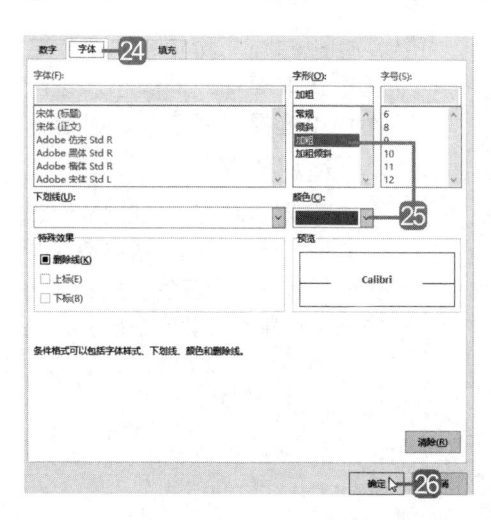

㉔ 选择"字体"标签。

㉕ 单击"颜色"按钮,在下拉菜单中选取要标示的颜色。这个案例中选择"绿色 辅色 较深25%",再选择"字形"为"粗体"。

㉖ 单击两次"确定"按钮完成设定(本书为单色印刷,所以指定上色的部分会呈现灰色,可以打开案例文件看到正确的颜色)。

## 将周日设定为红色

使用"条件格式"将周日都标示为红色加粗字体,让浏览更容易。

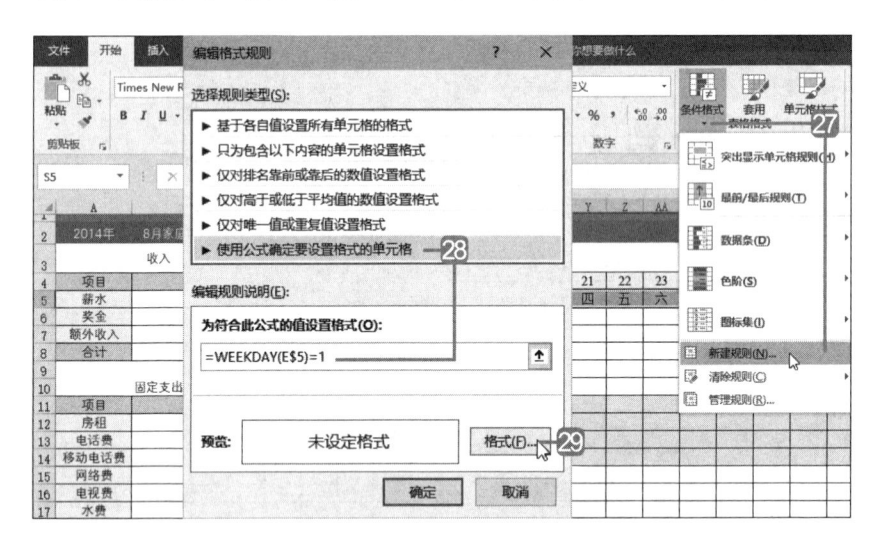

27 同样地,选取单元格范围E5:AI5,在"开始"工具栏中单击"条件格式"按钮,在下拉菜单中选择"新建规则"选项。

28 在"编辑格式规则"对话框中选择"使用公式确定要设置格式的单元格",在"为符合此公式的值设置格式"输入框中输入公式,判断星期值是否为周日:=WEEKDAY(E$5)=1。

29 单击"格式"按钮针对符合公式的单元格进行格式的设定。

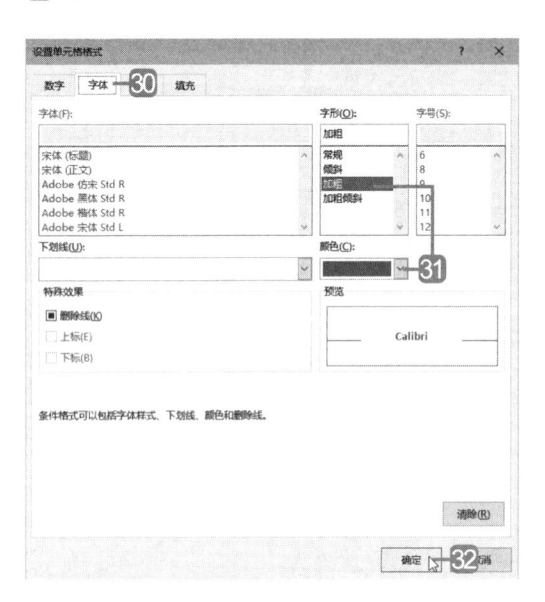

30 选择"字体"标签。

31 单击"颜色"按钮,在下拉菜单中选取要标示的颜色。这个案例中选择"红色",再选择"字形"为"粗体"。

32 单击两次"确定"按钮完成设定(本书为单色印刷,所以指定上色的部分会呈现灰色,可以打开案例文件看到正确的颜色)。

## 计算各个项目的合计金额

将所有消费金额用SUM函数分别合计，完成家庭账簿记录表的计算。

㉝ 在单元格B8中输入SUM函数的计算公式，合计"收入"类别的金额：=SUM(B5:B7)。

㉞ 在单元格B20中输入SUM函数的计算公式，合计"固定支出"类别的金额：
=SUM(B12:B19)。

㉟ 在单元格B24到B31中输入SUM函数的计算公式，合计"生活支出总计"类别的金额：

伙食费（单元格B24）：=SUM(E6:AI10)

日用品（单元格B25）：=SUM(E11:AI14)

美容服装（单元格B26）：=SUM(E15:AI18)

教育（单元格B27）：=SUM(E19:AI21)

医疗（单元格B28）：=SUM(E22:AI23)

交际（单元格B29）：=SUM(E24:AI24)

其他（单元格B30）：=SUM(E25:AI25)

合计（单元格B31）：=SUM(B24:B30)

㊱ 在单元格B33中加总算出"月收支合计"（收入−固定支出−生活支出总计），输入公式：
=B8−B20−B31。

## 制作出下个月份的家庭账簿记录表

前面已经设计完成了这个月的家庭账簿记录表，接着直接复制生成下个月空白的家庭账簿记录表。先复制当前的这个工作表再删除其中不需要的数据，保留公式和计算式，这样就是一份新的家庭账簿记录表了。

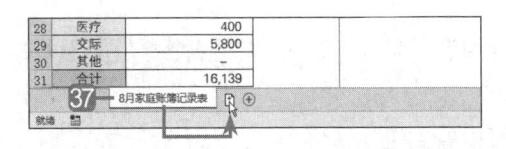

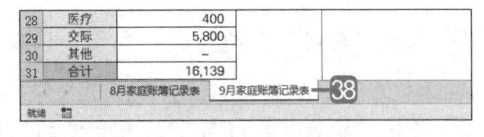

㊲ 按住 Ctrl 键不放，用鼠标指针单击这个已经制作完成的"8月家庭账簿记录表"工作表标签拖曳至要复制的位置再放开。

㊳ 在"8月家庭账簿记录表（2）"工作表标签上双击鼠标左键，将工作表的标签名称改为"9月家庭账簿记录表"，再按 Enter 键完成工作表的重命名。别忘了要修改单元格B2中月份的值，在此输入9。

使用"定位条件"功能选取每个月需要改变的数值，删除数值保留函数公式，这样就是一份新的家庭账簿记录表了。

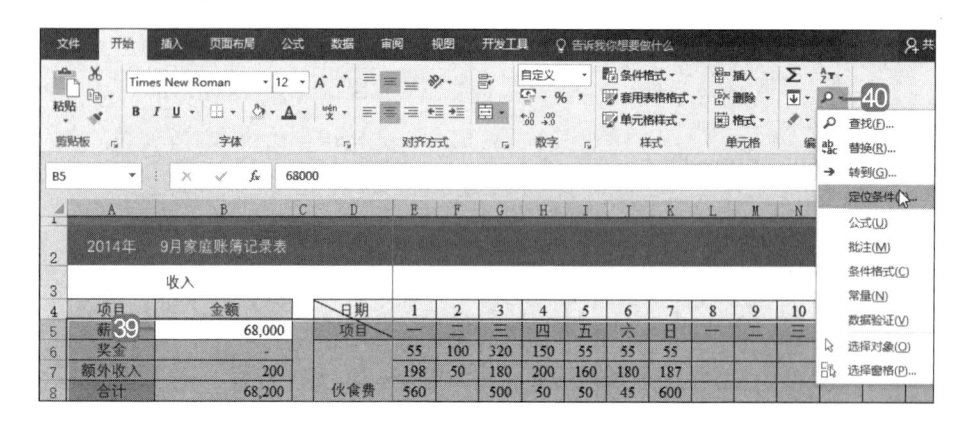

㊴ 选取单元格范围B5:AI33。

㊵ 在"开始"工具栏中单击"查找和选择"按钮，在下拉菜单中选择"定位条件"选项。

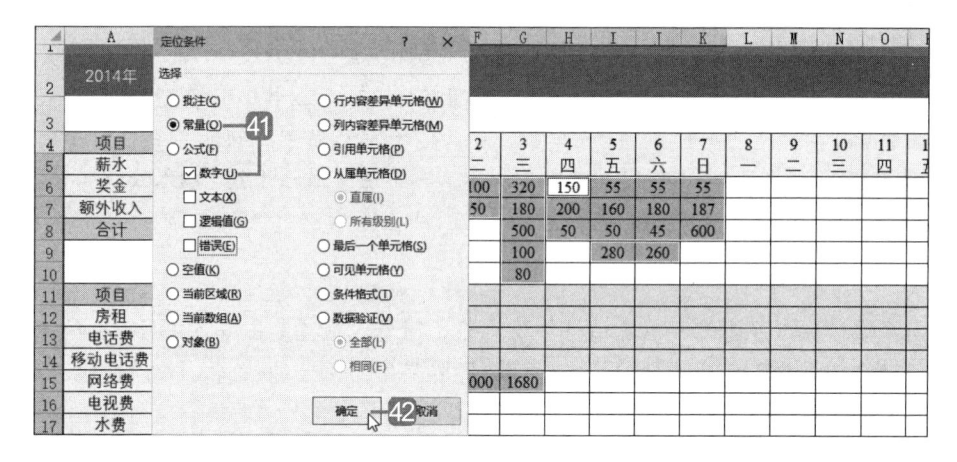

㊶ 勾选"常量"，再勾选"数字"并取消勾选其他项目。

㊷ 单击"确定"按钮完成目标定位后，可以看到选取范围中的数值已经被全部选取，这时按 Del 键即可一次删除，成为一份新的家庭账簿记录表。之后只要输入月份、支出记录的数据就能快速完成该月份的家庭账簿记录表的创建。

**本案例函数**

DATE函数

MONTH函数

WEEKDAY函数

SUM函数

# 109 业绩报表

年度报表中摘要月报表和季报表，以及汇总各个业务员的年度销售额

## 案例分析

这个案例中已经一一列出了该年度的每笔业绩，这时希望从中摘要出"月报表""季报表"以及"业务员年度销售额排名"，该如何处理才是最快速的呢？使用SUMPRODUCT、MONTH、ROW、SUMIF函数搭配计算，即可让这份业绩报表更显专业。

根据左侧"年度报表"中的数据根据日期的月份整理出"月报表"和"季报表"（每三个月为一季），接着统计所有业务员的"年度销售金额"和"排名"。

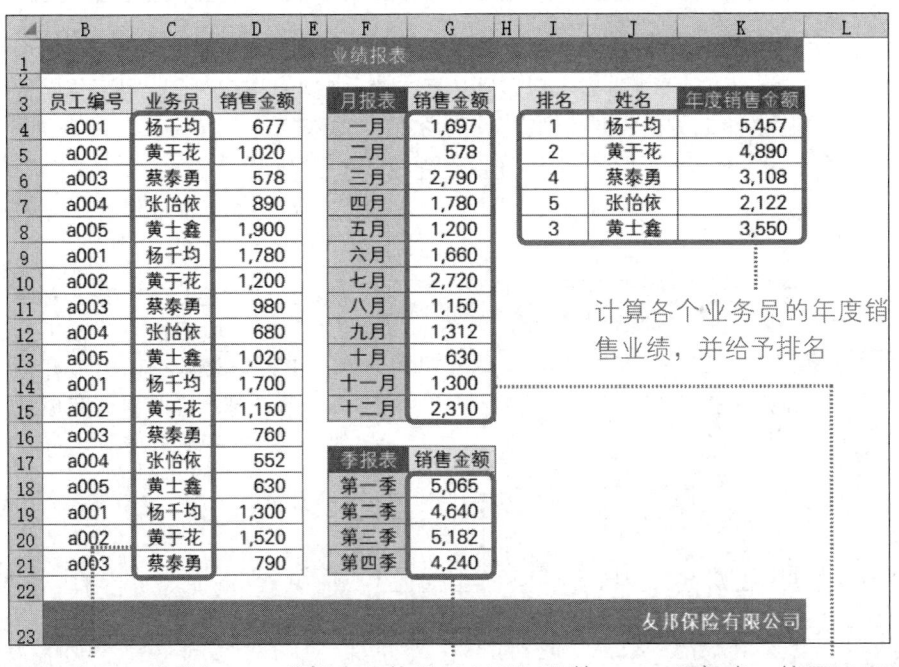

| | B | C | D | E | F | G | H | I | J | K |
|---|---|---|---|---|---|---|---|---|---|---|
| 1 | | | | 业绩报表 | | | | | | |
| 3 | 员工编号 | 业务员 | 销售金额 | | 月报表 | 销售金额 | | 排名 | 姓名 | 年度销售金额 |
| 4 | a001 | 杨千均 | 677 | | 一月 | 1,697 | | 1 | 杨千均 | 5,457 |
| 5 | a002 | 黄于花 | 1,020 | | 二月 | 578 | | 2 | 黄于花 | 4,890 |
| 6 | a003 | 蔡泰勇 | 578 | | 三月 | 2,790 | | 4 | 蔡泰勇 | 3,108 |
| 7 | a004 | 张怡依 | 890 | | 四月 | 1,780 | | 5 | 张怡依 | 2,122 |
| 8 | a005 | 黄士鑫 | 1,900 | | 五月 | 1,200 | | 3 | 黄士鑫 | 3,550 |
| 9 | a001 | 杨千均 | 1,780 | | 六月 | 1,660 | | | | |
| 10 | a002 | 黄于花 | 1,200 | | 七月 | 2,720 | | | | |
| 11 | a003 | 蔡泰勇 | 980 | | 八月 | 1,150 | | | | |
| 12 | a004 | 张怡依 | 680 | | 九月 | 1,312 | | 计算各个业务员的年度销售业绩，并给予排名 | | |
| 13 | a005 | 黄士鑫 | 1,020 | | 十月 | 630 | | | | |
| 14 | a001 | 杨千均 | 1,700 | | 十一月 | 1,300 | | | | |
| 15 | a002 | 黄于花 | 1,150 | | 十二月 | 2,310 | | | | |
| 16 | a003 | 蔡泰勇 | 760 | | | | | | | |
| 17 | a004 | 张怡依 | 552 | | 季报表 | 销售金额 | | | | |
| 18 | a005 | 黄士鑫 | 630 | | 第一季 | 5,065 | | | | |
| 19 | a001 | 杨千均 | 1,300 | | 第二季 | 4,640 | | | | |
| 20 | a002 | 黄于花 | 1,520 | | 第三季 | 5,182 | | | | |
| 21 | a003 | 蔡泰勇 | 790 | | 第四季 | 4,240 | | | | |
| 23 | | | | | | | | 友邦保险有限公司 | | |

根据"员工编号"获得业务员的姓名

季报表：使用MONTH函数判断单元格是否位为某个季，再通过SUMPRODUCT函数将对应月份的"销售金额"相加

月报表：使用MONTH函数和ROW函数判断单元格是否位于某个月，再通过SUMPRODUCT函数将对应月份的"销售金额"相加

## ◎ 操作说明

### 根据员工编号取得业务员姓名

这个业绩报表的业务员姓名是根据左栏的"员工编号"数据并参考"员工资料"工作表取得,在此使用VLOOKUP函数取得需要的数据。

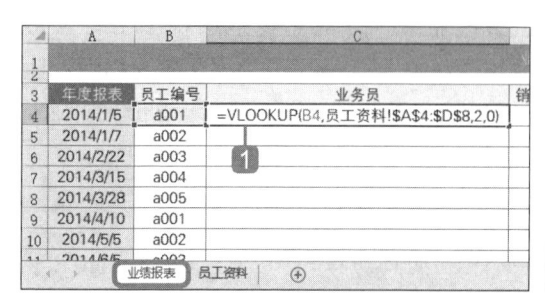

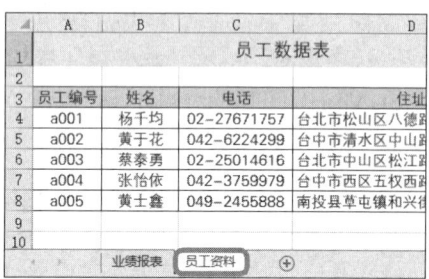

**1** 在单元格C4中使用VLOOKUP函数求得该员工编号相对的员工姓名,指定要比对的查找值(单元格B4),指定参照范围(员工资料!$A$4:$D$8),最后指定传回参照范围左数第二列的值并找到完全符合的值,输入公式:
=VLOOKUP(B4,员工资料!$A$4:$D$8,2,0)。

下个步骤要复制这个公式,所以使用绝对参照指定参照范围

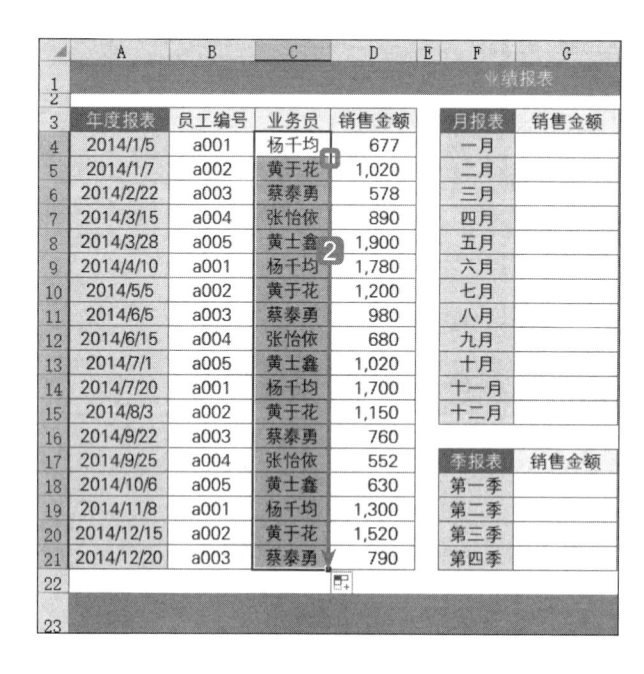

**2** 在单元格C4中按住右下角的"填充控点"往下拖曳,至最后一项再放开鼠标左键,可以快速完成业务员姓名的取得。

## 求得"月报表"的值

求得"月报表"销售金额的公式是SUMPRODUCT、MONTH、ROW三个函数的组合,根据"年度报表"记录的日期来判断是否为同个月份后再加总销售金额的值。

| | B | C | D | E F | G | H I |
|---|---|---|---|---|---|---|
| 1 2 | | | | | 业绩报表 | |
| 3 | 员工编号 | 业务员 | 销售金额 | 月报表 | 销售金额 | 排名 |
| 4 | a001 | 杨千均 | 677 | 一月 | =SUMPRODUCT((MONTH($A$4:$A$21)=ROW(A1))*1,$D$4:$D$21) | |
| 5 | a002 | 黄于花 | 1,020 | 二月 | | |
| 6 | a003 | 蔡泰勇 | 578 | 三月 | ❸ | |
| 7 | a004 | 张怡依 | 890 | 四月 | | |
| 8 | a005 | 黄士鑫 | 1,900 | 五月 | | |
| 9 | a001 | 杨千均 | 1,780 | 六月 | | |
| 10 | a002 | 黄于花 | 1,200 | 七月 | | |
| 11 | a003 | 蔡泰勇 | 980 | 八月 | | |
| 12 | a004 | 张怡依 | 680 | 九月 | | |
| 13 | a005 | 黄士鑫 | 1,020 | 十月 | | |
| 14 | a001 | 杨千均 | 1,700 | 十一月 | | |
| 15 | a002 | 黄于花 | 1,150 | 十二月 | | |
| 16 | a003 | 蔡泰勇 | 760 | | | |
| 17 | a004 | 张怡依 | 552 | 季报表 | 销售金额 | |
| 18 | a005 | 黄士鑫 | 630 | 第一季 | | |
| 19 | a001 | 杨千均 | 1,300 | 第二季 | | |
| 20 | a002 | 黄于花 | 1,520 | 第三季 | | |
| 21 | a003 | 蔡泰勇 | 790 | 第四季 | | |
| 22 | | | | | | |
| 23 | | | | | | |

❸ 在月报表中"一月"的"销售金额"单元格G4中输入公式(因为下个步骤要复制这个公式,所以使用绝对参照指定固定范围):

=SUMPRODUCT(<u>(MONTH($A$4:$A$21)=ROW(A1))*1</u>,
$D$4:$D$21)

先用MONTH($A$4:$A$21)求出月份的数值,如第一笔数据单元格A4为2014/1/5,因此取得"1",接着用ROW(A1)取得行编号"1",再根据二者各自取得的值判断是否相等。如果相等表示该笔为一月份的数据,因此传回True(代表值为1);如果不相等则传回False(代表值为0),再以传回的True或False求得值1×1或0×1。

接着使用SUMPRODUCT函数将MONTH、ROW函数计算出来的值1或0套到公式中,既有"=SUMPRODUCT(1,$D$4:$D$21)或=SUMPRODUCT(0,$D$4:$D$21)",这样只要是一月份产生的"销售金额"均会乘1,并将乘后的值相加,求得月报表中一月份的销售金额。

4 在单元格G4中按住右下角的"填充控点"往下拖曳,至月报表的"十二月"再放开鼠标左键,可以快速完成其他月份数据的计算。

## 求得"季报表"的值

每三个月一季的"季报表"的"销售金额"的公式是SUMPRODUCT和MONTH两个函数的组合,同样根据"年度报表"记录的日期来判断是否为同一季后,再加总"销售金额"的值。

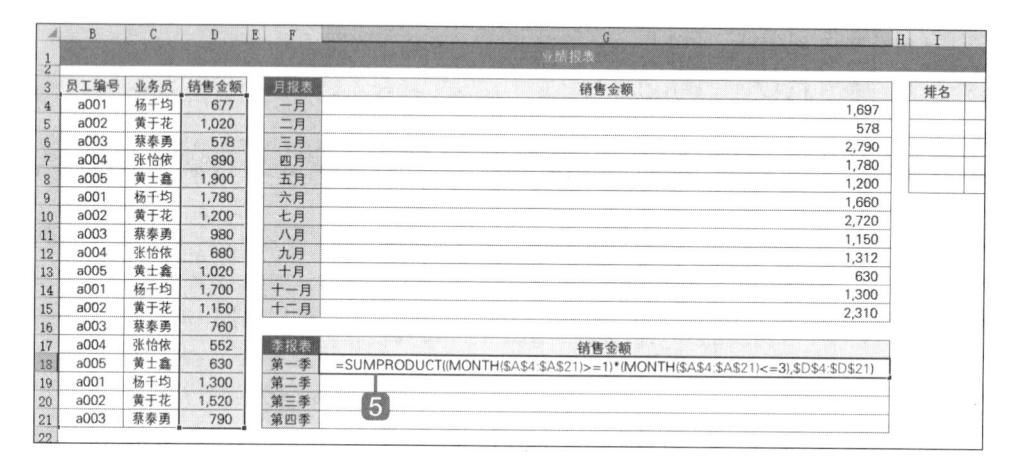

5 在"季报表"的第一季"销售金额"的单元格G18中输入公式(因为下个步骤要复制这个公式,所以使用绝对参照指定固定范围):

=SUMPRODUCT((MONTH($A$4:$A$21)>=1)*(MONTH($A$4:$A$21)<=3),$D$4:$D$21)。

先用MONTH函数判断是否为1月至3月的项目(其中的*表示AND运算)。如果是,传回True(代表值为1);如果不是,传回False(代表值为0)。

这样对应的1月至3月的"销售金额"的值均会乘1,并将乘后的值相加。

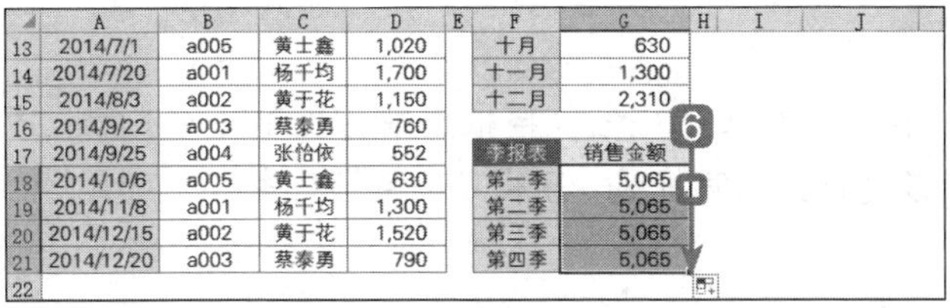

| | A | B | C | D | E | F | G | H | I | J |
|---|---|---|---|---|---|---|---|---|---|---|
| 13 | 2014/7/1 | a005 | 黄士鑫 | 1,020 | | 十月 | 630 | | | |
| 14 | 2014/7/20 | a001 | 杨千均 | 1,700 | | 十一月 | 1,300 | | | |
| 15 | 2014/8/3 | a002 | 黄于花 | 1,150 | | 十二月 | 2,310 | | | |
| 16 | 2014/9/22 | a003 | 蔡泰勇 | 760 | | | | | | |
| 17 | 2014/9/25 | a004 | 张怡依 | 552 | | 季报表 | 销售金额 | | | |
| 18 | 2014/10/6 | a005 | 黄士鑫 | 630 | | 第一季 | 5,065 | | | |
| 19 | 2014/11/8 | a001 | 杨千均 | 1,300 | | 第二季 | 5,065 | | | |
| 20 | 2014/12/15 | a002 | 黄于花 | 1,520 | | 第三季 | 5,065 | | | |
| 21 | 2014/12/20 | a003 | 蔡泰勇 | 790 | | 第四季 | 5,065 | | | |
| 22 | | | | | | | | | | |

**6** 在单元格G18中按住右下角的"填充控点"往下拖曳，至季报表的"第四季"再放开鼠标左键。这时虽然复制了"第一季"的公式到"第二季""第三季""第四季"，但还需要在公式中小小地调整。

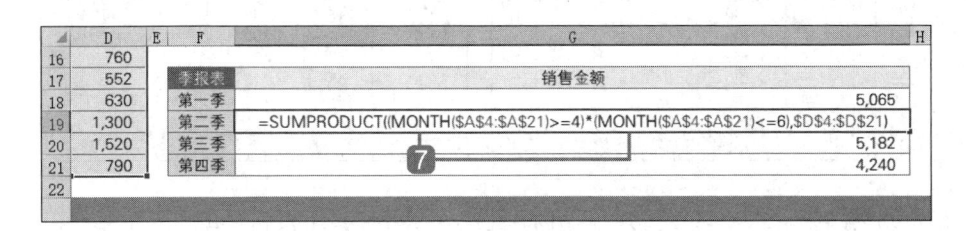

| | D | E | F | G | H |
|---|---|---|---|---|---|
| 16 | 760 | | | | |
| 17 | 552 | | 季报表 | 销售金额 | |
| 18 | 630 | | 第一季 | | 5,065 |
| 19 | 1,300 | | 第二季 | =SUMPRODUCT((MONTH($A$4:$A$21)>=4)*(MONTH($A$4:$A$21)<=6),$D$4:$D$21) | |
| 20 | 1,520 | | 第三季 | | 5,182 |
| 21 | 790 | | 第四季 | | 4,240 |
| 22 | | | | | |

**7** 在单元格G19上双击鼠标左键进入编辑状态，将原来判断是否为1月至3月的数值">=1"  "<=3"改成">=4"  "<=6"，求得第二季的值。

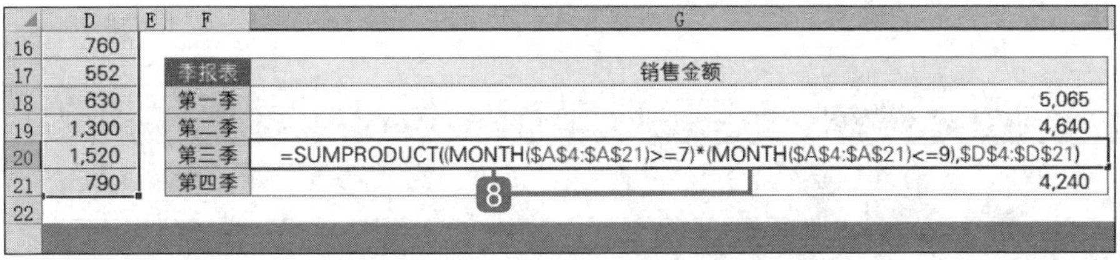

| | D | E | F | G |
|---|---|---|---|---|
| 16 | 760 | | | |
| 17 | 552 | | 季报表 | 销售金额 |
| 18 | 630 | | 第一季 | 5,065 |
| 19 | 1,300 | | 第二季 | 4,640 |
| 20 | 1,520 | | 第三季 | =SUMPRODUCT((MONTH($A$4:$A$21)>=7)*(MONTH($A$4:$A$21)<=9),$D$4:$D$21) |
| 21 | 790 | | 第四季 | 4,240 |
| 22 | | | | |

**8** 在单元格G20上双击鼠标左键进入编辑状态，将原来判断是否为1月至3月的数值">=1"  "<=3"改成">=7"  "<=9"，求得第三季的值。

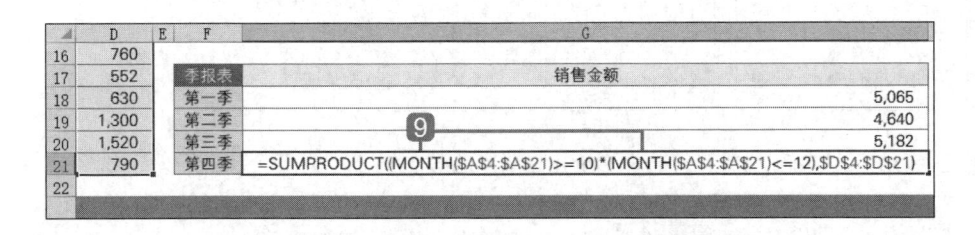

| | D | E | F | G |
|---|---|---|---|---|
| 16 | 760 | | | |
| 17 | 552 | | 季报表 | 销售金额 |
| 18 | 630 | | 第一季 | 5,065 |
| 19 | 1,300 | | 第二季 | 4,640 |
| 20 | 1,520 | | 第三季 | 5,182 |
| 21 | 790 | | 第四季 | =SUMPRODUCT((MONTH($A$4:$A$21)>=10)*(MONTH($A$4:$A$21)<=12),$D$4:$D$21) |
| 22 | | | | |

**9** 在单元格G21上双击鼠标左键进入编辑状态，将原来判断是否为1月至3月的数值">=1"  "<=3"改成">=10"  "<=12"，求得第四季的值。

## 求得"年度销售金额"和排名

先通过"员工资料"工作表取得所有员工的姓名，再根据姓名在最左侧"年度报表"中取得各业务员的每笔业绩金额并将其加总，求得"年度销售金额"的值及相关的排名。

**10** 在单元格J4中输入公式：=员工资料!B4，取得"员工资料"工作表中第一位员工的姓名。用这样的方式取得姓名的数据，之后只要"员工资料"工作表中有所改动，"业绩报表"工作表中相关的数据也会跟着调整。

**11** 在单元格J4中按住右下角的"填充控点"往下拖曳，拖曳至单元格J8再放开鼠标左键，完成姓名的输入。

**12** 在单元格K4中输入加总符合条件的SUMIF函数公式（因为下个步骤要复制这个公式，所以使用绝对参照指定固定范围）：=SUMIF($C$4:$C$21,J4,$D$4:$D$21)，计算年度报表中名为"杨千均"的业务员的销售总和。

**13** 在单元格K4中按住右下角的"填充控点"往下拖曳，至最后一位业务员再放开鼠标左键，可以快速完成其他业务员年度销售金额的计算。

| | B | C | D | E | F | G | H | I | J | K | L |
|---|---|---|---|---|---|---|---|---|---|---|---|
| 1 | | | | | 业绩报表 | | | | | | |
| 2 | | | | | | | | | | | |
| 3 | 员工编号 | 业务员 | 销售金额 | | 月报表 | 销售金额 | | 排名 | 姓名 | 年度销售金额 | |
| 4 | a001 | 杨千均 | 677 | | 一月 | 1,697 | | =RANK(K4,$K$4:$K$8) | 杨千均 | 5,457 | |
| 5 | a002 | 黄于花 | 1,020 | | 二月 | 578 | | | 黄于花 | 4,890 | |
| 6 | a003 | 蔡泰勇 | 578 | | 三月 | 2,790 | | ⑭ | 蔡泰勇 | 3,108 | |
| 7 | a004 | 张怡依 | 890 | | 四月 | 1,780 | | | 张怡依 | 2,122 | |
| 8 | a005 | 黄士鑫 | 1,900 | | 五月 | 1,200 | | | 黄士鑫 | 3,550 | |
| 9 | a001 | 杨千均 | 1,780 | | 六月 | 1,660 | | | | | |
| 10 | a002 | 黄于花 | 1,200 | | 七月 | 2,720 | | | | | |
| 11 | a003 | 蔡泰勇 | 980 | | 八月 | 1,150 | | | | | |
| 12 | a004 | 张怡依 | 680 | | 九月 | 1,312 | | | | | |
| 13 | a005 | 黄士鑫 | 1,020 | | 十月 | 630 | | | | | |
| 14 | a001 | 杨千均 | 1,700 | | 十一月 | 1,300 | | | | | |

| | B | C | D | E | F | G | H | I | J | K | L |
|---|---|---|---|---|---|---|---|---|---|---|---|
| 1 | | | | | 业绩报表 | | | | | | |
| 2 | | | | | | | | | | | |
| 3 | 员工编号 | 业务员 | 销售金额 | | 月报表 | 销售金额 | | 排名 | 姓名 | 年度销售金额 | |
| 4 | a001 | 杨千均 | 677 | | 一月 | 1,697 | | 1 | 杨千均 | 5,457 | |
| 5 | a002 | 黄于花 | 1,020 | | 二月 | 578 | | 2 | 黄于花 | 4,890 | |
| 6 | a003 | 蔡泰勇 | 578 | | 三月 | 2,790 | | 4 | 蔡泰勇 | 3,108 | |
| 7 | a004 | 张怡依 | 890 | | 四月 | 1,780 | | 5 | 张怡依 | 2,122 | |
| 8 | a005 | 黄士鑫 | 1,900 | | 五月 | 1,200 | | 3 | 黄士鑫 | 3,550 | |
| 9 | a001 | 杨千均 | 1,780 | | 六月 | 1,660 | | | | | |
| 10 | a002 | 黄于花 | 1,200 | | 七月 | 2,720 | | | | | |
| 11 | a003 | 蔡泰勇 | 980 | | 八月 | 1,150 | | | | | |
| 12 | a004 | 张怡依 | 680 | | 九月 | 1,312 | | | | | |
| 13 | a005 | 黄士鑫 | 1,020 | | 十月 | 630 | | | | | |
| 14 | a001 | 杨千均 | 1,700 | | 十一月 | 1,300 | | | | | |

⑭ 在单元格I4中输入计算排名的RANK函数公式（因为下个步骤要复制这个公式，所以使用绝对参照指定固定范围）：=RANK(K4,$K$4:$K$8)，再根据"年度销售金额"中的值进行排名。

⑮ 在单元格I4中按住右下角的"填充控点"往下拖曳，至最后一位业务员再放开鼠标左键，可以快速完成所有业务员"年度销售金额"的排名。

### 本案例函数

| 函数名称 | 说明 | 公式 |
|---|---|---|
| SUMPRODUCT | 求乘积的总和 | SUMPRODUCT(范围1,范围2,...,范围30) |
| MONTH | 从日期中单独取得月份的值 | MONTH(序列值) |
| ROW | 取得指定单元格的行编码 | ROW(单元格) |
| SUMIF | 加总符合单一条件的单元格数值 | SUMIF(搜索范围,搜索条件,加总范围) |